TINA Design Suite
电路设计与仿真

主　编　李良荣

副主编　冉耀宗　邓朝勇

北京航空航天大学出版社

内容简介

本书依据电子技术系统设计教学的特点，在引导电子技术基础理论验证的同时，着重阐述现代电子设计技术方法。本书共分 10 章内容，分别介绍了 TINA 应用基础、子电路设计与库扩充、图形符号创建、电路系统设计方法、PCB 设计及电子综合设计等方面的知识。

本书是大学"电子设计及仿真"的课程教材，也可供电子设计工程技术人员参考使用。

图书在版编目（C I P）数据

TINA Design Suite 电路设计与仿真 / 李良荣主编

.-- 北京 ：北京航空航天大学出版社，2013.8

ISBN 978-7-5124-1168-5

Ⅰ．①T… Ⅱ．①李… Ⅲ．①电子电路—计算机仿真
—应用软件 Ⅳ．①TN702

中国版本图书馆 CIP 数据核字(2013)第 139412 号

TINA Design Suite 电路设计与仿真

主编　李良荣

副主编　冉耀宗　邓朝勇

责任编辑　卫晓娜

*

北京航空航天大学出版社出版发行

北京市海淀区学院路 37 号(邮编 100191)　http://www.buaapress.com.cn

发行部电话：(010)82317024　传真：(010)82328026

读者信箱：emsbook@gmail.com　邮购电话：(010)82316936

涿州市新华印刷有限公司印装　各地书店经销

*

开本：710×1 000　1/16　印张：23.75 字数：426 千字

2013 年 8 月第 1 版　2013 年 8 月第 1 次印刷　印数：3 000 册

ISBN 978-7-5124-1168-5　定价：49.00 元

本书编委会

序　言

　　系统设计是电子信息系统的重点和难点。要进行有效的系统设计，不仅要深刻理解电路与系统理论，还要进行系统的工程实践训练。EDA（Electronic Design Automation）工具，不仅提供了电路与系统理论学习的平台，而且也给师生提供了廉价、高效的工程实践训练环境。EDA技术已成为21世纪进行电路与系统设计的基本手段。因而熟练运用EDA技术已经成为电子信息类专业本科生和研究生的基本要求。

1. 电子技术与人才培养

　　社会稳定、经济发展，人们的生活水平逐渐提高，其显著标志就是在满足基本生活必需品的同时，还增添了许多奢侈消费品，尤其是嵌入了高新电子技术后的产品更加受人青睐，比如全自动洗衣机、数码相机、数字电视、智能导航汽车、计算机、移动电话等。

　　电子技术是19世纪末、20世纪初开始发展起来的新兴技术，20世纪发展最迅速，应用最广泛，成为近代科学技术发展的一个重要标志。如今，电子技术已经渗透到人类生活的各个角落。

　　电子技术人才的培养必须依据技术进步、技术变革而适当调整，以适应社会需求并推动电子技术健康发展。

2. 电子技术及现状

　　电子技术由模拟电子技术、数字电子技术两大部分构成。1904年诞生的电子管曾经是电子技术的核心器件，但因其体积大而逐渐被新器件取代。随着晶体管、集成电路的发明和大量应用，它们在各自的应用领域都得到了长足的发展，产品更是日新月异。模拟电子技术是整个电子技术的基础，在信号放大、功率放大、整流稳压、混频、调制解调等电路领域应用广泛。与模拟电路相比，数字电路具有精度高、稳定性好、抗干扰能力强、程序软件控制等一系列优点。从目前的发展趋势来看，除一些特殊领域外，模拟电路大有被数字电路取代之势。

　　数字电子技术目前也在向两个截然相反的方向发展，一是基于通用处理器的软件开发技术，比如单片机、DSP、PLC等技术，其特点是在一个通用处理器（CPU）的基础上结合少量的硬件电路设计来完成系统的硬件电路，是将主要精力集中在算法、数据处理等软件层次上的系统设计方法。另一个方向是基于CPLD/

FPGA的可编程逻辑器件的系统开发，其特点是将算法、数据加工等工作全部融入系统的硬件设计当中，在"线与线的互联"当中完成对数据的加工。

3．电子技术教学方法的变革

电子技术是实验科学。电子技术基础课程教学必须辅以实验教学，学生方能对电路理论有效的消化吸收，并推进电子技术的发展。随着EDA技术的成熟与应用，如今EDA已成为现代电子设计技术的必备手段。电子技术实验及电子系统设计方法也随之发生变化，"EDA技术"成了电子信息类专业的必修课程。

1）关于模块化电路实验系统

随着电子技术的发展，学生需要学习的科目、内容逐渐增多，电子技术课程教学方法也发生了变化，原来黑板上写、画、算的教学模式已被多媒体教学方法所取代，这样在相同的时间内可以向学生传授更多的知识。学以致用是科学技术人才培养的教学目标。众所周知，电子技术是一门实验科学，要让学生正确理解和巩固所学知识，实验手段必不可少。传统的实验方法培育了无数的优秀电子工程师，但技术发展到今天，这种教学方法已力不从心，加之1999年以来，我国的高等教育从精英教育向大众教育转化，大规模的扩招使现有的教育资源倍感紧张，迫使传统的实验方法开始进行相应变革。模块化电路实验箱以其结构简练、规范、直观而使学生的实验周期缩短，为电子技术人才培养做出了极大的贡献。不过，如今却逐渐显现出了弱点：

（1）模块化实验箱上元器件有限，电路单元有限，电路变通能力有限。

（2）学生做实验时几乎看不到真正的电子元器件。

（3）实验箱上，电路端点之间的跳线会因多次使用而出现接触不良、内部断线等情况。

（4）模块化实验箱，必须配备示波器、万用表等实验设备，实验室建设成本比较高。

（5）模块化实验，仅是用规范定制的实验模块代替了学生按照自己的理解焊接的实验电路，对培养综合型、设计型、研究型的人才，其功能有限。

2）关于仿真技术实验方法

随着电子技术的发展，电子系统的设计越来越复杂，加之微电子技术的进步，集成电路的功能早已突破了标准IC，使得新的电子系统结构异常简单，体积异常小，随之，实验教学方法也发生了重大变化。传统的实验方法必不可少，但大量的理论验证性实验项目可以用EDA技术中的仿真测试技术替代，其依据是：

（1）EDA设计环境中元器件丰富、参数标准，还可以随时编辑添加新器件。

（2）仪器设备齐全，已涵盖了目前电子系统设计教学所需的大多数设备。

（3）实验过程中没有接触不良、元器件损坏等情况，仿真结果直观明了。

（4）实验过程中，学生可以任意调用元器件、选用设备，可以任意连接，它不怕连线错误、结构混乱，也不会损坏电子元器件、仪器设备，仿真过程中皆有信息提示。

（5）实验过程有声、有形、有色，让实验变得像做游戏，以提高学生学习相关电路课程的积极性。

（6）实验不拘形式、不限时间（通过互联网），也不怕学生的设计不切实际，可充分发挥学生的想象力、创造力，有利于培养学生的综合素质。

4．现代电子技术实验模式分析

1）电路课程教学中引入演示实验

EDA工具中的仿真测试技术可用于电路理论的验证。在教学的过程中，学生对一些电路概念、原理、定理等总是难以掌握，比如电流大小、电压高低、负载能力、放大率、通频带等，学生通过推理、计算知道它的存在，但觉得虚无，如果辅以演示实验，情况将大不相同。以放大器的频带宽度问题为例，硬件验证需要特定环境，而且操作程序复杂。通过TINA作演示实验，电路及设备连接如图1所示，仿真结果如图2所示，移动窗口中的测试指针将得到放大器的增益A_v（42.65 dB）、下限频率f_L(93 Hz，未截图)、上限频率f_H（4.31 MHz），通过简单计算可知带宽（$f_W = f_H - f_L = 4.3$ MHz）。如果电路图在备课时做好，该过程不会超过2 min，教师讲课轻松，学生学习愉快、记忆深刻、联想丰富。还可以针对学生提出的疑问修改电路器件参数、连接方式等，通过仿真结果（数据、图表、波形等）的分析、讲解，让学生深刻理解电路理论。师生互动，既活跃了课堂气氛，又激发了学生的兴趣，从而提高了教学效果。

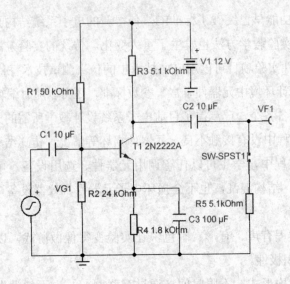

图1 单级放大器实验电路

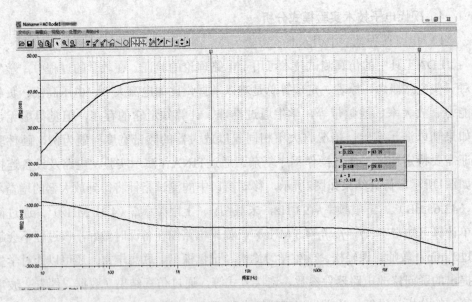

图2 分析放大器的频带宽度

2）仿真技术实验

仿真实验可以让学生深刻理解电路原理，提高学习效率，激发他们的创造能力。用EDA工具的电子设计环境对电路与系统理论作仿真实验，避免了硬件实验环境对电路器件、实验设备等的苛刻要求。实验室的建设也相对简单。计算机在各高等学校都已经普及，买一套50个终端网络版EDA软件与以实验箱为主要设备的实验室建设相比，成本是比较低的。在仿真实验过程中，学生可以充分发挥想像，甚至是不切实际的、错误的想法。实验环境中的元器件是虚拟的，实验设备也是虚拟的，实验过程中不怕逻辑混乱、器件损坏，也不怕损坏设备。有些发明创造源于瞬间的想法，在这种奇想产生后如不及时实施验证，就有可能夭折。EDA实验环境元器件丰富、设备齐全、实验成本低，其系统设计通过仿真验证后再去用硬件实现，可以少走弯路、缩短作品设计的时间。EDA技术可充分满足学生的好奇心和创作热情。仿真技术的应用给大学生的电子设计提供了技术保障，可以增强其参与电子设计与制作的信心。

3）传统实验必不可少

现代电子技术实验方法与传统实验方法相结合，是提高学生电子系统设计综合能力的关键。在实验技能训练中，引导学生运用EDA工具的仿真测试技术，分别对综合性实验项目的各单元仿真，然后进行系统仿真，让项目设计在理论上通过后再做硬件搭试实验，这样可以少走弯路，提高设计的效率和质量。

目前，一方面用人单位抱怨可用的新人难找，好多应聘者"眼高手低"；另一方面是学生抱怨工作难找，用人单位总是问有无"工作经验"。学生嘛，工作经验从哪里来？目前的企业都希望有良好的经济效益，对学生的实习一般不太热心，究其原因有3个方面：

①现在的学生人数太多，一般企业接待量有限；

②学生实践必然带来浪费；

③学生实践必然会影响企业的正常生产秩序。

这样学生的"工作经验"就主要靠实验室了，学校建立一套完整、高效的实验教学体系势在必行。

有些电子学科的大学生，到毕业时电烙铁都没有碰过，那是有问题的。他们的实验几乎都在实验箱上做或是计算机上仿真，如何布局元器件、焊接、跳线美观，有引脚的器件焊接时留多长引线合理，贴片式器件如何选用和焊接，PCB版图如何实现PCB板等，学生没有见过、没有做过，也就是没有实践经验（工作经验）。在学生亲手用标准IC、PLD、DSP、PLC、单片机、晶体管、电阻、电容等搭试电路，并用仪表测试电路参数、认真分析实验数据、总结实验方法并做了PCB实现，他是否有"工作经验"了？这就是参加过"全国大学生电子设计竞赛"并获奖的学生，还没有毕业就有单位争相与之签约的原因。

5．现代电子技术实验教学体系

1）用仿真技术实验做电路理论验证性实验

仿真实验有元器件丰富、参数标准、仪表设备齐全、仿真结论直观明了、理论验证性实验方便快捷、实验场所灵活等优点，引入电路课程教学体系，可以极大的缓解因大规模扩招而带来的现有电路实验室的压力。引入仿真实验之后，大量电路课程（如电工原理、电路分析基础、模拟电子技术基础、数字电子技术基础、单片机技术、接口技术、信号与传输技术、高频电子技术等）的理论验证性实验都可以在计算机上完成了。这还可以充分发挥EDA技术、计算机、网络技术的长处。

2）建立校内电子技术实习基地

现有的实验场地转制为综合性、设计性、创新性实验场所。仿真是用模型的方式来模拟真实系统的功能、现象等，还不是现实系统的真正结论。比如仿真实验过程中，用发光二极管指示某实验电路的输出，当信号频率为1 Hz时几乎看不见其闪烁（因亮、暗的时间都较长），而在1 kHz时却表现为闪烁现象。真实情况是，在1 Hz时发光二极管闪烁明显、1 kHz时表现为常亮，也就是说，仿真结果不合实际。虽然仿真结论与系统的实际运行情况有差距，但人们也不能就此否定仿真实验方法，仿真结果可以验证设计思路没有错、能够实现这个硬件系统。那是否可以实现该真实系统呢？用真实元器件搭试电路、测量电路参数、进行数据分析并完成实验（实习）报告，做到理论与实践的统一。

一般院校都可以建立这样的实验室，也可以叫实习基地，设备"台套数"可根据该校学生规模适当置备，可以多次轮回而不需要像模块化实验系统那么多。可以多设置项目，学生根据兴趣、爱好适当选做。在本校实验室完成实验（实习）要避免集中，分批分时可减小实验室建设规模和实验室压力，还可接纳其他学科的电子爱好者。

3）实验基地应具备的功能

不是每一门课程都有必要建一个综合实验室，有些科目实验室可以合并（具体情况具体分析），但有些关键的实验类型项目是必须设置，以达到学生的能力培训需求。以"现代电子创新实验教学基地"为例，应具备以下培训功能：

（1）元器件、仪器仪表的辨别培训。让学生了解基本元器件、仪表等的外形，参数辨别、类型辨别、性能指标查阅等概念。

（2）典型电路的真实元器件实现培训。重要科目必须有一个以上基本实验电路的真实元器件实现训练，例如模拟电子技术中的"单级放大器"、数字电子技术中的"门电路的功能测试"（可含组合逻辑）等。可以在实验板（面包板）上实现电路结构、测试电路参数并整理实验（实习）报告，以期达到了解真实元器件的性能、指标对电路性能的影响，了解真实仪表的使用方法。

（3）焊接培训。在老师交代基本技能（如焊接面的处理、焊接方法、布局方法、排线方法、跳线方法等）之后，由学生依据自己的理解，在通用实验板上对"选定实验项目"进行布局布线。在此过程中对学生作品抽样点评，让学生的"电子技术"的美学观念得到提升，并让学生测试电路参数，整理实验（实习）报告。

（4）综合系统设计培训。这个内容较为复杂，需要多次、长时间的训练，可以分年级、阶段，依据学生的层次设置相应的项目，引导学生对项目按某种规律有效划分，再分块设计、仿真，然后联合仿真，待系统功能实现后才到实验室进行硬件系统搭试，一方面可以提高实验的成功率，另一方面可缓解实验室压力。更为重要的是，硬件系统功能的实现将极大地鼓舞学生的创作热情、激发学生的创造性思维。

（5）PCB版图设计与制作培训。PCB设计与制作的优劣，直接影响设计作品（样机）的质量。PCB版图设计方法"学会"不难，但"学成"却不容易。在电子设计（竞赛）过程中，没有实物作品，谁都不能说他完成了设计，电子设计的成功与否是"拿出实物"并测试其功能、参数来评价的。

现代电子技术实验教学体系中：

①用仿真技术做"理论验证"性实验；

②利用实践教学基地对学生进行综合素质训练；

③将学生送到相关工厂去参观实习。

仿真技术实验的实施可以有效提高电路理论教学的效率、有效整合现有资源、减小实验室规模、降低实验成本、充分发挥计算机及网络技术的效用，还可利用EDA设计环境的特点来激励学生的探索兴趣。

实践教学基地的建设与实施，对学生实践动手能力的培养十分重要，是学生实践经验（工作经验）的来源。"实践出真知"就是这个道理。

参观实习可以扩展学生的视野，但若没有条件，其影响也不会太大。在现代电子技术实验教学体系中，师资同样是不可忽视的环节，在此不作讨论。

6. 关于TINA

TINA是重要的现代化EDA软件之一，用于模拟及数字电路的仿真分析。其研发者是欧洲DesignSoft Kft.公司，目前大约流行于40多个国家。

该软件的具体功能包括：

（1）在模拟电路分析方面，TINA除了具有一般电路仿真软件通常所具备的直流分析、瞬态分析、正弦稳态分析、傅立叶分析、温度扫描、参数扫描、最坏情况及蒙特卡罗统计等仿真分析功能之外，还能先对输出电量进行指标设计，再对电路元件的参数进行优化计算。此外，它还具有符号分析功能（即能给出时域过渡过程表达式或频域传递函数表达式），RF仿真分析功能，绘制零、极点图、相量图、Nyquist图等重要的仿真分析功能。

（2）在数字电路分析方面，TINA支持VHDL语言，并具有BUS总线及虚拟连线等功能，这避免了电路图中元件之间连线过密，使得电路绘图界面看起来更清晰、简洁。

（3）TINA具有8种虚拟测量仪器，各仪器与元件之间采用虚拟连线。其虚拟测试仪器（如多踪示波器）的动态演示功能是极好的电类教学辅助工具。TINA的仿真分析结果，如波形图可方便地与电路图粘贴在界面中，输出打印及分析资料的完整保存十分便利。

（4）TINA可以与其硬件设备TINALab，即实时信号发生器、数据采集器相连接，故能将实时测量与虚拟仿真结果相比对。这是目前所知能实现该项功能的少数实用技术产品之一。

（5）TINA具有较高的性能价格比。它是目前所知为数不多的具有简体中文界面的成熟软件（在Help索引文件中，也用中文对于电路器件模型参数进行详细解释）。

TINA是一种功能强大的电路仿真软件，不仅在工程实践中，对于电子产品的开发与研制能够发挥高效率、高精度的作用，而且将其引入各类学校电类课程的教学，会带来意想不到的教学效果。

7. 关于本书

本书编写基于TINA Design Suite，重点在电工原理、电路分析基础、模拟电子技术基础、数字电子技术基础、高频电子技术等"电路与系统"基础课程的知识巩固及电子设计的基本思想、分析方法、实现手段。任何电子系统都是由一个或多个基本单元电路构成的。

全书共分10章。第1章是TINA应用基础，对TINA Design Suite的基本应用方法进行概述。第2章是子电路设计与库扩充，可以通过TINA将已经设计好的电路打包成一个子电路（宏）保存于库中随时调用。在电子设计过程中调用这些子电路，对它的操作就像一个器件，有时认为它相当于人们熟知的计算机主板上的功能扩展卡（如声卡、视频采集卡等）。TINA和所有的产品一样，其库资源总落后于科学技术的进步，但使用者可以通过网络资源扩充库或制作添加新器件等。第3章是图形符号创建，可以制作添加新器件符号、封装模型于TINA库中备用，包括为宏单元制作符号或封装模型。第4～8章在仿真电子技术基础相关理论的基础上，阐述电路系统的设计方法、EDA工具的具体应用方法，以及电路设计和分析工具应用中的经验总结，并配置相应实验内容以巩固所学知识，这一部分可以单独应用于相关课程的基础实验。第9章是PCB版图设计，PCB是电子系统的承载体，PCB设计与制作的优劣，直接影响设计作品的质量。第十章为电子设计，这一部分内容繁多、复杂，不可能面面俱到，所以本书仅举几个简单的例子以抛砖引玉。

李良荣编写了第1章、2章、3章、4章、5章、8章、9章、10章；冉耀宗编写了第6、7章；全书由王义主审。研究生国静、王昌龙、杨莎、李震、兰红、何立仁在本书编写过程中做了部分工作，在此表示感谢！

本书编写所用软件由DesignSoft公司提供，受DesignSoft公司在中国的代理商"北京掌宇金仪教学仪器设备有限公司"的直接委托。编写过程中得到北京掌宇金仪教学仪器设备有限公司潘文升经理、冯洁女士等的支持和帮助，在此表示感谢！

本书编写得到2012年教育部首批"专业综合改革试点"建设项目（电子科学与技术）的支持，是贵州大学2009实践教学改革项目（现代电子技术创新实训基地的建设与探索）的延续，是贵州省2011高等学校教学内容和课程体系改革重点项目（电子设计教学与课程体系研究）和"电子科学与技术"教学团队建设项目的基本任务。

书中所用的实例、实验电路图均有电子文档，可向作者免费索取。错误在所难免，望读者斧正！通信地址：贵州大学理学院电子技术实验室；邮编：550025。联系电话：0851-3626572；E-mail：llr100@sina.com（llr为李良荣拼音首写字母小写）。

李良荣

2013年5月

目录
CONTENTS

第1章　TINA应用基础 ………………………………………………… 1

1.1　关于TINA ……………………………………………………… 2

1.2　TINA设计环境 ………………………………………………… 8

1.3　关于TINA的授权 ……………………………………………… 18

1.4　TINA应用入门指导 …………………………………………… 21

1.5　文件输出 ………………………………………………………… 67

第2章　创建子电路与TINA库扩充 ……………………………… 69

2.1　子电路的创建与调用 …………………………………………… 70

2.2　用Spice文件创建宏 …………………………………………… 74

2.3　扩充器件库 ……………………………………………………… 75

2.4　添加S-参数模型 ………………………………………………… 88

2.5　创建VHDL宏 …………………………………………………… 91

2.6　参数提取与精确模型编辑 ……………………………………… 96

第3章　创建图形符号和脚本 ……………………………………… 99

3.1　Schematic符号编辑器 ………………………………………… 100

3.2　器件封装模型编辑 ……………………………………………… 104

第4章　电工原理分析与测试 ……………………………………… 111

第5章　电路分析与实验 …………………………………………… 123

5.1　仿真分析实例 …………………………………………………… 124

5.2　电路分析实验 …………………………………………………… 147

第6章　模拟电子技术基础与实验 ·························· 151

　　6.1　仿真实例 ··· 152

　　6.2　模拟电子技术实验 ··· 194

第7章　数字电子技术基础与实验 ·························· 225

　　7.1　仿真实例 ··· 226

　　7.2　数字电子技术实验 ··· 261

第8章　高频电子线路仿真及实验 ·························· 283

　　8.1　实例分析 ··· 284

　　8.2　高频电路实验 ··· 303

第9章　PCB版图设计 ··· 307

　　9.1　TINA PCB应用基础 ··· 308

　　9.2　PCB设计基础 ··· 311

　　9.3　双面贴装式电路板 ··· 318

　　9.4　制作4层PCB板 ··· 326

　　9.5　创建PCB元器件 ··· 338

　　9.6　文件输出 ··· 341

第10章　综合电子设计 ··· 343

　　10.1　指示器件 ··· 344

　　10.2　简单示例 ··· 348

1 TINA应用基础

1.1　关于TINA

1.1.1　TINA与TINA Design Suite

TINA Design Suite（TINA设计套装版）是一个强大的且可在线升级的软件程序包。该程序包可用于对模拟电路、数字电路、VHDL（标准硬件描述语言设计）、模数混合电路及其布局进行分析、设计和实时测试，还可以分析RF（射频）电路、通信电路、光电子电路及用于MCU（单片机）的开发应用。TINA的一个特色就是允许用户用TINALab II（如图1.1所示）通过USB接口连接计算机，从而将实际电路转换为电路文件。TINALab II可以把计算机变成一个功能强大的T&M（TINALab II & Multifunction）仪器。对于电子工程师来说，TINA是一个高性能的简单工具；而对于初学者来说，它独特的训练环境也容易学习和应用。

从v7版本开始，TINA可以分成两个主要版本，TINA v7和TINA Design Suite v7。TINA v7仅用于电路仿真，而TINA Design Suite v7还包含高级PCB（印制电路板）设计，本书基于TINA Design Suite v9英语版，兼顾中文版（即注释以中文版出现的词条为准）。PCB设计模块有电子工程师需要的标准器件封装等；可以进行多层PCB设计，具有强大的自动布局布线功能，有撤销/重排功能，手动布局布线功能等；可作设计规则检查（DRC）、向前/向后注释，器件引脚交换、门交换、内外层交换、热补给、散出、平衡层次，输出Gerber（光绘）文件等。TINA还可以运用于电子设计技术的基础训练，如模拟电子技术基础、数字电子技术基础、模数混合电路设计等的理论验证。它还具有一些独特的工具，用于测试学生能力、监控进度以及介绍故障的排除方法。TINA还可以通过设置可选项用于测试实际电路，并与仿真结果进行对照。对于教学而言，更为重要的是该组件包含教学内容所需要的基本器材和工具。

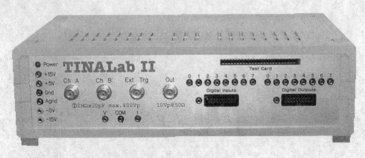

图1.1　TINALab II

1.1.2 TINA主要功能

（1）原理图输入：应用原理图编辑器可迅速建立电路原理图。从元件栏中选择的元件，可以利用鼠标来放置、移动、旋转与连接。TINA的半导体器件目录允许用户从用户自定义库中选择元件，可以用提供的高级"rubber—wire"工具来对原理图进行简单的修改。用户可以同时打开多个电路文件或者子电路，也可以从一个电路中剪切、复制或粘贴一部分电路到另一个电路中，当然，也可分析当前打开的任何一个电路。TINA还为用户提供了一些工具来修饰原理图，比如线段、弧线、箭头、原理图框架和标题块等。同时用户也可以自己绘制非正交元件，比如桥接器和3相位的网络等。

（2）PCB设计：TINA的高级PCB设计包括多层PCB印刷板的分割电源层、强大的自动布局和自动布线功能、撤销和重布功能、用户手册、"follow-me"的跟踪放置，可作设计规则检查，向前/向后注释、引脚和门交换技术、输入和输出的范围、热补给，平衡层次，输出Gerber文件和3D视图等。

（3）电气规则检查：对于元件之间的可疑接线来说，可以用ERC（电气规则检查）来检查，并将检测结果在ERC窗口内显示出来，用户根据ERC提示可找到那些没有连接上的线段。

（4）电路符号编辑：用户可以通过把一部分电路转换成子电路来简化原来的电路。另外，还可以通过Spice 子电路创建TINA的新元件，该元件可以是用户自己创建的，也可以是从Internet上下载的，或者从制造商的CD上获得的。在用户的电路中TINA用一个模块来代表这些子电路。同样，用户也可用符号编辑器来修改其图形。

（5）库管理：TINA具有一个包含Spice和S-parameter模型的元器件库，它们是由一些半导体元器件制造商提供的，比如Analog Devices（美国模拟器件公司）、Texas Instruments（德州仪器公司）、National Semiconductor（美国国家半导体公司）等。用户可以添加更多的模型到元器件库中，即用TINA的库管理器（LM）来创建自己的Spice-或S-参数模型器件库。

（6）参数提取：使用TINA的参数提取，用户可以创建元件模型，它们通过把测量数据或已知数据转换成模型参数来近似的代表实际元件。

（7）文本和公式编辑器：TINA包含一个文本和公式编辑器，它可以用于对原理图、计算和测量实验结果（包括图表输出等）的说明。对教师来说，它对教师备课举例和设计问题等是非常有用的。TINA可以把电路图和计算、测量的结果打印出来，也可以把它们保存为标准的BMP、JPG 或WMF等格式的文件。也可以用一些熟悉的软件包（比如：Microsoft Word, Corel Draw 等）来处理这些输出文件。TINA还支持用Pspice格式来输出和输入网表，将文件加载到其他比较常见的PCB设计软件中进行PCB版图设计（如orCAD、TANGO、PCAD、PROTEL、REDAC等）。

1.1.3 TINA的分析及处理工具

（1）DC analysis（直流分析）：它用于计算模拟电路的直流工作点和转移特性。光标能够显示所选中的节点的电压。对于数字电路而言，程序可以解答逻辑等式并且在每个节点上显示结果。

（2）AC analysis（交流分析）：交流分析用于计算复杂电压、电流、阻抗和功率等。另外，它也可以绘制模拟电路的振幅、相位和延迟特性的Nyquist（奈奎斯特）和 Bode（波特） 图表，还可以绘制复杂的矢量图。对于非线性网络来说，AC分析可以自动的把操作点线性化。

（3）Transient analysis（瞬态分析）：在TINA的瞬态和混合模式中，用户可以输入波形来计算电路的响应，输入波形可以是脉冲、单位阶跃、正弦波、三角波、方波、阶梯波形或者是用户自己定义的激励信号。对于数字电路来说，还可以通过编程方式产生时钟信号或数字信号。

（4）Fourier analysis（傅立叶分析）：除了计算和显示响应之外，还可以计算周期信号的傅立叶级数（Fourier series）的系数、谐波失真（harmonic distortion）和非周期信号的傅立叶频谱（Fourier spectrum）。

（5）Digital Simulation（数字仿真）：对数字电路而言，TINA包含一个功能强大、快速的仿真系统。用户可以一步一步的、向前和向后的追踪电路操作，或者在逻辑分析窗口中查看时域图表。除了逻辑门之外，TINA的元件库中还包含标准IC和其他的逻辑部件。

（6）VHDL simulation（VHDL仿真）：TINA包含有一个完整的VHDL仿真器，在数字和模拟—数字混合环境下，可以用它来仿真VHDL设计。它支持IEEE 1076-1978、1076—1993标准的IEEE.STD_LOGIC_1164的VHDL。用户创建的电路中，可以包含TINA的元件库和FPGA/CPLD中的可编辑的VHDL模块，也可以包含用户自己创建的或从网上下载的VHDL元件模块。用户可以编辑任意VHDL源代码来运行，立即就会看到仿真结果。TINA包含许多可以单独测试、调试和运行的PIC微控制器模型，其汇编程序允许用户修改其汇编代码。其他

MCU（单片机，微控制单元）模型，如市场上的8051和AVR也可用作设计和仿真。用户可以用内部VHDL仿真器，在TINA内部或外部生成VHDL代码，并且对其进行测试。VHDL仿真器包括波形显示（Wave Display）、项目管理（Project Manager）、层次浏览器（Hierarchy Browser）和64位时钟选取等。

（7）Network analysis（网络分析）：网络分析用于决定双端口网络端口的参数（S，Z，Y，H）。对于RF电路来说这是很有用的。仿真结果可以在Smith、Polar或其他图表中显示出来。电路元件的RF模型可以被定义成包含寄生器件（电感，电容）的SPICE子电路，或定义成由频率函数所定义的 S-参数模型。S函数通常是由元件制造商提供的，可以从Internet上下载，或用TINA的元件编辑器来做，并插入到TINA的用户自定义库中。

（8）Noise analysis（噪声分析）：可以分析输入或输出的噪声频谱，计算噪声功率和信噪比。

（9）Symbolic analysis（符号分析）：生成转移函数和在DC、AC或瞬态模式下转移模拟线性网络响应的表格符号。可以绘制通过符号分析所得到的准确图形，并且可以与由数学计算或测量的结果相比较。TINA的这个功能可以求值和绘制任意函数的图形。

（10）Monte-Carlo and Worst-case analysis（蒙特卡罗和最坏情况分析）：用Monte-Carlo和Worst-case分析来确定电路元件的公差。可通过统计来得到结果，并且还可以通过该分析来计算期望平均值、标准误差等。

（11）Optimization（优化）：TINA的最优化工具可以通过修改一个或多个未知的元件参数来完成预定的目标响应。可以用仪器来监控目标电路的响应（电压、电流、阻抗和功率等）。例如，用户可以指定一些工作点的DC电压或AC转移函数的参数，并且由TINA来判定所选元件的数值。

（12）Post-processor（后处理程序）：TINA另一个功能强大的新工具就是Post-processor。应用该工具，用户可以在图表中添加实际节点和元件的电压或电流曲线，或者对它们应用数学函数绘制轨迹，比如，绘制一些电流或电压并把它作为其他电压或电流的一个函数。

（13）Presentation（报告）：用户可以用TINA来产生一些重要文件，包括Bode plots（波特图）、Nyquist（奈奎斯特）、Phasor（相量）、Polar（极坐标）和Smith图表、瞬时响应、数字波形和用于线性或对数比例，以及其他数据。用TINA的高级绘图工具可轻松的定制外观，用户可以直接从TINA中打印图形，剪切、复制它们到文字处理工具（如word文档）中，或者以标准格式输出。可以对文本，坐标轴和绘图形式进行修改，例如设置线宽和颜色，各种尺寸和颜色的字体，坐标轴的缩放比例等。

（14）Interactive mode（交互方式）：一切都就绪以后，对电路进行的最后测试就是用交互方式（比如用小型键盘和开关）对电路进行实际仿真，观察其显示或其他指示。用户可以控制开关，在进行分析时也可以修改元件的数值。另外，可以为元件数值和开关指定快捷键，通过按下该键来对它们进行修改，并看见变化的影响。也可以在TINA的交互方式下测试MCU应用。不仅可以用一些逼真的交互方式来测试和运行MCU（比如用小键盘的方式），而且当MCU 一步一步执行ASM（汇编程序）代码时，还可以对它们进行调试，同时显示寄存器的内容和每一步仿真的输出。

（15）Virtual instruments（虚拟仪器）：除了标准的分析显示（比如Bode，Nyquist）之外，它可以在许多虚拟仪器上显示仿真结果。例如，用户可以用虚拟的方波发生器和虚拟的示波器来仿真电路的时序响应。使用TINA的虚拟仪器是一个很好的方法，可以为实际的测试和测量器设备的应用做准备。当然，应该要记住：由虚拟仪器得到的测量结果仅仅是仿真的，不能代替真实系统的结论。

（16）Real-time Test & Measurement（实时测试和测量）：当主机上装载有附加硬件时，就可以用TINA的强大工具来对实际的电路进行实时测量并且在虚拟仪器上显示结果。

（17）Training and Examination（训练和检查）：TINA具有一个用于训练和检查的特殊操作方式。在TINA的控制下学生能够解决老师指派的作业。问题的解答方式依赖于问题的形式，问题的形式可以从列表中选择，可以用数字计算，或者是用符号的形式来给定。注释程序提供了许多解答工具。如果学生不能解决问题，他们可以求助于多级指导。该程序包包括所有需要的工具和教学材料，例子的收集和由教师提出的问题都是程序包的一部分。TINA的另外一个教育性的功能就是用电路故障的软件或硬件仿真来练习检修，通过应用TINA，用户可以用很低的成本把PC课堂转换为当代的电子培训室。

1.1.4 TINA的版本

按照需求选择不同的版本。从v7开始，TINA分成两个主要版本，TINA v7和TINA Design Suite v7。TINA v7只包含电路仿真，而TINA Design Suite v7还包含PCB的设计工具。两个版本都有：

（1）工业版本：包括所有的TINA的特性和公用程序。

（2）网络版本：可以在型号为3.12的Novell Netware（网络操作系统）或更高级的版本下应用该程序，就像在Microsoft Network（Win9x/ME/NT/2000/XP）下一样。推荐给团体和教学应用。

（3）教育版本：它包含工业版本的大部分特性，但是只考虑一个参数的参数分级和最优化。不包括暂态分析和稳态分析。

（4）经典版：它和教育性版本具有相同的特性。除了不能进行网络分析外，它还不包括TINA的S参数元件库、Parameter Extractor、外部VHDL仿真器公用程序、Stress analysis（应力分析）和Steady State Solver（稳态解）。

（5）学生版：除了电路大小被限制为包括内部Spice宏指令结点在内的100个结点之外，它与经典版本具有相同的特性。PCB布局上衬垫数目也被限制为100。

（6）基础版：除了电路尺寸被限制为包括内部Spice宏指令结点在内的100个结点之外，它与经典版本具有相同的特性。PCB布局上衬垫数目也被限制为100。

1.1.5 高速多功能PC仪器TINALab Ⅱ

用户可以通过TINALab Ⅱ把便携式计算机或台式计算机转换成强大的、多功能的测试和测量仪器。无论用户需要哪种仪器，例如万用表、示波器、频率分析仪、逻辑分析仪、任意波形发生器或者数字信号发生器等，都只需要单击鼠标即可得到。除此之外，TINALab Ⅱ还被运用在电路仿真，被认为是电路设计、电路故障诊断、模拟电路和数字电路分析仿真和测量的有用工具。

TINALab Ⅱ包含一个从DC（直流）到50 MHz的带宽、10/12bit的分辨率、双通道的数字存储示波器，由于它的advanced equivalent-time抽样技术，TINALab Ⅱ可以用4 GS/s的同等时间抽样率来获得任意的重复信号。但是在单通道方式下，抽样率仅是20 MS/s。输入的总的数值范围是±400 V，最小单位为5 mV～100 V/div。

合成的函数发生器提供从DC到4 MHz的正弦波、方波、斜波、三角波和其他任意的波形。它们都是基于对数和线性的扫描，其峰-峰值调制为10 V。简单的应用TINA的解释器语言就可以编写任意波形。应用函数发生器，信号分析仪可以像频谱分析仪一样测量和显示Bode幅度、相位图、Nyquist图表。

高级数字信号发生器和逻辑分析仪器的输入和输出端允许在40 MHz以内，16通道的数字信号测试；TINALab Ⅱ的万用表允许在1 mV～400 V、100 mA～2 A的范围内进行DC/AC（交流）测量；它也可以测量1 Ω～10 MΩ的DC电阻。

用户把实验板与 TINALab Ⅱ的接口相连接，就可以进行模拟电路、数字电路等的仿真、测量及故障检修。TINALab Ⅱ的应用为电子工程师的电路设计、故障检修等带来极大的方便。

1.2　TINA设计环境

1.2.1 TINA的安装

TINA的安装和其他软件安装类似，在此不做详细说明。一般软件安装后都要求向软件商申请License（即软件商的授权码），在没有授权的情况下，用户可以运行该程序31次，这给用户提供足够的时间来获取授权，可通过Internet申请或通过销售商申请授权码。如果安装程序包提供了序列号，在License Status（许可证状态）对话框弹出时单击信息框上"Authorize"（授权）按钮，输入序列号，单击"OK"按钮即可。注意输入序列号时，必须与Internet相连接。

1.2.2 TINA的操作界面

启动TINA后，界面如图1.2所示。

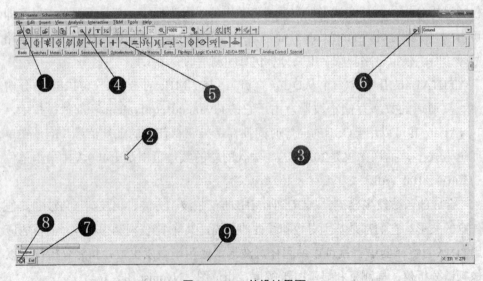

图1.2　TINA的设计界面

（1）菜单栏：利用主菜单提供的工具，可以完成电子设计的全过程。

（2）光标或指针：用于命令选择和原理图编辑。只能通过鼠标移动该点。对于不同的操作，光标的形式也有如下不同的格式：

● 箭头：在编辑窗口中要选择一个命令时；

● 组合形式（箭头和一个小框）：当用户插入元件到原理图窗口的电路中时，在确定放置元件的位置前，完全由鼠标来移动该元件；

● 笔：确定连线终点时；

● 波浪线：确定线的终点或者是确定输入或输出的第二个交点时；

● 波浪线方框：当确定了一个块之后，在它的第一个转折点处；

● 虚线框：放置一个元件的标签或文本块时；

● 放大镜：定义一个图像放大窗口时。

（3）设计主窗口：该窗口用于显示正在被编辑的电路或者是要分析的电路。设计窗口实际上是一个可以很大的绘图区域。用户可以通过拉动窗口右边和底部的滚动条来全屏显示设计窗口。在"File"（文件）菜单中选择"New"（新建）选项后，系统会自动的校准编辑窗口的初始位置。作为默认窗口的位置，当装载一个已经存在的电路文件时，自动系统也会校准编辑窗口的初始位置。用户可以观察到TINA的原理图包含在几个层上。除了包含元件、线段和文本的层次外，还有其他两个绘图层，它们可以分别打开或者关闭。应用这种层次设计会带来很多方便。

设计过程中可以开启/关闭元器件引脚标记（View/Pin Markers On/Off，视图/插脚标记），显示或隐藏元件引脚末端；还可以显示或隐藏覆盖整个绘图区域的点状网格（View/Grid，视图/网格），在放大原理图时，用户可能看不到网格点，但是所有元件的引脚和连线都在网格上。元件图形（模型）以水平的或垂直的方式被放置到原理图中。这些图形是一种标准模型，该模型的引脚位置是预先定义的，可以通过专门的编辑器来处理元件图形，这必须注意将器件图形的引脚末端放在栅格上。

（4）工具栏：用户可以从工具栏中选择很多编辑命令，如图1.3所示。

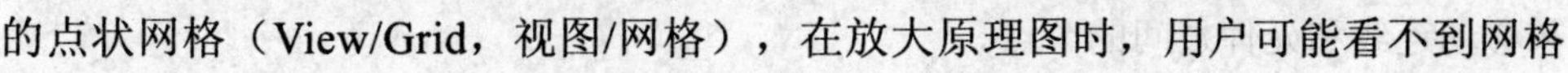

图1.3　TINA的快捷工具条

● 📂：打开一个原理图电路文件（.TSC或 .SCH）或宏文件（.TSM）。

其中.TSC是TINA v6以后版本文件的后缀名；.SCH是TINA更早版本的后缀名；.TSM是TINA宏单元的扩展名，TINA的宏单元可包含子电路，如TINA的原理图、SPICE网表或者VHDL代码。

● 🔍：打开Tina官网上的范例。

● 💾：保存电路或子电路到磁盘上，为避免丢失数据，用户应该适时保存电路。

● 📂：关闭电路，用于关闭一个打开的电路。

● 📋：复制部分电路或者文本到剪贴板。

● 📋：把剪贴板上的内容粘贴到Schematic原理图编辑器。剪贴板上的内容要来源于原理图编辑器本身、TINA的图表窗口或者其他Windows程序。

● ▶：如果按下该按钮，用户可以用光标来选择或拉动元件。只要将光标移到要选择的元件、线条或文本上，单击即可选中，用户可以通过按下键盘"Ctrl"键的同时，用鼠标一个一个的单击要选的元件来选择多个元件，也可以通过在要选元件的一角按下鼠标左键的同时，拖动鼠标到另一角，然后释放鼠标来选择。选中的元件呈红色，用户可以指向所选元件中的一个，按下鼠标左键并拖动所选元件中的一个来拉动所有被选中的元件。在空白区域单击鼠标来释放被选中的元件。

● ⬆：检索并插入最后一次放置的元件，该元件的参数不变。

● ∂：用光标为原理图添加连线。

● T：为分析的结果和原理图添加文本说明。

● ✂：用Hide/Reconnect来放置和移动交叉线之间的节点，也可以用来放置和移动连线和元件之间的节点。

● ↶↷：顺时针或者逆时针旋转选中的元件。

● ✦：横向镜像翻转选中的元件。快捷键分别为Ctrl+L 和Ctrl+H 。

● ⬚：显示/隐藏栅格。

● 🔍：放大电路。

● 100% ▼：从中选择放大比例（10%～200%）。选择ALL即是把电路放大到最佳的比例。

● 🔋DC ▼：交互方式。其下拉菜单如下所示：

■ 🔋DC：直流交互模式；

■ 🔋AC：交流交互模式；

- ■ 🔵: 连续瞬时交互模式；
- ■ 🔵: 单发瞬时交互模式，该模式常用于暂态分析；
- ■ 🔵: 数字交互模式；
- ■ 🔵: VHDL交互模式。
- ● 📐: 用这个工具，用户可以选择"分析和交互模式选项"对话框。
- ● 📐: 选择最优化的目标来设置最优化方式或者修改设置。
- ● 📐: 为参数步长或最优化选择控制对象。
- ● 📐: 故障分析使能，单击该按钮，就会激活元件误差，它是由元件的误差属性来设置的。用户可以双击元件，在属性编辑框中设置元件误差。
- ● 📐: 3D视图显示按钮，快捷键是F6。单击该按钮，TINA就会像实际元件的3D视图一样显示电路元件。实际元件是为原理图标志所指定的。在启动PCB设计之前，它是一个简单而又有用的检测方法。
- ● 📐: PCB设计工具调用按钮，调用该按钮能够启动TINA的PCB设计模块的对话框。

（5）元件栏：元件是以组的形式来安排的，是用元件栏上的标签来命名的。用户一旦选择了一个元件组，该组所有元件的图标就会出现在标签上。当用户单击元件，释放按钮时，光标就会变换为该元件的图标，并且可以在绘图区域任意移动。用户可以按下"+"或"-"来旋转元件（"+，-"在计算机的数字键盘上），也可以按下"*"键来镜像翻转该元件（"*"也在数字键盘上）。一旦设置好元件的位置和方向，按下鼠标左键来放置该元件。

（6）元件查询工具：

📐: 元件查询工具。调用这个元件查询器，用户可以查找和放置元器件。这个工具帮助用户在TINA目录中通过元件名称来查询元件。用户只需要输入元件名包含的一个字段即可，无论这个字段是在元件名称的开头、结尾还是其他地方都可以。当用户不知道一个特定元件的位置，或想要所有元件的清单时，这个工具是非常有用的。用户可以通过选中元件并且单击"插入"按钮来立即把该元件放置到原理图编辑窗口中。

Resistor ▼: 元件列表框清单。用这个工具，用户可以从清单中选取元件。

（7）翻页标签：同一时间，用户可以在原理图编辑器中拥有多个不同的电路文件或者一个打开电路的不同部分，单击窗口左下角的翻页标签可以将之调入当前窗口。

（8）任务栏：TINA的任务栏在窗口的底部，并且为当前使用的各种工具或T&M提供快速按钮。各个工具在其自身的窗口中运转，可单击快速按钮来激活。注意：第一个按钮（最左边），锁定原理图按钮有一个特殊功能。当按下这个按钮，原理图窗口的位置就会作为其他窗口背后的背景被锁定，它不会覆盖对话或者虚拟仪器。当该按钮没有被锁定并且当前被选中时，用户可以看到整个原理图窗口，而其他窗口没有被覆盖。

（9）帮助栏：帮助栏在窗口的底部，它为光标所指向的项目提供简短的解释。

1.2.3 TINA的主菜单功能介绍

（1）File（文件）菜单功能如图1.4所示。

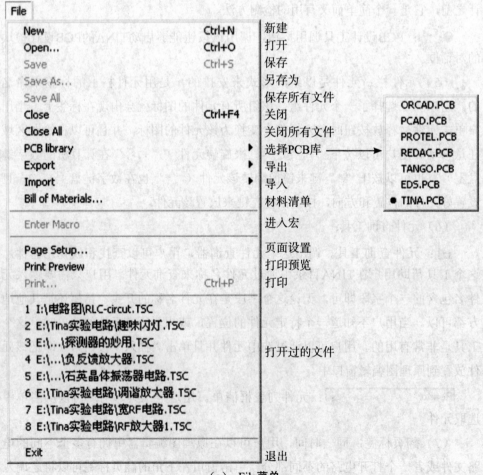

(a) File菜单

图1.4 File菜单及其Export、Import子菜单功能

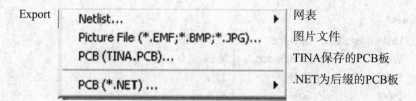

（b）File菜单下的Export子菜单

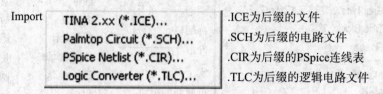

（c）File菜单下的Import子菜单

图1.4 File菜单及其Export、Import子菜单功能（续）

（2）Edit（编辑）菜单功能如图1.5所示。

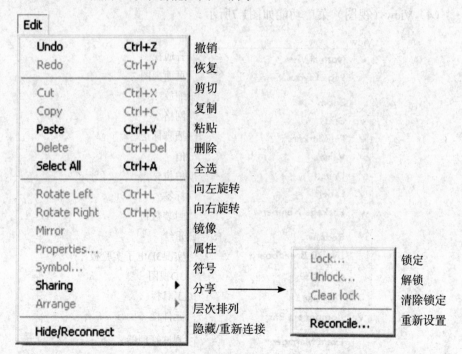

图1.5 Edit菜单

（3）Insert（插入）菜单功能如图1.6所示。

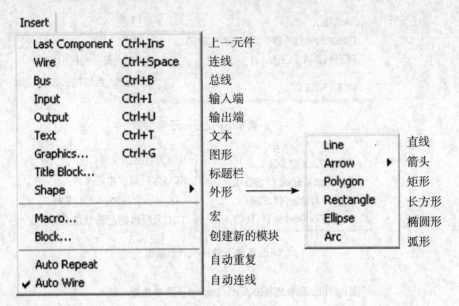

图 1.6　Insert菜单

（4）View（视图）菜单功能如图1.7所示。

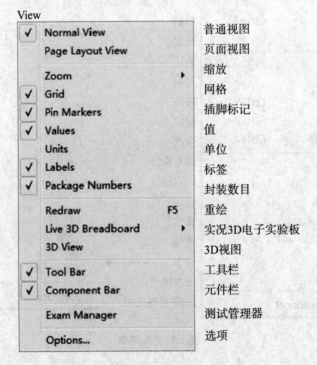

图1.7　View菜单

（5）Analysis（分析）菜单功能如图1.8所示。

Analysis	
ERC...	电气规则检查
Mode...	分析模式选择
Faults enabled	激活故障
Stress Analysis Enabled	激活极限分析
Select Optimization Target	选择优化目标
Select Control Object	选择控制对象
Set Analysis Parameters...	设置分析参数
DC Analysis ▶	直流分析
AC Analysis ▶	交流分析
Transient...	瞬时现象
Steady State Solver...	稳态求解法
Fourier Analysis ▶	傅立叶分析
Digital Step-by-Step	数字逐步
Digital Timing Analysis...	数字时序分析
Digital VHDL Simulation...	数字VHDL仿真
Mixed VHDL Simulation...	混合VHDL仿真
Symbolic Analysis ▶	符号分析
Noise Analysis...	噪声分析
Optimization ▶	优化
Options...	选项

（a） Analysis菜单

DC Analysis

Calculate nodal voltages	计算节点电压
Table of DC results	直流结果表
DC Transfer Characteristic...	直流传输特性
Temperature Analysis...	温度分析

（b） Analysis菜单下的DC分析子菜单

AC Analysis

Calculate nodal voltages	计算节点电压
Table of AC results	交流结果表
AC Transfer Characteristic...	交流传输特性
Phasor Diagram	相量图
Time Function...	时间函数
Network Analysis...	网络分析

（c） Analysis菜单下的AC分析子菜单

Fourier Analysis

Fourier Series...	傅立叶级数分析
Fourier Spectrum...	傅立叶频谱分析

（d） Analysis菜单下的傅立叶分析子菜单

图1.8 Analysis菜单及其子菜单功能

Symbolic Analysis

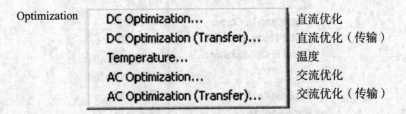

DC Result	直流分析结果
Semi-symbolic DC Result	半符号直流分析结果
AC Result	交流分析结果
Semi-symbolic AC Result	半符号交流分析结果
AC transfer	交流传输
Semi-symbolic AC transfer	半符号交流传输
Poles and Zeros	极点和零点
Semi-symbolic Transient	半符号瞬时

（e） Analysis菜单下的符号分析子菜单

Optimization

DC Optimization...	直流优化
DC Optimization (Transfer)...	直流优化（传输）
Temperature...	温度
AC Optimization...	交流优化
AC Optimization (Transfer)...	交流优化（传输）

（f） Analysis菜单下的优化子菜单

图1.8 Analysis菜单及其子菜单功能（续）

（6）Interactive（交互式）菜单功能如图1.9所示。

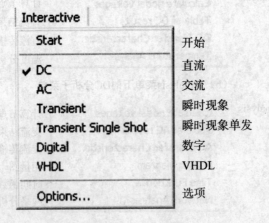

Interactive	
Start	开始
✔ DC	直流
AC	交流
Transient	瞬时现象
Transient Single Shot	瞬时现象单发
Digital	数字
VHDL	VHDL
Options...	选项

图1.9 Interactive菜单

（7）T&M菜单功能如图1.10所示。

（8）Tools菜单功能如图1.11所示。

T&M	
Open Testcard	打开测试卡
Close Testcard	关闭测试卡
Download to FPGA Card...	下载到FPGA卡
Create VHD & UCF File...	创建VHD和UCF文件
Function Generator	函数发生器
Multimeter	万用表
XY Recorder	XY记录仪
Oscilloscope	示波器
Signal Analyzer	信号分析仪
Spectrum Analyzer	频谱分析仪
Network Analyzer	网络分析仪
Logic Analyzer	逻辑分析仪
Digital Signal Generator	数字信号发生器
Options...	选项

图1.10　T&M菜单

Tools	
Diagram Window	图表窗口
Equation Editor	方程式编辑器
Interpreter	解释器
Netlist Editor	网表编辑器
Logic Design...	逻辑设计
Filter Design...	滤波器设计
Component Explorer...	元件浏览器
Component Bar Editor...	元件栏编辑器
Find Component...	查找元件
Re-read symbol database	重读符号库
Re-compile Library	重编译库
Re-build Library	重创建库
New Macro Wizard...	新建宏向导
Edit Macro Properties...	编辑宏属性
Export Macro...	导出宏
PCB Component Wizard...	PCB元件向导
Footprint Name Editor...	封装名称编辑器
Renumber Components	元件重编号
PCB Design...	PCB设计
Backannotate...	逆向注释
✓ Lock Schematic Editor	锁定原理图编辑器
✓ Dock Netlist Editor	驻留网表编辑器
Protect Circuit...	保护电路
Unprotect Circuit...	取消保护电路

图1.11　Tools菜单

（9）Help菜单功能如图1.12所示。

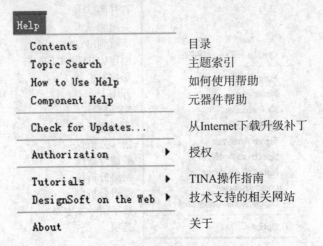

图1.12　Help菜单

1.3　关于TINA的授权

计算机让人类生产活动发生了重大变革，为人类生活提供了丰富多彩的平台，让人们的物质和文化水平上了一个新台阶，可以说是功不可没，但随之而来的计算机病毒又给人们的工作增添了不少烦恼，还有一些故意破坏的好事者更是让人头痛。TINA也是计算机软件，离不开计算机这个载体，所以有必要介绍一下防范措施。

TINA这款软件在安装注册后使用良好，如果因为计算机系统受病毒影响而必须重新整理时，一定要先释放License（许可证）保存，以备重用，否则以前申请的授权码就不能再用了。操作方法如下：

1.3.1　计算机连接Internet网络的操作步骤

（1）如果计算机已经连接Internet网络，可以在TINA软件界面Help（帮助）菜单下选择Authorization（授权）选项，然后选择"Transfer using Internet（使用Internet传输）"下的"Upload License to the Internet"选项，即将License上传到Internet，操作如图1.13所示。

（2）重新安装，在首次打开TINA后进行注册即可，此步骤可参考实用手册的TINA安装帮助。

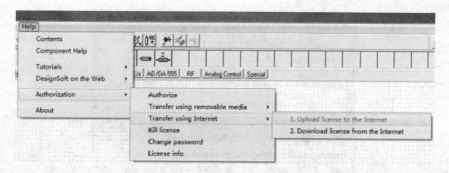

图1.13 将License释放到Internet操作

1.3.2 计算机未连接Internet网络的操作步骤

（1）如果计算机未连接Internet网络，可先在另外一台计算机上安装TINA。运行TINA的弹出界面如图1.14所示，单击"Authorize"（授权）按钮，将弹出Authorize对话框，如图1.15所示。

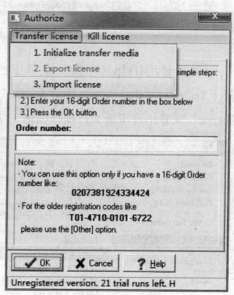

图1.14 运行未授权Tina弹出的界面   图1.15 Authorize对话框

（2）插上U盘，选择"Transfer license"（传输许可证）菜单下的"Initialize transfer media"（初始化传输媒介）选项，将弹出如图1.16所示窗口。

（3）在图1.16所示窗口选择对应的U盘盘符，单击OK按钮。拔下U盘，插到原来装有TINA软件的计算机上。

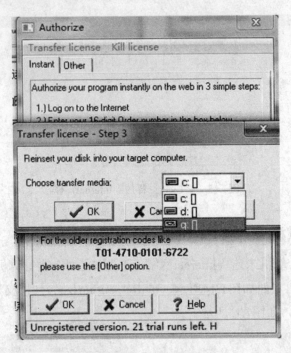

图1.16 目标盘选择对话框

（4）使用Help（帮助）菜单下的"Authorization"（授权）选项，选择"Transfer using removable media"（使用移动介质传输），单击"Export license"（导出许可证），操作如图1.17所示，将弹出如图1.18所示窗口。

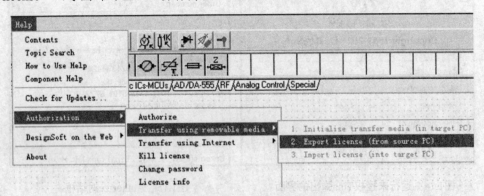

图1.17 导出许可证到U盘步骤1

（5）在如图1.18所示窗口，输入密码后（默认密码为ProgramProtection），单击"OK"按钮，即弹出如图1.19所示窗口，密码可以由Help获得。

（6）在如图1.19所示窗口中选择对应的U盘盘符，单击"OK"按钮，即完成License释放。

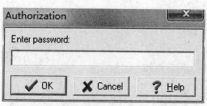 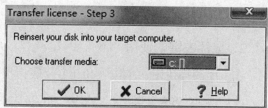

图1.18 导出许可证到U盘步骤2　　　　　　图1.19 导出许可证到U盘步骤3

（7）机器整理系统、重新安装Tina后，插入U盘，启动TINA后弹出图1.14所示窗口，然后在图1.15所示窗口中选择"Import license"（输入许可证），逐步操作完成注册即可。

【注】也可以不将license导入U盘，而导回原来计算机的某分区中。

1.4　TINA应用入门指导

1.4.1　用鼠标编辑原理图

下面介绍一些基本的鼠标用法，这些可以帮助用户更快捷地掌握原理图的编辑方法。

1. 鼠标右键的使用

任何时候单击鼠标右键，都会弹出一个快捷菜单。用户可以进行以下操作：

（1）Cancel Mode（撤销方式）：退出最后一个操作（比如：移动元件，画线）。

（2）Last Component（上一元件）：重新放置最后使用过的元件。

（3）Wire（连线）：转换到画线方式。当光标变换成铅笔的形式时，用户就可以画线，在线段下显示详细信息。

（4）Delete（删除）：删除选中的元件。

（5）Rotate Left（向左旋转），Rotate Right（向右旋转），Mirror（镜像）：旋转和镜像翻转当前选中或已经被移动的元件。用户可使用"Ctrl+L"或"Ctrl+R"键来旋转选中的元件。

（6）Properties（属性）：用这个命令可编辑所选元件或者移动过的元件的属性（数值、标签等）。放置元件之前，用户可以在属性菜单中设置它的所有参数和性能。编辑元件属性时，鼠标右键还有其他功能，即在编辑标签属性之外的其他属性时，用户可以单击鼠标右键，选择"Copy to Label"选项，这样"Label"一栏将变成所选中属性栏的标号。同样的功能可以通过按下键盘上

"F9"键来完成。

2．鼠标左键的使用

在下面的描述中，单击（click）一般指按下鼠标左键。

（1）Selection（选择）：单击一个元件来选择该元件，而不选择其他元件。

（2）Multiple selection（多重选择）：按下"Shift"键的同时单击鼠标左键可以把一个在光标下的元件添加到已经选择的元件组中。如果该元件已经在元件组中，执行以上操作可以移走该元件。

（3）Block selection（块选择）：要选择一组元件时，首先要确定光标没有指向任何元件。按下鼠标左键并移动鼠标，会产生一个长方形，在长方形内的元件全被选择。

（4）Selection of all object（选择所有元件）：按下"Ctrl+A"键来选择所有元件。

（5）Moving object（移动元件）：单个元件的移动可以通过拖曳鼠标来实现（将光标移动到需要移动的元件上，单击鼠标左键并且拖动鼠标即可）。移动多个元件时，首先应选中它们，然后移动鼠标指向其中一个元件，单击鼠标左键拖动即可。

（6）Parameter modification（修改参数）：双击一个元件，会弹出其属性菜单，这时便可以修改其参数。

（7）Crossing wires（交叉连线）：除非是人为的设置接点，两条导线相交叉时不会产生节点，可用"Edit"（编辑）下的"Hide/Reconnect"（隐藏/重新连接）选项来放置或者移动交叉接点。但是，用户最好不要在一条线上设置接点，这样容易产生混淆。

（8）Block or symbol copying（复制元件或块）：选中一个元件或元件块，然后按"Ctrl+C"则可对其进行复制，按下"Ctrl+V"则可把复制的元件或者块通过鼠标放在任意的位置。如果原理图窗口没有足够的空间来进行复制，可以按下"Alt+N"来将图形缩小，单击鼠标左键确定元件或元件组的位置。

3．度量单位

当设置电子元器件的参数或者指定数字的值时，用户可以应用标准的符号缩写。用户可以输入1 kΩ来代表1 000 Ω。乘数的缩写必须遵循表1.1所示的原则。如：2.7 k、3.0 M、1 μ等。

表1.1　度量单位间的换算

P = pico = 10^{-12}	T = tera = 10^{12}
n = nano = 10^{-9}	G = giga = 10^{9}
μ = micro = 10^{-6}	M = mega = 10^{6}
m = milli = 10^{-3}	k = kilo = 10^{3}

【注】必须仔细辨认大小写字母（例如M、m等），所选择的缩写符号要紧跟在数字字符的后面（例如1 k或5.1 G等），否则TINA会提示错误。

4. 电路元件放置

从元件栏中选择元件并且通过鼠标把元件的图标放置到相应的位置上。用户单击鼠标左键时，程序就会把图标锁定在最邻近的网格上。

可以垂直的或水平的放置元件。旋转元件时，可用按钮或单击鼠标右键，在弹出式菜单中选择转向方式来调整并放置元件。

选择和放置好元件图标之后，双击该元件，可以在弹出的对话窗口中输入元件的参数和标号等。输入数值时，要用到从10^{-12}到10^{12}之间整数的缩写形式（例如1K就是1000）。

【注】单击元件对话框上的Help按钮，用户既可调用TINA的以HTML（超文本链接标示语言）为基础的帮助资源，也可以找到所选元件的参数和数学模型，还可以从帮助菜单中访问元件帮助。

5. 连　线

移动光标到元件的端点时鼠标就会变成铅笔形式。可以用两种方法来画线。

（1）单击鼠标左键来选定连线的起点，移动铅笔形式的光标，这时TINA会沿着路径画出线段。画线时，可以任意移动连线的位置。在线的终点，再次单击鼠标左键，这是默认格式。

（2）单击鼠标左键，同时移动光标。到连线终点时释放鼠标。这种连线模式取决于编辑器View/Options（视图/选项）的设置，如果用户改变连线方式的话，程序是会记住的。

【注】画连线时，可以按相同的路径向后移动光标来删除原先的部分连线。可通过选择和拉动线段或线头来修改连线。也可以调用画线命令工具"Insert/Wire"（插入/连线，快捷键Space）来画线，按"Esc"键结束画线模式。TINA的ERC...（电气规则检查）工具可以判断有没有遗漏或者有没有连接的元件接点。

6. 输入/输出

只有接入了输入和输出端口，才可以执行分析命令。依据分析类型确定在哪里输入激励信号和得到电路响应（DC转移特性、Bode 图表、Nyquist 图表、组延迟、转移函数）。电源和信号发生器都可以被设置为输入，而仪表则可设置为输出。为了更加灵活，可以用"Insert/Input"（插入/输入端）和"Insert/Output"（插入/输出端）命令在任何电路单元设置输入和输出接口。

【注】只能通过"Insert/Input"命令来为参数扫描定义输入参数。

1.4.2 电路编辑及分析实例

1. RLC电路的编辑与分析

1) RLC电路的编辑

建立如图1.20所示电路。启动TINA时，会自动建立一个空白文档，左下方的翻页标签文件名默认设置为"Noname"（没有命名）。

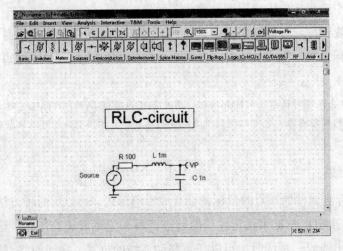

图1.20　实验电路

（1）添加元件。单击元器件工具栏中的"Basic"（基本器件）按钮，如图1.21所示，选择 ⓥ（电压源）图标，光标即变换为信号源图标，可以在屏幕中的任何地方放置该器件。还可以用"+"（或"Ctrl+R"）及"-"（或"Ctrl+L"）来旋转元件或其元件标号以及按"*"来镜像翻转，用以调整该器件放置方向。放置后用鼠标右击之，在弹出的菜单中选择Properties（属性），即弹出如图1.22所示对话框。一般不需要修改"DC Level"（直流电平）和"I/O state"（I/O状态）参数。选择"Signal"（信号）后，再单击 ••• 按钮，会弹出一个新的包含信号源图标的对话框，如图1.23所示。选择其中一个按钮（在本例中单击余弦曲线），会显示一个默认参数的相关曲线。修改参数（如修改频率为

200 k，即200 kHz）后，单击"OK"按钮返回，再次单击"OK"按钮即完成设置。可以用鼠标拖拽元件到用户想放置器件的位置。

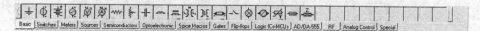

Basic | Switches | Meters | Sources | Semiconductors | Optoelectronic | Spice Macros | Gates | Flip-flops | Logic ICs+MCUs | AD/DA-555 | RF | Analog Control | Special

图1.21　元器件选择窗口

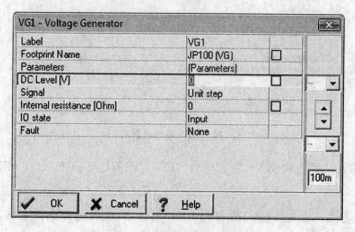

图1.22　器件属性设置窗口1

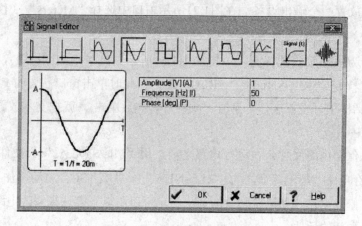

图1.23　电压发生器编辑对话框

【注】在设置"I/O state"的属性是默认"Input"的条件下，用户可以选择信号源的输出作为Bode diagram（波特图示仪）输入。

选择 ⌁ 图标放置电阻。当电阻的图标在原理图窗口显示之后，单击鼠标右键并且从弹出菜单中选择"Properties"（属性）（这是设置元器件参数的另一种方法），弹出如图1.24所示对话框，修改"Resistance"（电阻）的参数为100，其单位为Ohm（欧姆、Ω）。设置好所有参数后，单击"OK"按钮，光标会转换成带有标签框的电阻形式，单击鼠标左键把电阻放置到相应位置上。

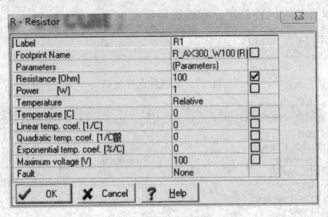

图1.24　器件属性设置窗口

同样的方法调入电感"L"和电容"C"，设置L=1 mH，C=1 nF，放置接地符号等。

（2）连接。把光标指向相应的引脚节点，光标会变换成铅笔状，这时，单击鼠标左键画线，在线段终点再次单击鼠标左键即完成连线。

（3）放置一个输出设备。在图1.21所示窗口中选择"Meters"（仪表），然后选择 ⊣ （电压指针）放置，连线。

（4）为原理图放置标题。单击如图1.21所示工具条中的图标 **T**，会出现文本编辑框，输入"RLC-circuit"（RLC电路），此时单击窗口右边的 **F** 按钮，在弹出的对话框中可设置字体、字号、颜色等。然后单击✔就把文本放置到原理图编辑窗口中。

（5）保存电路文件。在运行电路之前，用"File/Save As"（文件/另存为）命令来保存电路。把电路命名为"RLC-NEW"（后缀.TSC会自动添加）。

（6）修改电路。如果有必要的话，用户可以用以下方法来修改电路：

a）添加新的元件。

b）用"Edit/Cut、Edit/Copy、Edit/Paste、Edit/Delete"命令来剪切、复制、粘贴和删除已经选择的对象。

c）可以移动、旋转、镜像翻转元件（或元件组）。按下键盘上的"shift"键，同时用鼠标单击元件，一个一个地选择（也可以通过框选）元件组把光标指向所选元件其中的一个，用鼠标拉动元件。在拉动元器件过程中，用户可以用"Ctrl+L"、"Ctrl+R"等来调整这一个元件（组）的放置方向。

d）通过单击标号并拉动它来单独移动标号。

e）双击元件，可以修改它的参数和标号。

当然，如果用户要保留这些修改，则要重新保存电路。

2）分析

TINA包含多种分析方式和选项。

当电路只包含模拟元件时，分析方法是模拟的，元件是用模拟元件的分析模型来模拟的。

当电路只包含数字元件时，分析方法是数字的，元件是用数字元件的分析模型来模拟的。

当电路同时包含模拟元件和数字元件时，分析方法是混合的，TINA会自动调用相应的器件模型而不需要人为干预。

以下对图1.20所示RLC电路进行分析（直流分析、交流分析、瞬态分析、傅立叶分析）：

（1）AC节点的分析

选择"Analysis/AC analysis/Calculate nodal voltages"（分析/交流分析/计算节点电压）命令，这时光标转变为可以连接任意节点的探针，并且有一个独立的窗口显示节点电压等信息，如图1.25所示。如果用探针去单击电路中某节点或是某器件的端点，窗口中将显示该点的详细信息。

【注】通过DC分析，可以用相同方式得到DC节点电压。

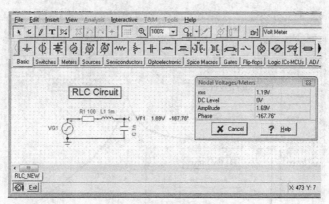

图1.25 AC节点的分析窗口

（2）AC Analysis分析

选择"Analysis/AC Analysis/AC Transfer Characteristic..."（分析/交流分析/交流传输特性）命令，将弹出如图1.26所示对话框，在默认条件下计算幅度和相位。选中"Amplitude"（幅度）和"Nyquist"（奈奎斯特）前的复选框，把"Start frequency"（起始频率）修改为10k，然后单击"OK"按钮。当程序运行时，会显示一个进度条。完成计算后，图表窗口中会显示幅频特性的波特图，如图1.27所示（其中的电路图、说明文档是按后续说明方法添加的）。用户可以通过图表窗口底部的标签切换到"Nyquist"或"Amplitude & Phase"图表，如图1.28、图1.29所示。

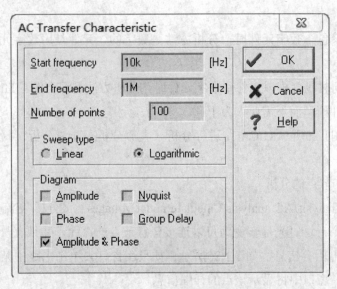

图1.26　AC Analysis分析设置对话框

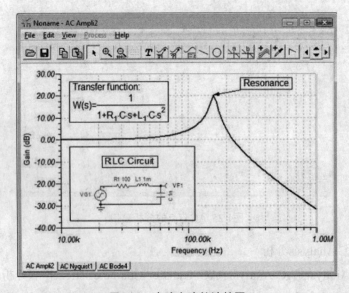

图1.27　实验电路的波特图

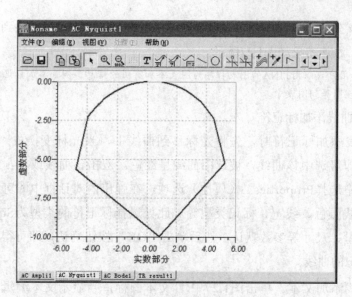

图1.28　Nyquist图

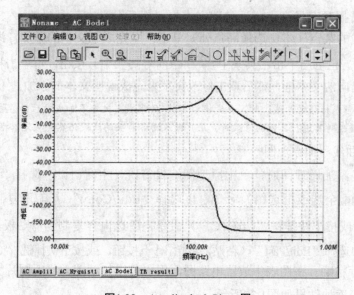

图1.29　Amplitude & Phase图

用户通过激活图1.27中的 或 测试指针，就可以准确测量仿真波形相应坐标点对应信号的相关参数。

a）放置转移函数的公式

用户可以利用"Symbolic Analysis"（符号分析）和选择"AC Transfer"（交流传输）或"Semi Symbolic AC Transfer"（半符号交流传输）来放置转移函数

的公式，该公式会出现在公式编辑器窗口，用户可以把它复制粘贴到图表或原理图窗口中，添加结果如图1.27所示。

【注】用户可以用TINA的图表程序为图表添加有用的信息，例如添加标记符、说明、函数、电路原理图等到图表中。

b）为曲线添加标记符

为曲线添加标记符时，先将光标移到曲线上，当光标变换成"+"的形式时，单击即可选中该曲线，被选中曲线呈红色。双击该曲线或单击鼠标右键在弹出菜单中选择Properties...（属性）选项，在弹出的对话框中即可设置曲线的参数、曲线颜色、线宽、标记类型等。此处选择标记符的类型为Square（正方形），数量、尺寸等参数默认，然后单击"OK"按钮确认，即可得到被正方形标记符标记的曲线。

为曲线添加文本。单击图1.27中 **T** 文本图标，当显示文本编辑框时，输入"Resonance"（这时可以用按钮 **F** 选择字体、型号、颜色等），单击"OK"按钮，在谐振频率最高点附近放置文本框，然后分别在工具栏的 、刚放置的文本和曲线的某点（本例选最高点处）单击，即完成了文本的添加，添加结果如图1.27所示。也可用单击工具条中 （带问号的一个）按钮，再单击相应曲线放置带箭头指向的文本框，然后双击修改文字来完成说明文本的添加。

【注】当光标移动曲线上时，会变换为"+"的形式。文本添加成功后，尽管把文本移动到其他的位置或对其进行其他的修改时，用户键入的带箭头的线段仍然会从文本指向曲线。

c）为曲线添加原理图

为曲线添加原理图时，单击原理图编辑窗口（主窗口），选择"Edit/Select All"（编辑/全选或框选图）命令。再选择"Edit/Copy"（编辑/复制，或单击 按钮，或按下快捷键"Ctrl +C"）命令把所选内容复制到剪贴板，在图1.27所示窗口中选择"Edit/Past"（粘贴，或单击 按钮，或按下快捷键 "Ctrl +V"）命令来进行粘贴。在图表中放置电路图，用户可以拉动图，修改图片大小、边框或背景等，添加结果如图1.27所示。

（3）瞬态分析

运行"Analysis/Transient Analysis"（分析/瞬态现象）命令，弹出如图1.30所示对话框，修改"End Display"（终止显示）参数为30u。然后单击"OK"按钮，就会得到如图1.31所示分析结果。

像所希望的一样，RLC电路显示了阻尼振荡。通过激活图1.31中的 或 测试指针，就可以准确阅读波形相应点的坐标（信号参数）。

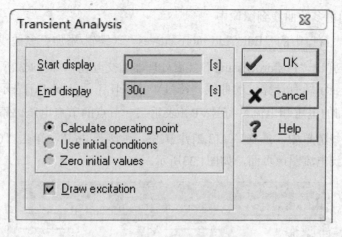

图1.30　Transient Analysis设置

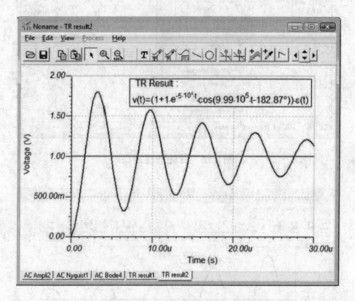

图1.31　Transient Analysis图表

a）添加函数表达式

选择"Analysis/Symbolic/Semi-symbolic Transient"（分析/符号分析/半符号瞬时）命令，弹出公式编辑器窗口，并显示该曲线函数表达式。单击公式编辑器中的复制图标 ![复制图标]，然后关闭公式编辑窗口，在原理图窗口或图表窗口中单击粘贴按钮 ![粘贴按钮]，光标将跟随一文本框，移动光标到适当的位置并单击鼠标左键，含函数表达式的文本框将粘贴在曲线视窗中，如图1.31所示。

　【注】可以通过拉动该文本框将其放置到新的位置，也可以通过双击它来进行编辑，比如单击按钮 **F** 编辑其字体、字号、颜色等。

b）添加更多的曲线到图像中

选择图表窗口中的"Edit/Add more curves"（编辑/添加更多曲线）命令或单击➕按钮，弹出"Postprocessing"（后处理器）交互窗口如图1.32所示。左边的曲线目录框显示所有计算过的曲线。符号V_lable[i,j]，I_lable[i,j]表示个别元件的节点i、j之间的电压和电流。符号VP_n表示某一节点的节点电压。添加绕组电压到插入的曲线清单中。选择V_L[3,2]并单击 Add>> 按钮。单击"OK"按钮后把图像插入到电流图像页面，如图1.33所示。

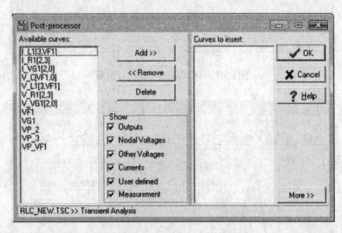

图1.32 后处理器窗口

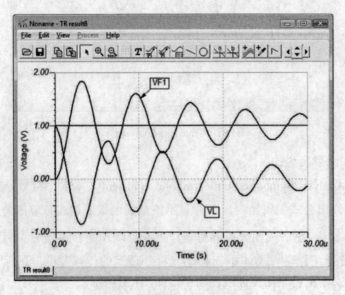

图1.33 图表中添加了VL曲线

【注】为了应用TINA的这个功能，必须在"Analysis/Option"（分析/选项）对话框中选择"Save all analysis result"（保存所有分析结果）命令。用户可以使用TINA的后处理器工具来执行更多的操作，例如，创建一个有新功能的曲线，该新功能是通过增加和减少曲线或对某些曲线进行数学操作来完成的，如四则运算、对数、绝对值运算等。

（4）傅立叶频谱分析

a）傅立叶频谱分析方法一

选择"Analysis/Set Analysis Parameters..."（设定分析参数）命令，在弹出对话框中修改"TR maximum step"（TR最大时间步进）为10n。然后执行瞬态分析，修改对话框中的"End display"（终止显示）为1m后单击"OK"按钮确定。在弹出波形窗口中移动光标至所得曲线上（可以用放大镜按钮来放大观察），当光标变成"+"时，单击鼠标左键选中这一阻尼曲线，曲线将变成红色。单击鼠标右键，从弹出的菜单中选择"Fourier Spectrum"（傅立叶谱）选项，即弹出连续傅立叶频谱分析对话框如图1.34所示。设置Minimum frequency（最低频率）选项为100k，Maximum frequency（最高频率）选项为200k，然后单击"OK"按钮，连续傅立叶频谱的瞬态曲线就会出现，如图1.35所示。所得傅立叶频谱为一条连续曲线，该频谱最高处的频率就是此电路的谐振频率。

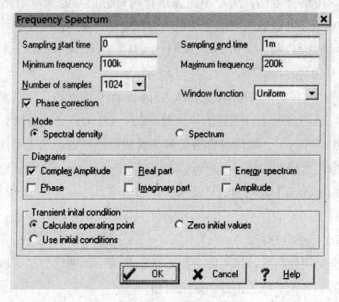

图1.34　傅立叶分析参数设置窗口

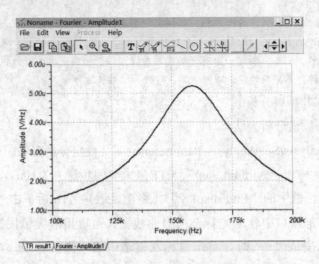

图1.35　傅立叶频谱瞬态曲线

b）连续傅立叶频谱分析方法二

直接运行"Analysis/Fourier Analysis/Fourier spectrum"命令也可得如图1.34所示的对话框，按上述设置方法设置合适后单击"OK"按钮，可得同样的傅立叶频谱曲线。用这种方法，用户不需先运行瞬时分析功能获取电路阻尼曲线，TINA会在生成傅立叶级数或频谱之前自动对其进行计算。

【注】该曲线频谱的单位是V/HZ，这是因为相对于频率而言的，连续频谱是一个密度函数。

c）傅立叶频谱分析应用

如果在傅立叶对话框的Mode中选择"Spectrum"单选项，可以直接在纵坐标中找到幅度。这种情况下，带宽的单位是1/DT，DT是傅立叶分析的长度（Start display—End display）。如果包含周期和非周期元件，这个功能组件是非常有用的。如果图像包含周期信号，用户可以在"Fourier spectrum"对话框中选择适当的"Window function"来精确的显示图像，如选用"Flattop window function"来读取图像的幅度。

（5）傅立叶级数分析

对于完全的周期信号，傅立叶分析不是很复杂。周期信号总可以用傅立叶级数表示为基波和各次谐波的正弦和余弦的和。

打开安装路径下的"EXAMPLES\AMPLI.TSC"文件，如图1.36所示，元器件参数设置示于图中。运行瞬态分析，结果如图1.37所示。选中输出曲线，单击右键后选择"Fourier series"命令（傅立叶级数，也可以选择"Analysis/Fourier Analysis/Fourier series"命令直接进入，在弹出对话框中设置"Sample start time"

（采样起始时间）为1 ms，"Number of samples"（采样数）为2 048，并选择其Format（格式）为"A*cos（kwt）+B*sin（kwt）"。单击"Calculate"（计算）按钮，窗口中会弹出傅立叶级数表达式中各参数清单。单击"Draw"（绘制）按钮，在基频或整数倍频的地方会显示幅度。

【注】为使参数更加精确，设置合理的傅立叶级数分析的开始时间非常重要。

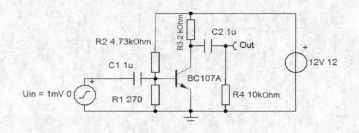

图1.36　单级放大器电路

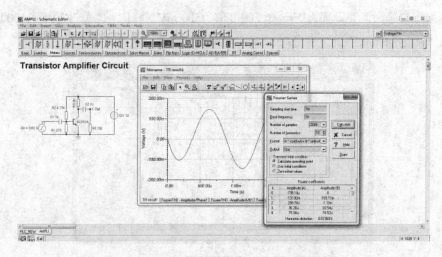

图1.37　瞬态分析结果及傅立叶分析参数设置

2．运算放大器电路的构建与分析

1）实验电路的构建

实验电路如图1.38所示，采用德州仪器的OPA121E运算放大器来创建。

启动TINA时，系统会自动建立一个空白文档，在屏幕左下方的翻页标签显示"Noname"，扩展名".TSC"是系统自动添加的。在此空白设计窗口中可以立即添加相关元器件构建电路；如果已经在编辑区域加载了一个电路，例如，前面提及的RLC电路，可用执行"File/New"命令来创建一个新的文件，此时单击屏幕左下方的翻页标签可以在打开的各电路窗口之间切换。

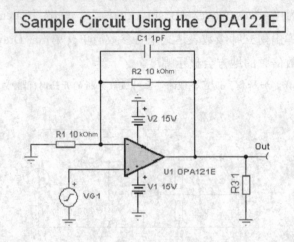

图1.38 运算放大器实验电路

添加信号源，并设置为矩形波、幅度值为500 mV（峰值），修改频率为100 k，修改"Rise/fall time"（上升沿/下降沿时间）为1 p，如图1.39所示。

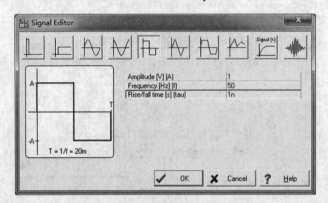

图1.39 信号源设置窗口

单击元器件工具栏（图1.21）中的标签"Spice Macros"（Spice宏，v9中文版版称为制造商模型），选择最左边的 （运算放大器）按钮，弹出如图1.40所示对话框，拉动滚动条直到找到所需的OPA121E。可通过在图1.40中的"Manufacturer"（制造商）下拉菜单选择来缩小寻找范围（如Texas Instrument，德克萨斯仪器公司）。用户也可以单击工具条中的 按钮，弹出如图1.41所示窗口，直接输入OPA121E查找、放置。

【注】TINA搜寻元件时支持模糊查寻。比如此处输入121E或121，在所得元件列表中也可找寻到OPA121E，但为节约人为查找时间应尽量写全元件型号。

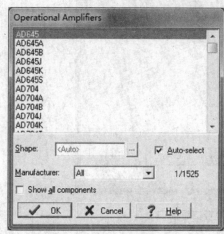
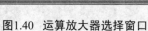

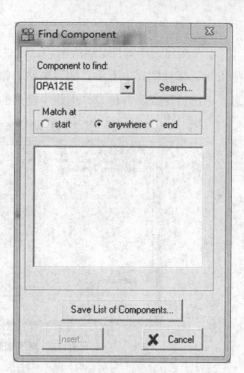

图1.40 运算放大器选择窗口　　　　图1.41 查找元件窗口

　　电源在元器件工具栏的"Sources"（发生源）中调用，设置V1=15 V、V2=15 V，其他元件的选择和设置类似操作，电路连接、标题添加等参照前面的例子，在此不作详细说明。

　　【注】可以用跨接器来简化IC引脚到电源的连接。跨接器可在（特殊）栏中选择┳来放置，Label（标签）相同的跨接器在TINA中是电气连接的。如果连接了一个Lable为VCC跨接器到电源的正极，则可以用同一标识的跨接器来连接放大器的正极电源端。例如TINA安装文件夹的"EXAMPLES\PCB\OPAM2.TSC"电路，如图1.42所示就用了跨接器连接方法。

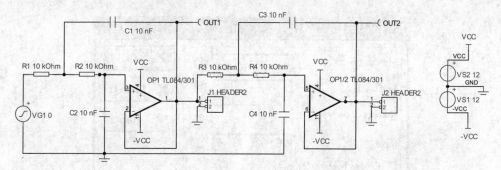

图1.42 跨接器范例

2）电气规则检查

电路构建完毕如图1.38所示，运行"Analysis/ERC..."（分析/ERC...）命令，弹出对话框如图1.43所示。如果电路有错误的话，对话框中会显示错误和警告信息，单击错误或警告信息，电路中错误的部分就会高亮度显示。

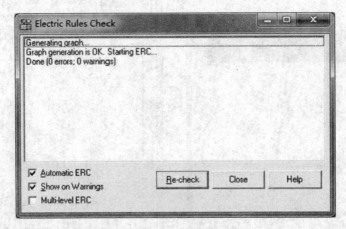

图1.43 电气规则检查信息窗口

3）计算DC转移特性

前面已经介绍了TINA的一些电路分析方法，下面仍以1.38电路为例，接着讲述用DC分析来计算电路转移特性的方法。

调用"Analysis/DC Analysis/DC Transfer characteristic"（分析/直流分析/直流传输特性）命令，会弹出如图1.44所示对话框，设置"Start value"（起始值）为-7.5、"End value"（终止值）为7.5，单击"OK"按钮，运行一段时间后，会显示如图1.45所示分析窗，它表示电路的输出电压相对于输入电压的转移特性曲线。

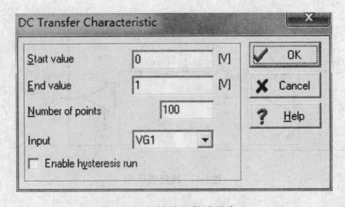

图1.44 DC转移函数设置窗口

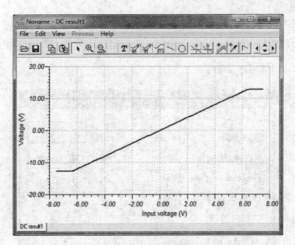

图1.45　DC转移函数特性曲线

3．SMPS（开关电源）电路分析

SMPS（Switching-Mode Power Supply，开关电源）电路是现代电子电路中的一个重要部分。模拟一个SMPS电路的深度瞬态分析需要花费较长的时间和占用许多计算机存储器。为了支持这种分析，TINA提供了有效的工具和分析方法，下面通过实例对其进行说明。

1）使用稳态求解仪

SMPS电路的任何一种分析中，耗时最多的部分就是要使电路达到稳定状态，此时 电路输出电压中的DC电平不再发生改变，并且输出纹波较小。

调用"Analysis/Steady State Solver"（分析/稳态求解法）命令来自动找到电路的稳定状态。为了说明这个工具的功能，以系统实例文件夹"EXAMPLE\SMPS\QS Manual Circuit"中的"Average model TPS61000.TSC"电路为例作简要分析，电路如图1.46所示。

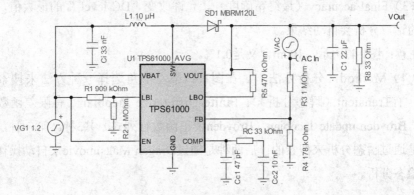

图1.46　开关电源实验电路

调用"Analysis/Steady State Solver"（分析/稳态求解法）命令，弹出对话框如图1.47所示。和"Analysis/Transient Analysis"（分析/瞬时现象）对话框相比，该对话框中包含以下新的参数：

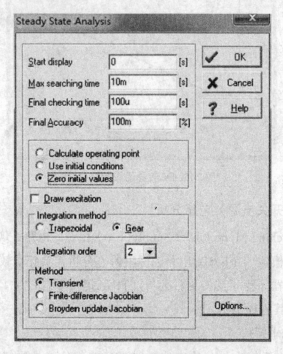

图1.47　稳态求解设置

（1）Max searching time（最长搜索时间）。图中设定求解器最多在10ms内找到稳定状态解答，之后，无论是否找到，都会结束分析。

（2）Final checking time（最终检测时间）。在查找稳定状态后，要对指定的长度进行检测，在设定时间间隔内，用户可以获得一个稳定的波形。

（3）Final accuracy（最终精确度）。允许改变"DC level"的最大值，如果这样的话，分析会自动结束。

注意：图1.47所示，100m含义是0.1%。

（4）Method（分析方法）。在图1.47中左下角选择一种方法来搜索稳定状态。有Transient（瞬态分析）、Finite-Difference Jacobian（有限差函数行列式）、Broyden update Jacobian（Broyden校正函数行列式）共3种。第一种，稳定状态是通过瞬态分析来搜索的；后两种是通过Dragan Maksimovic来自动操作整流器的稳态分析。

【注】后面的两种方法可以更快的到达稳定状态，但是因为它们不是通过规则的瞬时状态来实现的，所以在初始状态和最终状态之间的波形并不能反映真正的过程，而是通过该方法的数学路径来到达稳定状态的。

运行求解器一段时间后（2 GHz的奔腾计算机大约需要2 min），达到稳定的输出电压，就显示出详细的整流电路的瞬时状态波形，如图1.48所示。缩小波形，可以看到波形的转换周期大约是500 kHz，到达稳定状态所需的时间大约是4 ms。所以，如果要得到整个瞬态波形，至少需要计算百个或千个周期。这就是为什么搜索稳定状态是一个消耗时间的过程的原因。与转换频率相比，该问题的原因是SPMS电路的启动时间较长。启动时间通常是由输出端的过滤电容器来决定的，电容越大，启动时间就越长。

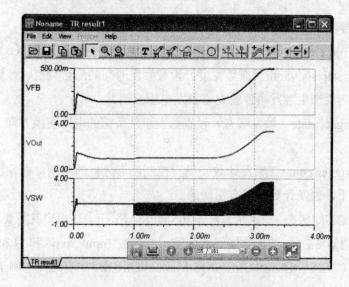

图1.48 实验电路各测试点的仿真波形

【注】因作者使用的软件为教育版本，稳态分析功能不可用。鉴于本书的完整性，实例中相关图形从TINA v7英文手册中获取，相关功能可在工业版中被授权使用。

2）稳定状态触发器（Trigger）

用触发器来决定转换周期的开始时间和结束时间。

可以在TINA的Meters（仪表）工具栏中找到稳定状态触发元件 →T 按钮。把其连接到SMPS/PWM controller IC的振荡器频率控制引脚上。双击触发器元件，弹出设置窗口如图1.49所示。

【注】TINA V9教育版没有这个例子，鉴于资料的完整性，图像等从TINA v7英文手册直接取用。

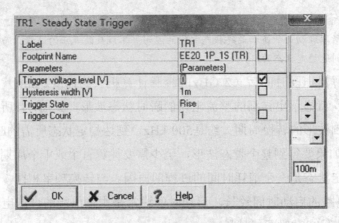

图1.49　Trigger参数设置窗口

设置其参数：

（a）Trigger voltage level（触发电压）设置触发时间的下限电压。

（b）Hysteresis width（滞环宽度）设置触发时间的滞后数值。该数值在一个区域内，不需要产生触发事件就允许触发电压波动。

（c）Trigger state（触发状态）设置触发事件所需的电压变换方向（上升沿、下降沿）。

（d）Trigger count（触发计数）设置控制波形分析的周期。在输出信号缓慢变化的情况下，触发计数是很有帮助的。

一旦选定初始状态、稳定状态波形和SMPS电路，下一步用户就需要了解当输入电压（或其他）改变时，波形是如何改变的。这是由"Input step"和"Load step"分析来实现的（"EXAMPLES/SMPS/QS Manual Circuit"中有这两个例子）。

3）稳定状态传感器（Sensor）

可以在TINA的Meters（仪表）工具栏中找到稳定状态传感器➡S按钮，其唯一电学参数是End Value（结束值），如图1.50所示。

该元件用于设置稳定状态搜索过程中显示的目标电压。可以在电路中添加多个传感器，这样可以加快稳定状态的搜索。也可以通过给定某一个节点的终点电压来加快稳定状态的搜索速度。

调用"Analysis/Set Analysis Parameters"（分析/设定分析参数）命令，弹出对话框中的"Max. no. of saved TR. points"（已保存的TR点的最大数目）参数用来限制所放置的点的最大数目。对于大型分析，可以用它来加快图表的绘制。通过增加该参数可以精练图像，但需要更长的绘制时间。

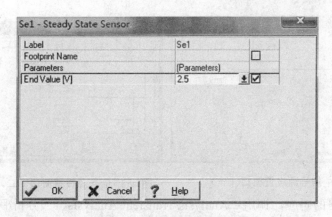

图1.50　Sensor参数设置窗口

4）阶跃输入分析（Input step analysis）

SMPS电路的其中一个标准分析就是用于计算SMPS电路在输入变化下的响应，以测试电路设计、调节输出的能力。可以通过添加脉冲到输入端，然后检查输出或其他的电压来完成这个分析。因为输入变化是与稳定状态相关的，所以用户可以从TINA的稳定状态求解器所计算的稳定状态初始值来开始该分析。

打开TINA安装文件夹下"EXAMPLES\SMPS\QS Manual Circuit"中的"Startup Transient TPS61000.tsc"电路文件，电路图如图1.51所示。

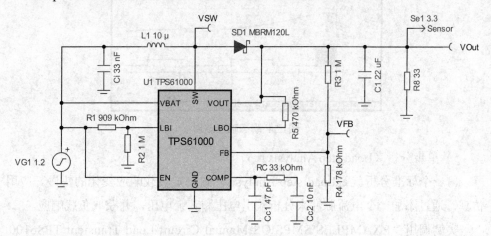

图1.51　电源分析实验电路

设计方案和上面的一样，双击左边VG1电压发生器，弹出对话框如图1.52所示，输入电压是3.3 V通过SMPS电路，被转换为5 V。选择"Signal"（信号），然后单击其后 **...** 按钮，对话框如图1.53所示。

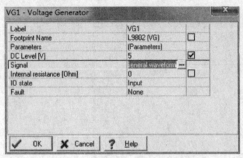
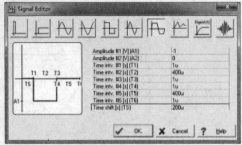

图1.52 信号源设置窗口（一）　　　图1.53 信号源设置窗口（二）

观察电路的响应，调用"Analysis/Transient Analysis"（分析/瞬时现象）分析命令，"End display"（终止显示）为2m后"OK"确定，显示波形如图1.54所示。通过波形可观察到，输入电压从1.2下降到0.8的时间约为1 ms，脉冲的起始边缘和结束边缘是10 μs。

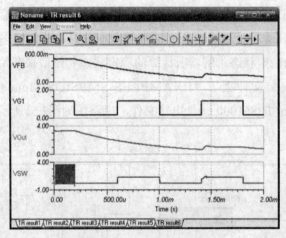

图1.54 瞬态响应波形

5）单步分析（Load step Analysis）

另一个标准分析就是Load step Analysis，它决定负载响应变化的快慢。应用仿真，通过添加一个电流脉冲来分析输出电压和其余电压，并获取负载响应。

实例调用"EXAMPLES\SMPS\QS Manual Circuit\Load Transient TPS6100.tsc"，电路图如图1.55所示。双击ILoad（电流发生器），弹出如图1.56所示属性设置窗口，按图所示修改其波形及相关参数，运行"Analysis/ Transient..."（分析/瞬态现象）命令，得到如图1.57所示波形。可观察到，当脉冲的幅度为5 mV，宽度为500 μs时，DC直流部分是5 mA。通常，5 mA的装入电流会上升到50 mA，然后又下降到5 mA。

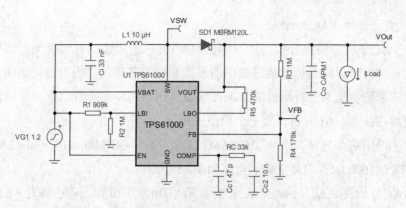

图1.55 电源分析实验电路

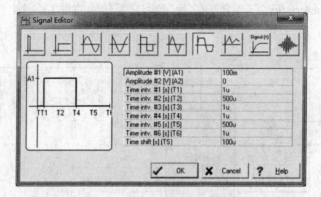

图1.56 ILoad发生器设置窗口

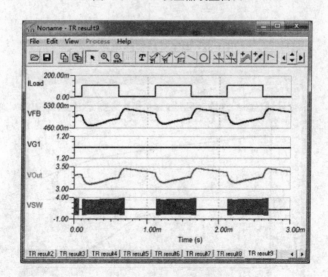

图1.57 电路的瞬态响应波形

【注】电流发生器ILoad可以在（发生源）栏中调用。

6）交流分析（AC Analysis）

对于AC分析和稳态分析，用户可用TINA提供的所谓的普通模型。该模型表示的是一种方法，它是以转换过程中的平均影响为基础的。因为公式是线性的，所以用它来绘制稳态分析所需的Bode图（波特图）和Nyquist图（奈奎斯特图）是相当快的。注意，AC分析需要一个模型来执行。

为了说明这个方法，载入"EXAMPLES\SMPS\QS Manual Circuit \Average model TPS61000.tsc"电路文件，电路如图1.58所示。

为AC分析提供信号的是VAC发生器和ACIn电压引脚，该引脚是AC分析的输入端（它的IO state参数被设置为输入）。运行"Analysis/AC Analysis /AC Transfer Characteristic..."（分析/交流分析/交流传输特性）命令，观察结果如图1.59所示。

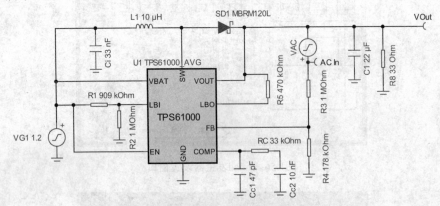

图1.58　电源分析实验电路

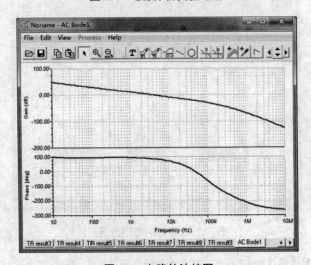

图1.59　电路的波特图

4．极限分析（Stress Analysis）

Stress Analysis Enabled（激活极限分析）能够为有苛刻条件要求的电路检查部件参数，比如最大电源消耗、最大电压和电流的范围等。用户可以在属性窗口中设置该部件的这些参数。这种分析也被称为"Smoke"（烟雾）分析，因为超负荷的部件经常因为烧毁而冒烟。

例如，打开TINA中的"EXAMPLES\Stress Analysis.TSC"。从相应的对话框里选择运行"Analysis/DC Analysis/DC.Caculate Nodal Voltages"（分析/直流分析/计算节点电压）命令或运行瞬态分析，根据如图1.60所示的图表，可观察到在DC交互模式下，Stress Analysis的实验结果，显然，可见部件T4、R1的功耗超出其最大值。

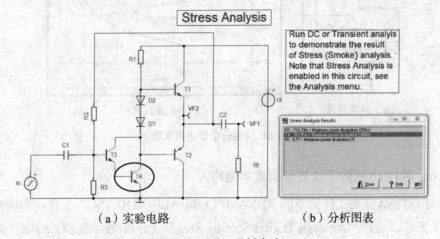

（a）实验电路　　　　　　　　　（b）分析图表

图1.60　Smoke分析实验

可以在"Analysis/Option"（分析/属性）对话框或用"Analysis/Stress Analysis Enabled"（分析/激活极限分析）命令来运行极限分析。当运行DC或瞬态分析时，如果参数超出其最大限制，会显示一个元件清单如图1.60（b）所示。如果单击清单中的某个元件，会选中原理图中的该元件，并呈红色，如图1.60（a）所示（圈内）。

可以在元件属性对话框中设置该元件的极限参数。

5．网络分析（Network Analysis）

TINA可以帮助用户完成网络分析，并决定二端口电路网络（S，Z，Y，H）的参数，这对分析RF电路是很有用的，可在Smith（史密斯圆图），Polar（极坐标）或其他图表窗口显示实验结果。用Meters（仪表）元件工具栏上的网络元件为网络分析指定两个端口。例如：打开电路文件"EXAMPLES \RF/SPAR_

TR.TSC",网络连接如图1.61(a)所示。

用"Analysis/AC Analysis/Network Analysis"(分析/AC分析/网络分析)命令分析电路。振幅波形如图1.61(b)所示。

【注】用图表窗口的自动标签工具为曲线添加标签。关于网络分析的详细信息,可查阅高级应用手册(advanced topic manual)的"Network Analysis and S_parameter"一章。

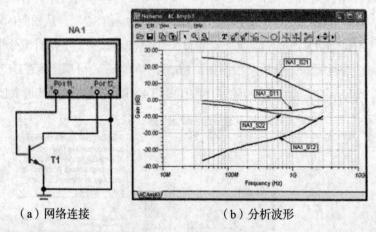

　　　　(a)网络连接　　　　　　　　　(b)分析波形

图1.61　网络分析仪应用实验

6. 用TINA的数字仪表分析数字电路

打开TINA安装文件夹下的"EXAMPLES\HALF_ADD.TSC"文件,如图1.62(a)所示。运行"Analysis/Digital Step-by-Step"(分析/数字逐步)命令。会显示一个控制仪表盘,如图1.62(b)所示,用户可以一步一步的单击 ▶ 按钮来检测电路。单击 ▶ 按钮,时序逻辑电路每一个接点上都有一个小框来显示逻辑标准(红色表示高电平,蓝色表示低电平,绿色表示高电阻Z,黑色表示未定义,在TINA环境中是彩色的,易于观察)。

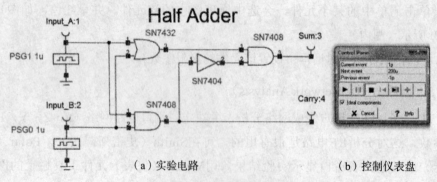

　　　　　(a)实验电路　　　　　　　　　(b)控制仪表盘

图1.62　半加器实验

运行"Analysis/Digital Timing Analysis（分析/数字时序分析）"命令，弹出如图1.63所示窗口，设置分析结束时间，单击"OK"按钮，分析结果如图1.64所示。

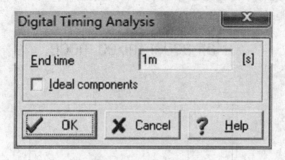

图1.63　分析设置窗口

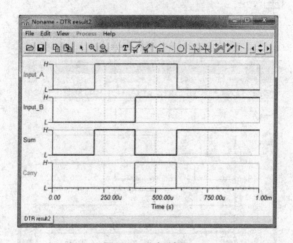

图1.64　分析结果

也可以选择"Analysis/Transient..."（分析/瞬时现象）命令来代替"Analysis/Digital Timing Analysis"。进行瞬态分析时，程序执行模拟分析并输出详细的连续波形，而不是理想化的逻辑标准。

【注】如果电路只包含数字元件，可以对其进行数字和模拟分析；如果电路同时包含数字元件和模拟元件，则只能对其进行模拟分析。

载入TINA安装文件夹下的"EXAMPLES\HALFADMX.TSC"文件，如图1.65（a）所示。因为该电路包含两个无源元件（电阻和电容），TINA必须对其进行模拟的瞬态分析。电路及仿真实验结果如图1.65（b）所示。

【注】可以通过添加附加的冒号和输出名称编号来设置曲线的顺序。当显示数字分析的结果时，这是非常重要的，该分析的每个曲线都在单独的图像窗口中显示。例如：如果有

如下输出Out A、Out B、Carry、Sum，可以用标签Out A:1、Out B:2、Sum:3、Carry:4（如图1.65所示）来让曲线按所给的顺序显示。模拟分析的结果通常在一个图像中显示，但是，也可以让TINA根据用户自己设定的顺序在不同的窗口中显示实验结果，用户可以用图表窗口中的"View/Separate Curves"（视图/分离曲线）命令来分离曲线。如果不用上述的标识方法，TINA会按照字母的排列顺序来显示曲线。

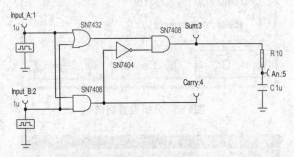

（a）分析实例

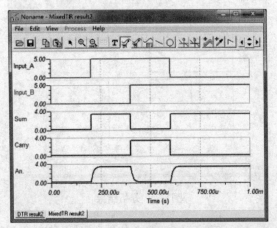

（b）分析波形

图1.65　分析波形

7. 用数字VHDL分析数字电路（Digital VHDL Simulation）

VHDL（Visual Hardware Description Language）是IEEE标准的硬件描述语言，用以在电子产品设计开发过程中模拟电路芯片或系统，TINA V7及更高的版本都包含VHDL仿真引擎。TINA中的任何一个数字电路都可以自动的转换成VHDL代码，并且可以用VHDL仿真器对其进行模拟。另外，用户可以分析VHDL中大量的元器件，也可以用VHDL定制自己的数字元件和硬件电路。VHDL最大的好处不仅在于它是IEEE标准的硬件描述语言，而且在于它可以在PLD（可编程逻辑器件，如FPGA或CPLD）中实现数字系统。

在"Analysis/Options"（分析/选项）选项窗口中选中"Generate synthesizable code"（产生可综合代码），TINA可以为UCF文件生成相应的VHDL源代码。用 "T&M/Create VHD & UCF File..."（T&M/创建VHD和UCF文件）命令来保存创建的VHDL和UCF文件。用免费的Xilinx's Webpck来读取文件，然后生成描述该设计的比特流文件并下载到Xilinx FPGA芯片上，用户可以查找关于这方面的高级用户手册。

在用VHDL设计做元件或FPGA（现场可编程门阵列）实现之前，必须通过仿真验证，这与在数字模式下用TINA的"Analysis/Digital Timing Analysis"（分析/数字时域分析）命令来进行仿真类似，运用VHDL设计时，只需要用"Analysis/Digital VHDL Simulation"（分析/数字VHDL仿真）命令就可以了。

VHDL仿真实例：打开"EXAMPLES\VHDL\FPGA\FULL_ADD.TSC"文件，电路如图1.66所示。

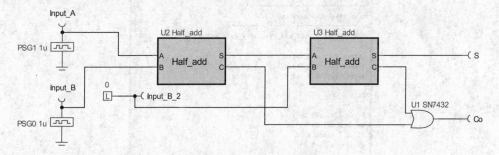

图1.66 全加器实验电路

该电路由两个VHDL 半加器模块和一个"或门"组成。如果双击其中一个半加器 ，然后单击输入宏指令 Enter Macro （进入宏）按钮，即弹出如图1.67所示窗口。图中的VHDL程序，其含义实际上相当于如图1.68所示半加器电路。

代码的顺序不一定是指令执行的顺序。时间延迟是由调用的门造成的。但是如果是在FPGA上实现电路的话，可以用相关的VHDL程序综合器来代替。

运行"Analysis/Digital VHDL Simulation"（分析/数字VHDL仿真）命令对图1.66所示电路进行分析，结果如图1.69所示（如果输入端A或B的其中一个为'1'，S就为'1'、C为'0'；如果A和B 同时为'1'，S 就为'0'、C为'1'）。

VHDL一个最大的特点是用户不仅可以观察到每个元件的VHDL代码，而且还可以编辑和运行它们。比如修改图1.67中倒数第五行起的4行VHDL代码为：

```
S<=(A XOR B) AFTER 10 ns;
C<=(A AND B) AFTER 10 ns;
```

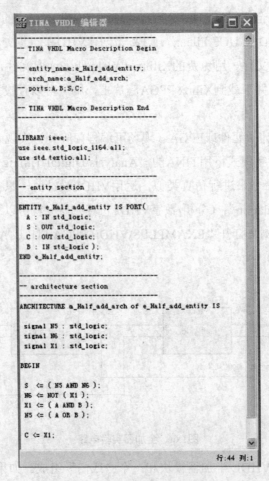

图1.67 半加器的VHDL源代码

Half Adder

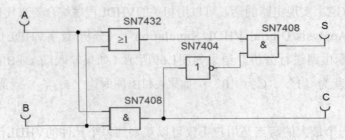

图1.68 半加器电路

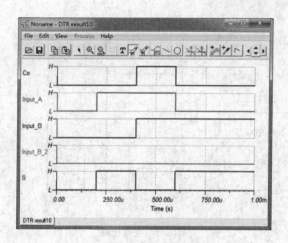

图1.69 全加器电路仿真波形

修改完毕，单击编辑工具栏上的 按钮来关闭编辑窗口，运行"Analysis/ Digital VHDL Analysis（分析/数字VHDL仿真）"命令分析，所得到的图像和改变代码之前得到的仿真图像基本上是相同的。

另外，VHDL语言编程时必须用英文，语句中若包含中文字符，编译时肯定出错。

【注】在TINA中，用户可以编辑宏指令。有关VHDL程序代码的编辑、编译、下载等，可以参考相关资料，本书不做详细介绍。

1.4.3 虚拟仪表

TINA不仅允许用户用前面提到的函数发生器和分析命令来分析电路，还可以用虚拟仪器对电路进行测试和分析。单击主菜单中"T&M"，在下拉菜单中选择放置虚拟仪器，用它代替发生源和分析窗口。用户对这些仪器进行调节，立刻就观察到仿真结果，TINA通常用它本身的分析引擎来模拟测试，但是如果用户拥有TINA的互补硬件（TINALab II），则可以用"T&M/Option"（T&M/选项）命令切换到实际的测量方式。用户运用这些仪器进行工作，可以对实际电路进行实际的测量。

1. 运行虚拟仪器

载入TINA安装文件夹下"EXAMPLES\AMPLIOPT.TSC"文件，电路如图1.70所示。选用"T&M"菜单下的Multimeter（万用表）、Function Generator（函数发生器）、Oscilloscope（示波器）等，将弹出相应的设备操作界面。

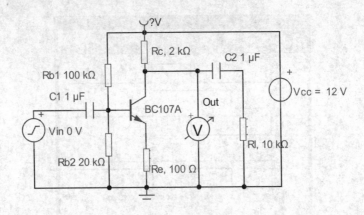

图1.70 实验电路

1）函数发生器

操作界面如图1.71所示，实验电路中的连接如图1.70所示（Vin）。若要修改频率，选中 **Freq** 按钮，然后在Parameters（参数）窗口中修改即可，其他参数设置类似，不做详述，信号设置示于图中。

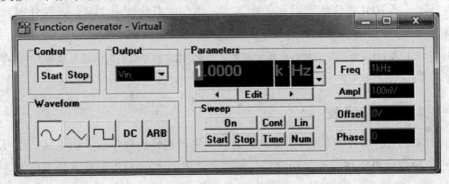

图1.71 函数发生器操作面板

2）示波器

操作界面如图1.72所示。单击示波器上的 **Run** 按钮，仿真开始执行，单击面板下边的 ![pen] 按钮，鼠标呈"探针状"，这时单击要测试的点（图上会显示节点名），示波器会显示电路中该被测点的信号波形。例如图1.70中C2的右端点（节点名"4"），将显示如图1.72所示的放大器输出波形，单击 **Stop** 停止仿真。在界面中可调整时基、Y幅度等，以便于波形观察。

万用表操作界面如图1.73所示，电路连接如图1.70所示（符号Ⓥ）。单击万用表上的 **━ V** 按钮（选择测量模式为直流电压），仅显示晶体管集电极的直流电压（本例测试721 mV，工作点设置偏高），这就是图1.72中示波器检测波形有失真的原因。

万用表界面中也有 ✎ 按钮，按下之后可以测试电路中任何节点的电压。如果在电路中某支路中接入电流表 ⏰，那万用表操作界面就可以测量并显示该支路的电流。其他应用使用方法类似，暂不细说。

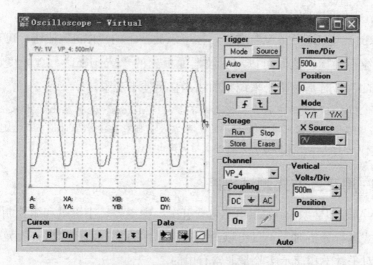

图1.72 示波器面板及显示波形

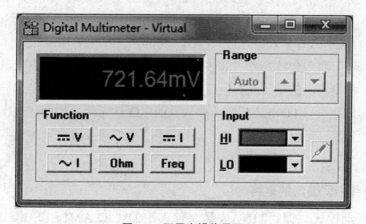

图1.73 万用表操作界面

2. 调整电路参数

双击电阻Rb1，弹出电阻的属性对话框，选择"Resistance"（电阻），用其右端的箭头按钮来修改电阻的阻值（可以直接输入阻值），直到万用表显示6 V的电压为止。可以通过在向下的箭头下的编辑框中输入步长来修改这些按钮的步长，也可以为向上和向下的箭头定义快捷键（在箭头上的目录框中选择快捷键，可直接输入）。一旦设置了快捷键，当交互方式开启时，就可以直接按下快捷键来修改电阻值，而不用打开属性对话框。用户可以为TINA中的大部分元件的数值定义快捷键，包括开关等。为了避免一些错误的修改，只有在TINA的交互方式下才能使用元件参数调整的快捷键。在激活交互方式之前，要通过改变开关的位置来设置它们的初始位置。

调整Rb1，电压达到6 V左右时，按下示波器上的"Run"按钮，可观察到信号波形已经不失真。这时可以用示波器面板上的"Vertical"（Y幅度调整）和"Horizontal"（时基调整）来调整曲线，直至便于观察。

【注】"T&M"菜单下的虚拟仪表是不会与"Meters"元件栏上的虚拟仪表产生混淆的。一些虚拟仪表不仅可以用于程序的交互方式（将在后续章节讨论），也可以用于为"Analysis"（分析）菜单下的各种分析方式指定输出。

1.4.4 用交互方式测试电路

在TINA设计环境中，如果电路包含开关、继电器、小键盘和微控制器等，用交互式方式运行分析时，不仅可以改变控制器件的状态，还可以修改元件的参数值等，这对于教学和演示实验是非常有用的。

用工具条中 $\blacksquare_{DC}$ 旁的 $\blacktriangledown$ 按钮来选择所需的交互方式（DC、AC、TR、VHDL或Digital等），然后单击 $\blacksquare_{DC}$ 按钮运行仿真，也可用"Interactive/Start"（互交式/开始）菜单的命令来运行仿真，用"Stop"（结束）命令结束（当开始仿真后，"Start"命令会转换为"Stop"命令），此后就可以用键盘或鼠标来进行操作控制。原理图上的显示或其他指示可以反映用户对电路进行了怎样的控制操作。除了显示之外，TINA还具有一些特殊的多媒体元件（如电灯泡、电动机、LED、开关等），可以通过声、光、动作变化等来反映实际环境中某些元器件的状态变化。

1. 带有小型键盘的电路

试用互动模式。调用TINA安装文件夹中的"EXAMPLES\MULTIMED\DISPKEY.TSC"电路，如图1.74所示。

在 $\blacktriangledown$ 下拉菜单中选择"Digital"（数字）方式，并单击 $\blacksquare_{DIG}$ 按钮（该按钮变成绿色），现在用户可以操作小键盘并观察7段数码管的显示，如果PC上有声卡的话，还可以听到触动键盘的声音。

【注】用户也可以通过"Interactive/Digital"（交互式/数字）指令来选择Digital 交互方式。另外TINA可以保存最后的交互方式到电路文件中。

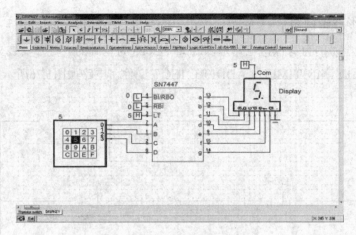

图1.74 带小键盘的电路仿真实例

2. 半导体晶闸管的电灯开关

调用TINA安装文件夹下"EXAMPLES\Thyristor switch.TSC"文件，电路如图1.75所示。

在单击 按钮的情况下，按键盘上的控制键A或鼠标操作开关On（当光标变换成一竖直的箭头时操作），灯泡VL即被点亮，半导体晶闸管V1会持续导通；按键盘上的S键或鼠标操作开关Off，可同时关闭半导体闸流管和灯泡。电路的这两个状态都可以通过安培表来测量其电流。

【注】如果想修改某开关的键盘控制键，可以把鼠标移动到开关上，光标变换为手型的时候，双击开关，在其属性对话框中选择"Hotkey"（热键），然后在该窗口中选择想用的键即可（以方便操作，且不与别的器件控制冲突为准）。

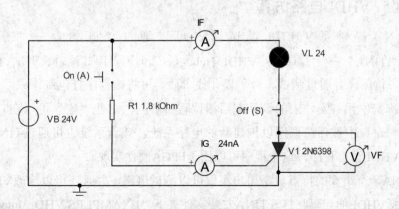

图1.75 晶闸管实验电路

3．梯形逻辑网络

另一种型号的自身保持电路是以Ladder Logic为基础的。打开安装文件夹下的"EXAMPLES\ MNITIMED\LADDERL.TSC"文件，电路如图1.76所示。

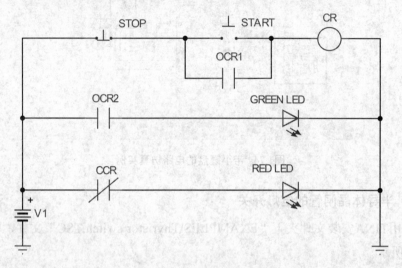

图1.76 梯形逻辑

运行仿真，开始时RED LED发光，如果操作"START"按钮，OCR1闭合并保持闭合状态（流过OCR1的电流会让继电器线圈CR续流），此时OCR2随之闭合，GREEN LED发光、CCR断开、RED LED熄灭。如果这时操作"STOP"按钮，将破坏续流保持电路，继电器会被释放，RED LED再次发光、GREEN LED熄灭。

1.4.5 VHDL电路仿真

TINA提供了VHDL调试器，可以通过"开始"→"所有程序"→"TINA"→"⚙TINA VHDL Debugger"调用。用其编辑、调试VHDL语言程序，待编译并通过测试、合乎设计要求后，可将该程序打包制作成一个子电路（或称宏单元、宏，宏的设计在后续课程讲解）。这些"宏"可以在TINA原理图编辑窗口中被任意调用以构建新的电路系统，该新系统也可通过TINA转换为顶层VHDL语言程序，这个程序可以用于FPGA硬件实现。

TINA一个最大的特点就是用户不仅可以测试电路，并且还可以修改VHDL电路，包括VHDL的代码。打开TINA安装文件夹下"EXAMPLES\VHDL\Interactive\Calculator_ex.tsc"文件，电路结构如图1.77所示。

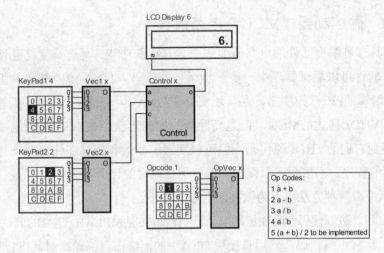

图1.77　内核为VHDL程序的电路系统

　　这是一个由操作码小型键盘控制的计算器。用Opcode的控制代码1、2、3、4来实现+、-、*、/ 这4个运算符切换操作（还可以通过修改"Control"内部的代码来添加更多的操作）。首先单击 🔵 按钮，当Opcode（运算操作码）是1、KeyPad1（键盘操作数）为4、KeyPad2为2时，在LCD中显示6（4+2=6）。

　　现在来增添操作码为5的操作控制。双击"Control"模块，在属性对话框中单击 Enter Macro 按钮，会显示该元件的VHDL代码文件，如图1.78所示。实际的计算在VHDL代码后面的CASE语句中。将其代码修改为：

```
CASE   c1 IS

        WHEN 1=>o1 :=a1+b1;

        WHEN 2=>o1 :=a1-b1;

        WHEN 3=>o1 :=a1/b1;

        WHEN 4=>o1 :=a1*b1;

        WHEN 5=>o1 :=(a1+b1)/2;

        WHEN OTHERS =>o1 :=0;

End   CASE
```

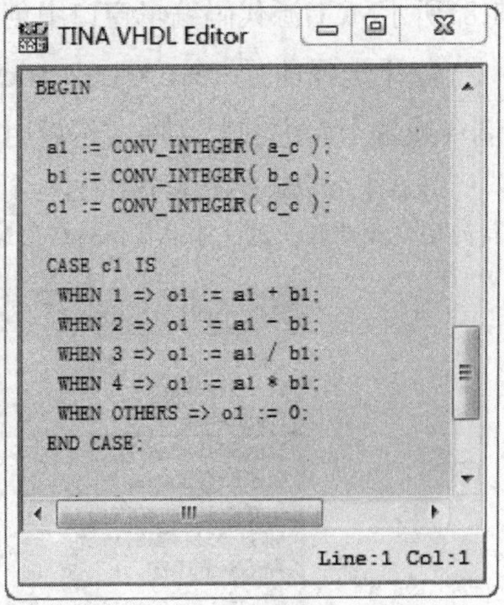

图1.78　"Control"模块的VHDL代码

　　关闭VHDL编辑窗口，然后设置"Opcode"为5，则在LCD显示屏上显示KeyPad1和KeyPad2的平均值（若键盘1的置数是3和键盘2的置数是5，则LCD将显示4）。

1.4.6 微控制器（MCU）电路仿真

测试具有可编程器件的电路需要一个具有特殊功能、具有高度交互性的编程软件，该软件可以测试器件中一步一步运行的代码。TINA v7及其更高版本都支持VHDL编辑的PIC微控制器，通常还支持在TINA中添加其他MCU。虽然用户可以添加以VHDL描述的MCU，但是高性能的控制器已经在TINA被预编译了的，用户看不到它们的VHDL源代码，但可以观察、修改和调试在任何所支持的处理器中运行的程序，当然也可以编辑和运行用户编写的代码。

TINA中有两种方法可以为微控制器添加程序：

（1）用二进制代码和其他标准编译器（比如PIC的MPLAB）建立的调试文件。

（2）运行汇编代码，然后直接用TINA中的汇编语言编译器对其进行调试。

把代码装载到MCU中。双击其原理图中的MCU（如PIC16F73）图标，显示如图1.79所示对话框。这时单击选中"MCU-（ASM File Name）"MCU-（汇编文件名）行，再单击其后的 ··· 图标，将弹出如图1.80所示对话框。选择"ASM file"（汇编语言文件），可以在MCU中观察和编辑ASM代码、选择其他的ASM代码文件或通过单击"New ASM"（新建汇编语言文件）按钮，在弹出的如图1.81所示MCU源代码编辑窗口中创建一个新的汇编语言文件。

如果选择的是"HEX/LST file"（二进制或十六进制文件），可以运行二进制（或者十六进制）文件，然后用LST文件来对其进行调试。

【注】可以通过恰当的编译器生成HEX和LST文件。TINA已经嵌入了一个所有MCU都支持的固定编译器，用户可以直接利用汇编语言的源代码。

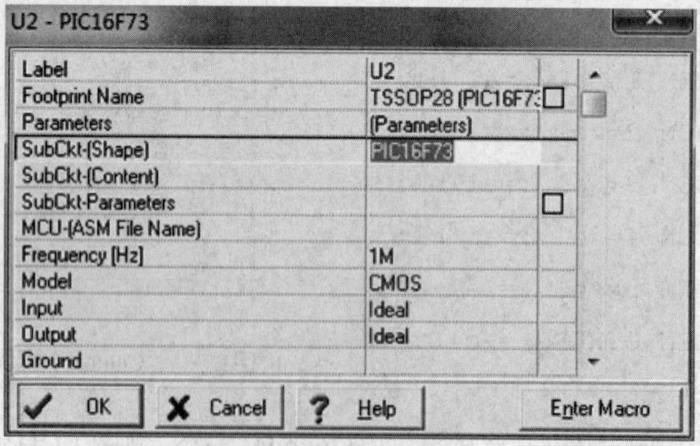

图1.79 MCU对话框1

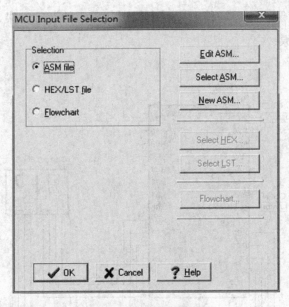

图1.80　MCU对话框2

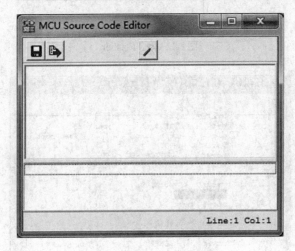

图1.81　汇编语言程序编辑器

1．PIC 闪存器实例

加载TINA安装文件夹下的"XAMPLES\VHDL\PIC\Asm\PIC Flasher.TSC"文件，电路如图1.82所示，它包含16F73PIC微控制器。单击 按钮，运行一个微控制器应用程序，并观察数码管及电平指示灯的变化。该电路就是简单计数器。

如果要修改微处理器中运行的源程序，可按照MCU程序修改方法，在如图1.78所示对话框中单击（编辑ASM）按钮，即弹出如图1.83所示窗口源代码窗口，可以修改、保存和运行程序，观察修改代码后的运行结果，与预想结果比较，直至理想效果。

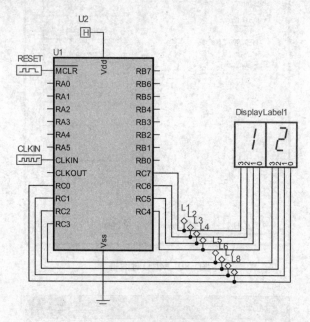

图1.82　PIC Flasher

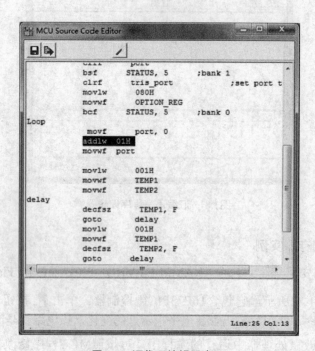

图1.83　源代码编辑器窗口

现在对图1.83所示窗口中的代码进行如下修改。把25行（编辑窗口的右下角可以看见行标号）的代码修改为：

```
Addlw    02H
```

然后单击 💾 图标保存修改，关闭MCU窗口，之后单击 按钮运行仿真，可观察到递增值为2的程序运行效果。

【注】要注意的是：在TINA.TSC中会保存所做的这些修改。

2. PIC中断处理实例

调用TINA安装文件夹下的"EXAMPLES\VHDL\ PIC\PIC 16F84Interrupt_rb0. TSC"文件，电路如图1.84所示。

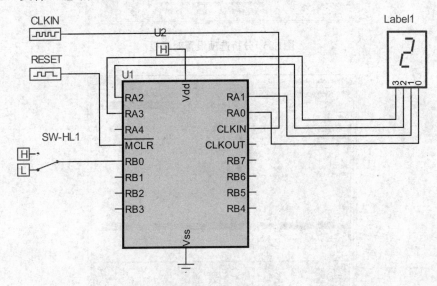

图1.84 计数器实验

1）实例演示

单击 按钮，初看来好像没有什么变化，但是如果鼠标单击开关SW-HL1，每一次开关从低电平转换为高电平时，显示屏上的计数都会加1。这个功能是由PIC16F84的中断处理来实现的。

2）ASM调试器的操作

若要起用调试器，可运行"Analysis/Option"（分析/选项）命令，在弹出的如图1.85所示对话框中选中"Enable MCU Code debugger"（开启MCU代码调试器）复选框。单击按钮运行程序将出现MCU的程序调试窗口，如图1.86所示。

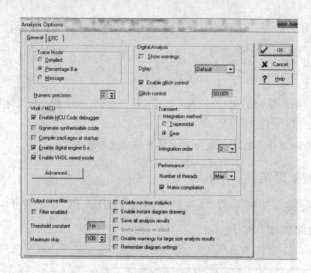

图1.85 分析选项设置对话框

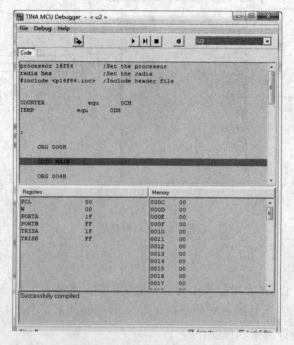

图1.86 MCU的程序调试窗口

MCU的调试窗口上方有控制按钮，功能如下：

📄：新建，清空调试器，用户可以输入、自动编译、调试和运行新代码。只有在ASM（汇编）源代码格式中给定MCU代码时，才会显示该图标（通过使用"MCU code"对话框的选择项"MCU input file Selection"）。

🖫：把实际代码保存到TINA.TSC文件中。只有在ASM源代码格式中给定MCU代码时，才会显示该图标。可以在调试器中编辑代码，之后保存，TINA会自动重新编译代码（在请求确认以后）。

🖼：保存MCU代码的ASM文件（源代码）。只有在ASM源代码格式中给定MCU代码时，才会显示该图标。

🖼：保存MCU代码的二进制HEX文件。

🖼：保存MCU代码的LST调试文件。

📍：触发断点，选择行插入或移动断点。单击该按钮之前，光标要位于放置或移动断点的那一行。

▶：连续运行调试器中的代码。当前执行的那行会被着重显示，代码也会被滚动到该行。

🔻：跟踪单步执行代码。每一次单击该按钮，就执行一条指令。

⏸：暂停运行状态。窗口中显示ASM代码，暂停点的下一条实际指令呈蓝色。该窗口的下面部分区域左侧显示寄存器、右侧显示存储单元的内容。

🔻：可以一步一步执行程序代码。大约14步之后，到达PT1处（如图1.86所示），该处是一个无限循环。

```
PT1:  INCF  TEMP , F
GOTO   PT1
```

单击图1.84中的开关"SW-HL1"并转换到高电平（当光标转换成向上箭头时单击开关）时返回到调试器并单击🔻按钮两次，程序会自动识别中断并且跳转到INT-SERV处：

```
INT-SERV :
INCF  COUNTER , F
MOVF  COUNTER , 0
MOVWF  PORTA
```

增加COUNTER，并复制到 PORT A，当前输出为1之后，程序会返回到无限循环PT1处。

3）在调试器中编辑代码

用调试器对程序做一些小的改动。用复制和粘贴来重复INCF COUNTER，F行，局部程序如下：

```
INT-SERV :
```

```
INCF   COUNTER ,F
INCF   COUNTER ,F
MOVF   COUNTER , 0
MOVWF  PORTA
```

修改之后，如果单击 🔒 的话，会显示一个询问对话框，如图1.87所示，单击"YES"确认后，再次单击 🔒 按钮，则每次改变开关使电平从低到高时，图1.82中LED显示其递增值为2。

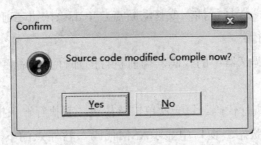

图1.87 询问对话框

也可以单击 ▶ 按钮来连续执行指令，虽然速度很快，但是当改变开关时也可以观察到无限循环并且跳到INT-SERV的过程。

4）设置断点

实质上用户不可能在程序连续执行中得到准确的位置，因为用户必须执行上千次的单步执行（除非这个程序被有意的安排在开始）。为了使程序运行到特定的位置并停止，用户需要为该位置添加一个标记，这就是所谓的"断点"。设置断点之后，用调试器的连续方式（使用 ▶ 按钮）来运行程序，程序就会在做标记的地方停止。

为了说明这一点，先单击INT-SERV后面增加的那一行，然后单击 ⬤ 按钮，再单击 ▶ 按钮运行程序，当程序执行到该行会一直停留（无限循环）。设置一个断点后程序不会停止，是因为它没有跳过该断点。尽管如此，如果改变开关从低电平到高电平，程序便会在以下位置停止：

```
INT-SERV:
INCF   COUNTER ,F
```

可以用 ▶ 按钮或 🔒 按钮来继续执行程序。

【注】用户可以在TINA安装文件夹下"EXAMPLES\MULTIMED"中找到更多的多媒体实例，不再详述。

1.5　文件输出

原理图设计完成后，往往需要导出一些技术资料，比如材料清单、电路网表、系统原理图、PSpice文件等，其操作方法很简单，在TINA的File菜单下执行相关命令即可。

1．打印文件

打印文件执行"File/Print..."（文件/打印）命令，其他操作与一般Windows文件打印一致，在此不作详述。

2．导出材料清单

执行"File/Bill of Materials..."（文件/物料清单）命令即可获得。

3．导出网表文件

（1）执行"File/Export/Netlist.../for Tina（*.CIR）"（文件/导出/网表/Tina网表文件）命令，可得到TINA以".CIR"为后缀的网表文件。

（2）执行"File/Export/Netlist.../for PSpice（*.CIR）"（文件/导出/网表/pSpice网表文件）命令，可得到pSpice网表文件，它以".CIR"为后缀。

（3）执行"File/Export/PCB（TINA.PCB）..."（文件/导出/TinaPCB网表文件）命令，可以导出TINA PCB设计文件。

（4）执行"File/Export/PCB（*.NET）..."（文件/导出/其他的PCB设计工具网表文件）命令，可以导出TINA PCB设计工具所需的网表文件，以及其他PCB设计工具所需的网表文件（如Protel、orCAD、PCAD等）。

4．导出图片文件

执行"File/Export/Picture File（*.EMF; *.BMP; *.JPG）..."（文件/导出/图形文件）命令即可导出图片文件。

2

创建子电路与
TINA库扩充

在TINA中，用户可以通过转换一部分电路为子电路的方法来简化电路图。另外，可以用VHDL对一些Spice子电路进行描述，或用标准S-parameter（S-参数）模型扩充库文件，也可以由用户自己创建，还可以从网上下载或者是从制造商的CD盘上获得元件做库的扩充。

2.1　子电路的创建与调用

利用TINA的宏编辑器，用户可以将"能完成某些特殊功能的电路"转换为子电路。在构建新的电路系统时调用这个子电路，它将会以一个矩形图标的形式出现设计窗口中，作为一个器件来应用。用户还可以用TINA的电路原理图符号编辑器把它创建成别的形状。

2.1.1　子电路的创建

用户可以通过给某电路添加接线端口，并且以*.TSM的形式保存这个电路来完成"把任意的电路图转换成一个子电路"，这在TINA中称为宏定义。

本例调用C:\Program Files\DesignSolt\TINA（即TINA的安装路径）\EXAMPLES中的Half_add.tsc（半加器），电路如图2.1所示，并且把它转换成子电路（有宏、宏单元、子模块等称谓）。

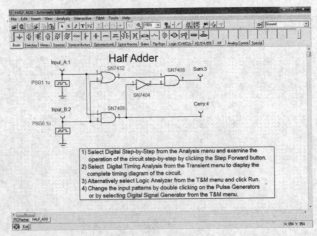

图2.1　实验电路

（1）添加子电路端口。删除旧的接线端口，用子电路的接线端口来代替（在TINA中称为宏引脚）。用户可以在 Special（特殊）工具栏中查找并选择 按钮（宏引脚）。

（2）修改端口名。当用户放置宏引脚时，其标号（Pin1、Pin2等）是自动添加的，双击宏引脚，在弹出的属性框中可以修改端口名。还可以用鼠标来拖动、旋转该端口，工具条中的按钮 ↶↷↔ 也可以调整该端口，像操作一个器件一样，连接完成后电路如图2.2所示。

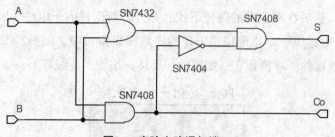

图2.2　实验电路添加端口

（3）保存子电路。调用"Tools/New Macro Wizard"（工具/新建宏向导），弹出如图2.3所示的对话框。设置"Name"（宏名称）为Half Adder（子电路名称，可以输入中文名，但最好不用，因一些PCB设计软件包不支持中文）、"Label"（电路标签）为"HA"。设置好后，单击"OK"按钮，会弹出一个保存文件对话框，可以在对话框中修改保存路径（默认路径是TINA的Macrolib，宏单元数据库），单击"Save"（保存）按钮，方法与其他windows文档类似，不再详述。

【注】TINA的Macrolib文件夹中已经有一个相同名称的宏（Half_add.tsm），它和刚创建的宏有相同的内容，并且包含在参考库中，可以直接调用它。

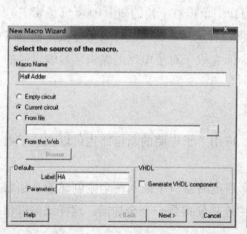
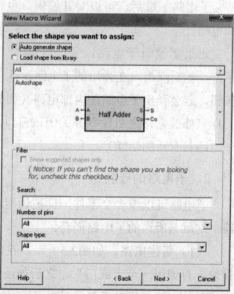

图2.3　子电路名称设置

2.1.2 子电路的调用

子电路建立并保存后，就可以在新的电路构建过程中调用它。通过File/New（文件/新建）命令或重启TINA来新建一个电路文件，选择"Insert/Macro"（插入宏）命令，然后在刚保存的路径下找到并打开新创建的子电路（宏）Half_add.tsm，这时子电路以一个矩形模块出现的电路编辑窗口中，如图2.4所示，这时可以像使用其他器件一样操作它（如拖动、旋转、编辑、连线等）。

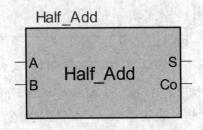

图2.4 子电路图形

2.1.3 子电路的编辑与嵌套

TINA的子电路可以编辑、嵌套。本小节使用两个Half Adder（半加器）子模块来创建一个Full Adder(全加器)宏。

1. 编辑子电路

子电路生成后，可以对其编辑，也就是说，在子电路的内部还可以增减元件或电路。

如果要编辑子电路，首先在新的电路编辑窗口中插入子电路（如图2.4所示），然后双击，在弹出的子电路属性窗口中单击右下角的 Enter Macro （编辑宏）按钮，就会弹出子电路的内部电路（如图2.2所示），这时就可以像修改其他电路一样来修改它，之后保存并关闭该窗口，即完成了对子电路的编辑（被编辑后的子电路具有新的功能）。

2. 子电路的嵌套

子电路可以像一个器件一样被调用，应用了子电路的新电路也可以做成子电路，这就是所谓的子电路嵌套。

（1）新建电路。如图2.5所示，在新建电路窗口中插入两个刚创建的半加器模块，再调用一个"或门"，之后如图中连接便得到一个全加器。这样就可以像分析其他电路一样分析了。

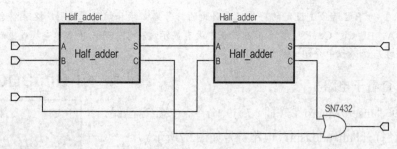

图2.5 全加器电路

（2）添加子电路端口（宏引脚）。

（3）创建并保存子电路。调用"Tools/New Macro Wizard（工具/新建宏向导）"命令来创建和保存新的宏。方法同前，不再详述。

3．加载特色子电路图标

虽然自动创建子电路图标是很方便的，但是，用户也可以通过TINA的原理图器件编辑器创建一个特色图标。

设置名称为"Fill Adder"（全加器），标签为FH（它们将显示在元件图形的标签上），把"Auto Generated"(自动生成)复选框中的"√"去掉，然后单击Shape（外形）栏的▼按钮，会显示可用的图标清单，如图2.6所示；选定求和符号，单击"OK"按钮，全加器的名称将会在宏对话框中显示出来。最后，单击"OK"按钮，并且用Full_adder.tsm文件名保存该宏。

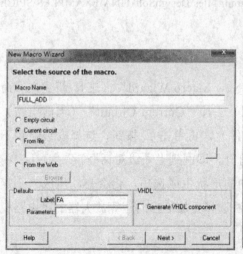
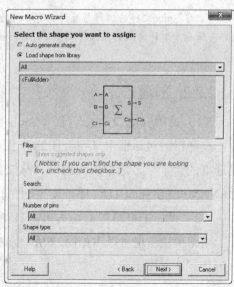

图2.6 全加器电路符号

【注】为了显示预先设定的符号，宏引脚的标号名必须和该符号的引脚名相符合。本例必须是（A、B、Ci、Co、S）。如果在图表中没有显示该符号，可以按名称查找或重新创建符号。这将在后续课程中介绍。

4. 查看子电路

选择"Insert/Macro"（插入/宏）命令，按照自己保存的路径打开Full_add.tsm，电路符号如图2.7所示。

双击该符号，在其属性对话框中单击 Enter Macro （编辑宏），就会显示其内部的电路图，它包含两个相同的半加器子模块（如图2.5所示）。同样可以再打开半加器来观察其内部的电路图（如图2.2所示）。

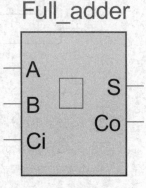

图2.7　全加器符号

2.2　用Spice文件创建宏

在TINA中，用户可以用任何Spice文件创建自己的元件（子电路）。Spice文件可以由用户自己创建，也可以从Internet上下载或制造商提供的CD中提取。

【注】在TINA现成库中已经有大量的制造商提供的Spice元件模型。

2.2.1　建立Spice文件

创建一个名为UA741.cir的放大器UA741的Spice文件（TINA中现成模块，仅作举例）。

【注】Spice文件的编辑与应用，有专门的书籍介绍，在此不作详述。本例假设文件已经做好并保存于本计算机的某文件夹中（C:\Program Files\DesignSolt\TINA\EXAMPLES\SPICE内）。

2.2.2　创建宏

（1）调用Spice文件。运行"Tools/New Macro Wizard"（工具/新建宏）命令，在弹出的对话框中（参看图2.6左图）去掉"Current Circuit"（当前电路）复选框的"√"，选中From file（从文件），再单击 按钮，选择安装路径下"EXAMPLES\Spice\UA741.CIR"文件打开，即回到上一级对话框。

（2）设计子电路图标。如果用自动的形状生成选项，将会自动生成一个矩形子电路模块；也可以用如图2.6所示方法选择更加恰当的运算放大器的子电路模块形状，不再详述。

2.2.3 查看宏

插入一个新子电路模块（宏）的方法同前所述，选择"Insert/Macro"（插入/宏）命令，查找并打开文件UA741.TSM即可。一定要注意Spice宏里引脚名称要和元件图形符号的引脚名称相匹配。

如果要查看子模块内部的Spice文件，可以双击该符号，在其属性对话框中点击 Enter Macro （编辑宏），即详细显示宏的内容，如图2.8所示。

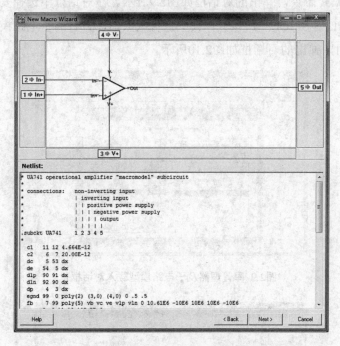

图2.8　UA741的Spice文件

【注】用户可以修改图2.8所示的网表文件（Spice文件），并且保存到用户电路库中。但它并不影响原始的宏（C:\Program Files\DesignSolt\TINA\EXAMPLES\SPICE内的Spice文件）。

2.3　扩充器件库

在TINA库中，已经有很多厂商的电路模型供选择应用，比如美国模拟器件公司（Analog Devices）、德州仪器（Texas Instruments）、美国国家半导体公司（National Semiconductor）等，但是，TINA每一个版本作为一种商品，也有其市场周期，它的现有库总是有限的，或者说它跟不上电子新器件的研究和商品化。因此，用户可以通过TINA的库管理程序来扩充其模型库，以保证其实用性。

2.3.1 库管理器的使用

1. 向TINA的库中添加库文件

本小节将介绍添加一个Spice模型到TINA的Spice库中。

（1）启动库管理器。从Windows的"开始"→"TINA"→"Library Manager"打开库管理器。选择"File/Collect subcircuit and models（文件/收集子电路和模型）"命令，弹出的对话框如图2.9所示。在对话框中选择安装文件夹下的"EXAMPLES\SPICE"，该文件夹中包含放大器UA741的子电路模型。然后单击 Next > 按钮，弹出的对话框如图2.10所示。

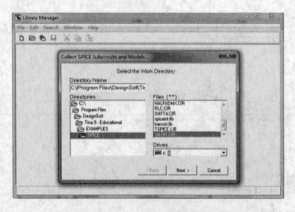

图2.9 库管理器及子电路模型载入对话框1

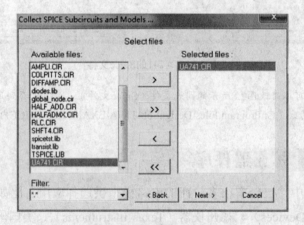

图2.10 子电路模型载入对话框2

（2）加载子电路。如图2.10所示对话框的左边显示了可用的文件列表，选择一个合适的子电路。如选中UA741.CIR，然后单击 > 按钮，UA741模型就出现在右边的文件列表中，单击 >> 按钮可以加载所有的文件。单击"NEXT"按钮，显示如图2.11所示对话框。

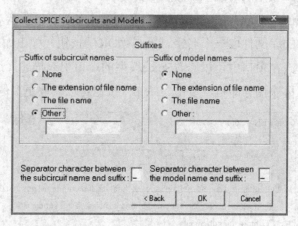

图2.11　子电路模型载入对话框3

（3）修改子电路名称。在如图2.11所示对话框中用户可以更改子电路或模型的名称，以避免冲突或不同版本子模型的名称相同。对于内核不同的新模型，用户可以在这里重命名子电路，或添加子电路名的后缀。图中左边是为子电路名更名，右边是为子电路内核模型名更名。

这里选中"Other"（其他），为子电路添加后缀名"my"，然后单击"OK"按钮。便会显示新的库文件的内容，这时新的子电路名是以"my"为后缀的（即UA741_my），如图2.12所示。

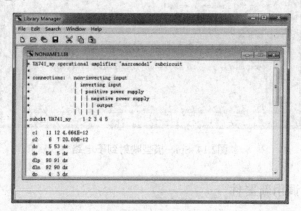

图2.12　子电路内核

（4）保存文件。使用File/Save as（文件/另存为）命令，文件名为myspicelib，保存到TINA的SPICELIB文件夹。这样，就可以在TINA的库文件夹中找到该文件了，比如现在"TINA 9\SPICELIB"中就有myspicelib.lib文件了。

（5）将SPICE模型映射到子电路。选择"File/Create TINA Library Description .../... for SPICE models and subcircuits"命令，弹出如图2.13所示对话框。在对话框中可以为新建的库文件取一个名字。单击"OK"按钮，弹出如图2.14所示窗口（一个新窗口）。在窗口中可以修改Spice模型的端口引线描述（通常应用默认的设置）。最后，再次保存即可。单击"Help"按钮可以获取更多信息。

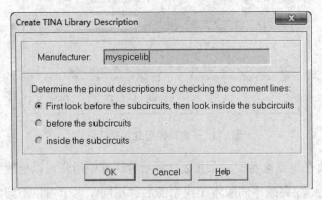

图2.13 创建子电路

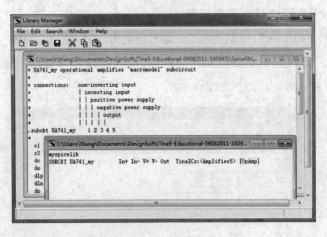

图2.14 Spice模型映射到子电路

2. 查看并调用新器件

用户再次启动TINA时，会提示加载了新的库文件，确认之后可以看到库编译加载的过程。在TINA原理图编辑窗口中，选择 Spice Macros （制造商模型）工具条上的 按钮，在 Manufacturer: （制造商）一栏选择"MySpiceLib"或者"All"，都可以在元件列表中找到该新建元件，如图2.15所示。

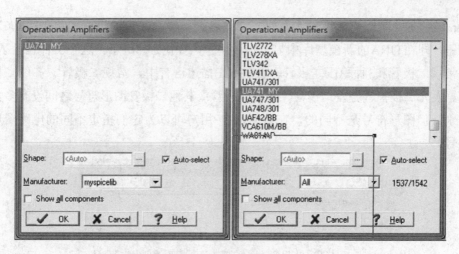

图2.15　查看新建元件

2.3.2　扩充库的其他方法

用户也可以用简单的MODEL(模型)说明指令来添加二极管、晶体管或其他常用器件。这些器件通常被放置在包含MODEL指令的文件夹中。

1．编辑器件模型

可以在库编辑器中直接输入器件的SPICE模型，本例调用安装文件夹中"EXAMPLES\SPICE"文件夹内的diodes.lib，如图2.16所示。

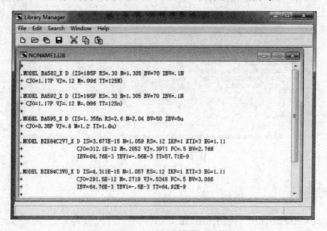

图2.16　二极管模型文件

在该模型窗口中，可以添加或修改模型文件（窗口中已经有BA582等几个二极管的SPICE模型），然后保存并启动子电路模型映射（File/Create TINA Library Description…/…for SPICE models and subcircuits），在图2.17所示对话框中

Manufacturer: （制造商）栏输入新建库文件名。不修改其他的设置，单击"OK"按钮，即在TINA的新模型库中显示描述清单，如图2.18所示。这个文件包含了3种常规二极管和3种稳压二极管。在SPICE描述语言中，常规二极管、齐纳二极管、发光二极管、势差二极管、变容二极管或其他二极管图形符号之间没有多大区别，但图形符号是不同的，在TINA中，用户可以为它们指定不同的电路图形符号。

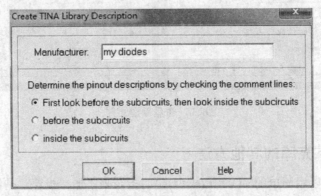

图2.17　确定库文件名

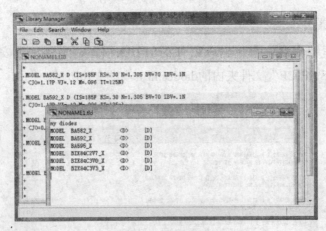

图2.18　模型清单

2．模型映射

选择"Edit/Categorize Components（编辑/元件分类）"命令，显示如图2.19所示对话框。按下键盘上的Ctrl键，同时用鼠标单击稳压二极管（列表中最后3个），然后单击右侧的"Zener"（稳压二极管）按钮，<D>和[D]会变成<DZ>和[DZ]（图2.19中已经设置），保证在TINA中应用稳压二极管，之后单击"OK"按钮，最后将文件保存到TINA的主文件夹下的SPICELIB文件夹中。

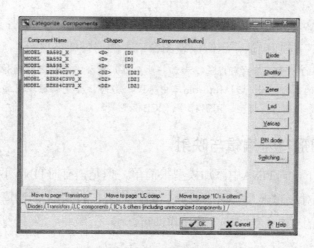

图2.19　元件分类映射设置

3. 器件查看与调用

为了验证新的二极管是否载入，可以按以下步骤操作。

（1）重启TINA；

（2）在工具栏上选择二极管（或稳压二极管），并把它放置到原理图编辑窗口中（这时显示的器件是TINA系统默认的或是上次调用过的器件）；

（3）双击该器件，在其属性对话框中选择"Type"（类型）行，然后单击其后的┄按钮；

（4）在如图2.20所示的 **Catalog Editor** 对话框的 Library 下拉菜单中选择"my diodes"（自己新建的元件库）；

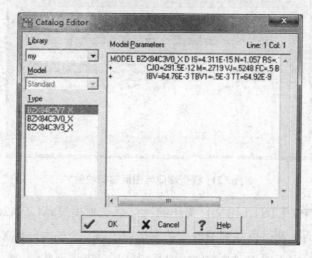

图2.20　元件分类查找

（5）在 Type（类型）栏中可以看到编辑载入的器件，选择需要调用的器件，单击"OK"按钮确认，这时原理图窗口中的器件即被更新。

【注】同样的方法，用户可以选择添加一些器件厂商公布的新器件到相应的库中（如添加摩托罗拉公司的新型晶体管到Motorola库中等）。另外，要更新原理图编辑窗口中的某器件，事实上就是更新其仿真模型、图形符号、PCB模型等。

2.3.3 图形符号编辑与映射

很多情况下，向TINA中添加模型很简单，但是，有时TINA不能自动将模型和它们的符号对应起来（自动映射）。幸运的是，TINA最新的库管理器提供了解决这种问题的工具，按以下步骤操作即可。

1. SPICE模型端口与图形符号端口的映射

本小节以添加EXAMPLES\SPICE文件夹下的SPICE TEST.LIB文件到TINA中为例进行介绍。

（1）打开库管理器；

（2）用 📂 按钮或"File/Open File"（文件/打开文件）命令打开SPICE TST.LIB；

（3）运行"File/Create TINA Library Description/for Spice Models and Subcircuits"命令，即显示如图2.21所示窗口。

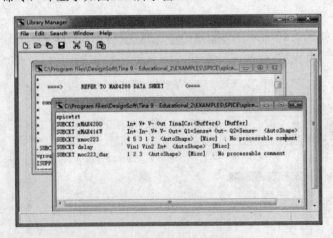

图2.21 模型端口与图形端口映射

观察库中SPICETST.LIB文件描述的行，第一种模型xMAX4200，可以自动识别该模型，而且都可以找到图形符号和类别；第二个模型xMAX4147，它没有图形符号标志，也不能识别其类别，但是程序却可以识别其端口；最后一个模型

xmoc223，不能识别任何东西，但也会自动生成一个符号。

【注】尽管一个模型不能被程序识别，但是它仍然可以自动生成图形并可以使用。

2．图形符号与SPICE模型端口的编辑映射方法

如果用户想为这类器件添加一个合适的图形符号，可以按照以下的方法操作。

1）编辑器的功能介绍。

在图2.21基础上运行"Edit/TLD Editor"命令，显示如图2.22所示对话框。

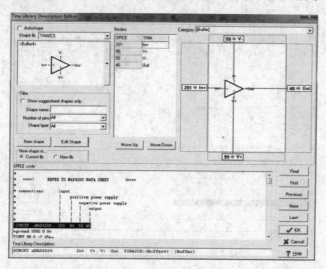

图2.22　TINA器件图形编辑练习1

（1）在编辑器的左上角小窗口中显示器件原理图图形符号，可以在其下拉菜单中选择合适的图形，还可以通过单击 New shape 或者 Edit Shape 进行新建或编辑图形符号；

（2）中上部是SPICE模型端口与图形符号的接线端口名称之间的对应关系，选择不同的图形符号会有不同的对应关系，可以通过其右的 Move Up 或 Move Down 按钮将端口名上移/下移；

（3）右上角可以看到图形符号类别，可以通过其下拉菜单选择合适的类型名；

（4）编辑器的中间显示所选元件的SPICE代码，同时在下方的"TINA Library Description"（TINA库描述）栏中会显示当前器件的模型描述（TLD内容）；

（5）可以使用右侧的First、Previous、Next、Last按钮来移动库里的模型。

2）编辑练习

（1）编辑练习1。如图2.22所示，确认第一个模型的所有条目是正确的，不

需调整，也就是说它已经自动识别了。

（2）编辑练习2。

（a）单击窗口右侧的 Next 按钮，跳到第二个SPICE模型（MAX4147），如图2.23所示，可以看到左上角的图形窗口显示系统自建模型和底部的红色TLD内容提示。这就表明了库管理器不能完全识别这个模型。

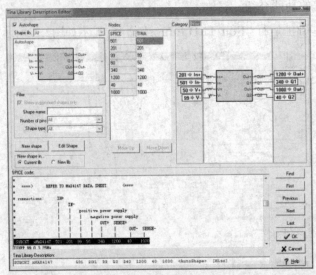

图2.23　TINA器件图形编辑练习2

（b）单击图形窗口右边的竖向按钮（左上角小窗口），会显示一些可用图标列表。拖动滚动条，直到找到符号<Comparator8DO>并选中。

（c）先在右上角的 Category 下拉菜单中找到[Comparator]（比较器）。

（d）检查显示出的图形节点是否与SPICE模型的端口匹配。因为库管理器没有给出错误指令，所以它应该是正确的。如果存在差异，用户会看到TLD栏的错误信息提示（No processable comments，没有可执行命令的提示）。

（3）编辑练习3。

（a）单击按钮 Next 调入库的最后一个模型，如图2.24所示窗口。可以看到TLD信息提示"No processable comment"，说库管理器不能从SPICE模型指令中识别出SPICE接线端口，必须手动把图形端口和SPICE模型端口对应起来。

（b）按上述的方法选择<Optotar>，用户可以看到如图2.25所示窗口。

（c）在图2.25中窗口图形端口与SPICE端口是否匹配。中上窗口清单的第一个节点（4）与晶体管的集电极（C）相连，而根据SPICE指令它应该与输入LED的阳极（A）相连，这些与实际情况不符合，需要调整。

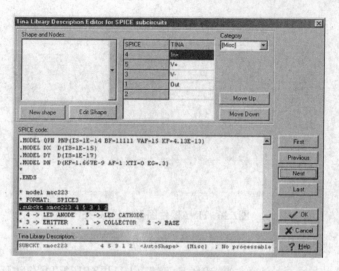

图2.24　TINA器件图形编辑练习3

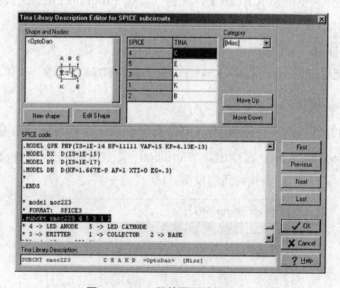

图2.25　TINA器件图形编辑练习4

（d）鼠标单击"A"引脚，并压住鼠标将其拖到清单顶部（4号节点，也可以用 Move Up 来移动A端口），然后把K拖到节点5上，最后拖动节点E到节点3，C在1点，B在2点，调整完毕。

（e）修改右上角的 Category 为<Optocoupler>。

（f）单击"OK"按钮，TLD编辑器对话框关闭，SPICE TEST.TLD窗口会被更新，如图2.26所示。

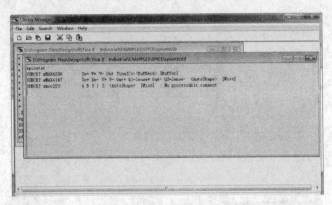

图2.26　TINA器件图形编辑练习5

3）保存设置

使用File/Save as命令，将SPICE TST.TLD和SPICETEST.LIB文件保存到TINA安装文件夹下的SPICELIB文件夹内（如C:\Program Files\DesignSolt\TINA 7\SPICELIB），否则，不能看到变化。

4）编译保存

最后，使用File/Create TINA Library命令来编译TINA的修改。关闭库管理器。

3．器件的调用

当重启TINA时，在 Spice Macros （制造商模型）元件栏选择，如图2.27所示，在 Manufacturer:（制造商）窗口选择"spicetst"，然后选中 ☑ Show all components （显示所有元件）即可查找到新的模型。

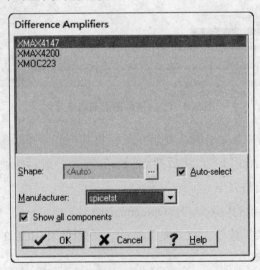

图2.27　元件调用窗口1

也可以通过查看类（如：比较器、缓冲器、光耦合器）来找寻这些新的模型。在清单的末尾显示这些新的部分，因为该模型的名称是以字母X开头的，如图2.28所示。

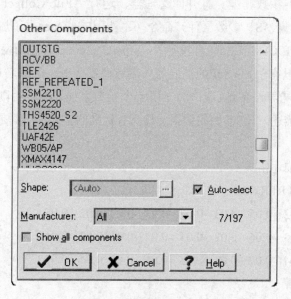

图2.28 元件调用窗口2

当然，也可以设置Manufacturer:（制造商）为"spicetst"，在菜单就找到新加的元件，如图2.29所示。

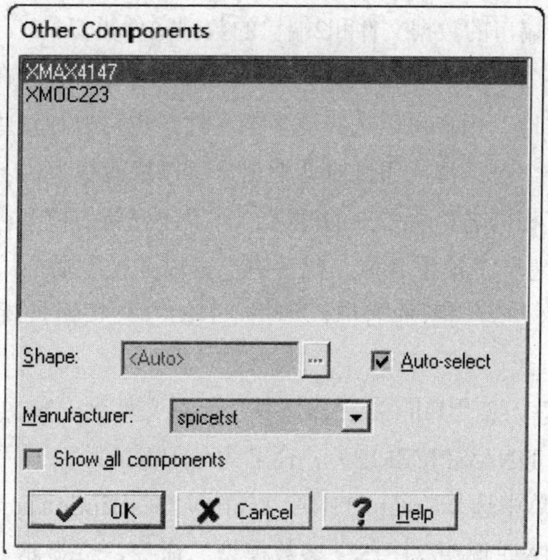

图2.29 元件调用窗口3

2.4　添加S-参数模型

本节介绍如何向TINA库中添加S-参数模型。

（1）建立S-参数模型。打开库管理器，运行"File/Collect 'S' parameter files"（文件/收集'S'参数文件）命令（不能用File/Open来添加S参数文件），在对话框中找到EXAMPLE/RF再找到"s_bfp405.s2p"，单击 Next ›按钮。注意，S参数文件必须具有S1P或S2P的扩展名（制造商都用统一的命名规则）。如果扩展名S1P，就意味着设备是1端口的（用一个参数来描述），否则是2端口的设备（要用4个参数描述）。S参数的数据文件具有标准的格式，下面是典型的2端口数据段。

S参数文件描述格式：

```
# MHz S RI R 50
0.30  0.02  -0.05  -0.03  -0.02  -0.03  -0.02  0.02  -0.05
0.31  0.03  -0.06  -0.02  -0.01  -0.02  -0.01  0.03  -0.06
0.33  0.04  -0.07  -0.01  -0.03  -0.01  -0.03  0.04  -0.07
…………
```

第一行是标题，给出了频率单位、参数、测量格式和测量阻抗特性（这里是50Ω）。

第一列是频率，单位是Hz，下一列，按顺序是：S11实部，S11虚部，S21实部，S21的虚部，S12实部，S12虚部，S22实部，S22虚部。除了没有S21、S12和S22的列信息外，1端口的数据文件和2端口的数据文件类似。

选择s_bfp405.s2p，然后单击 › 按钮，s_bfp405.s2p模型会在用户选择的文件列表中显示。同样地，用户可以选择更多的文件，也可以通过 ›› 按钮来选择所有的文件。弹出一个对话框，通过对话框用户可以修改模型的名称，这就会避免不同版本模型具有相同名称所带来的冲突。为了区分新的模型，用户可以从文件名或前8行中来创建一个模型名称。或者用户可以在模型后面添加一个后缀名。本例仅以文件名来作为模型的名称，单击"NEXT"按钮，就会显示新库的内容，如图2.30所示。

（2）保存文件。使用File/Save as命令，保存文件到安装文件下的SPICELIB文件夹中（例如：TINA\SPICELIB），命名为myslib.lib。

现在从File菜单中选择Create TINA Library Description/for 'S' parameter models（创建TINA库说明/对'S'参数模型）命令，会显示如图2.31所示对话框。用户可以为新库指定一个名称，例如My S Parameter Library（我的S参数

库），也可以将制造商的名称作为库名。但要注意，如果在TINA中已经存在相同名字的库，这个模型就会被添加到该库中。

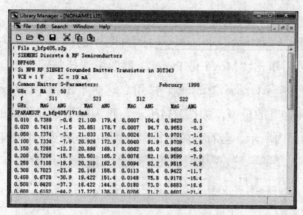

图2.30 s_bfp405.s2p文件内容

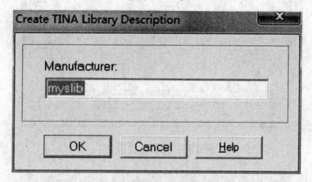

图2.31 库命名保存

单击"OK"按钮确认后会弹出如图2.32所示的库描述文件（在一个新的窗口中显示）。

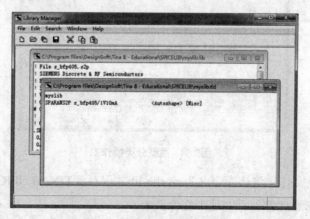

图2.32 显示库中的模型信息

（3）将模型分类。然而，在S参数文件下，用户需要将模型分类（除非用户想让它们混在一起，以一个默认的形式出现）。运行Edit/Categorize Component（编辑/分类元件）命令，显示如图2.33所示对话框。单击 IC's & others [including unrecognized components] 标签(图中的圈内)，从列表中选择一个或多个模型，然后单击"Move to Page 模型"中选择按钮类型，在本例中，单击移动到晶体管 Move to page "Transistors" 按钮。这时单击图中的Transistors,标签，就可以看到移动到这里的模型，如图2.34所示。再为模型选择合适的类别，如单击NPN，如图2.34圈内所示，会看到图中模型类型由[Misc]变为[NPN]。

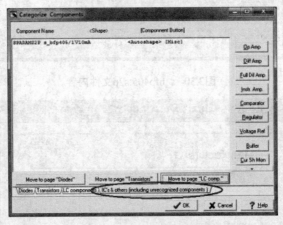

图2.33　模型分类操作1

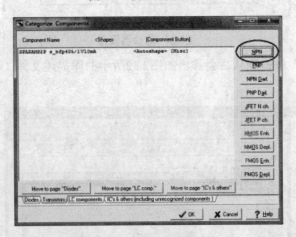

图2.34　模型分类操作2

（4）保存文件。将该库命名为myslib.lib并保存到TINA的SPICELIB文件夹下（SPICE和S-参数库都保存在这个文件夹中）。

（5）编译库文件。用File/Create TINA Library（创建TINA库）命令为TINA，

记忆所做的修改。

（6）元件调用。下一次启动TINA时，选择RF元件，然后选择NPN RF双极性场效应晶体管，用户就可以在制造商列表清单中找到新的元件库。通过选择"My S Parameter Library"或"ALL"，都会在调用清单中显示用户的S参数模型。

2.5　创建VHDL宏

2.5.1　VHDL宏的建立

用户可以用VHDL来描述硬件结构，保存为*.vhd文件，还可以将它创建为一个VHDL宏单元，VHDL文件的实体中描述声明的端口会自动的在宏中显示。默认情况下，实体的输入端口会出现在所生成的宏的左边，输出端口出现在宏的右边。还可以对生成的宏进行编辑来修改默认的端口布局。

※ 例1　宏单元的端口布局

```
    ENTITY  a_Half_add_entity IS
PORT(
      A : IN std_logic;
  B:IN std_logic;
      S : out std_logic;
      C : out  std_logic
      ) ;
END  a_Half_add_entity;
```

这种情况下，A、B端将会出现在宏的左边，S、C端出现在右端。

【注】VHDL对大小写字母不敏感，只有用单引号和双引号括起来的内容是区分大小写的。

※ 例2　用半加器VHDL代码来创建一个宏

```
    LIBRARY   ieee, tina
        use  iee.std_logic_1164.all;
        use   std.textio.all;
     USE   tina.primitives.all;
     ------------------
--entity  section
        ------------------
    ENTITY  a_half_add_entity  IS
```

```
  PORT(
            A  :    IN std_logic;
 B  :   IN   std_logic;
            S  :    OUT std_logic;
            C  :    OUT  std_logic
            );
END   a_Half_add_entity;
          --------------------------
-- architecture  section
          --------------------------
ARCHITECTURE  a_Half_add_arch of a_Half_add_entity  IS
constant  delay  : time :=20  ns;
BEGAIN
    S<=(A XOR B )  after delay;
    C<=(A AND B )   after  delay;
END   a_Half_add_arch;
```

以上文件已经保存到TINA的安装文件夹EXAMPLES\VHDL中，下面简单介绍宏单元的建立方法。

（1）选择"Tools/new Macro Wizard..."（工具/新建宏向导）命令，弹出如图2.35所示的对话框。

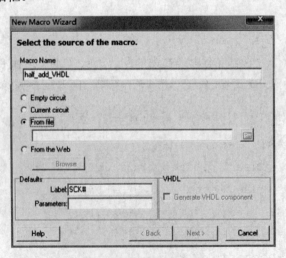

图2.35 宏单元编辑窗口1

（2）在"Generated VHDL Component"（生成VHDL元件）栏复选框中打

勾，去掉"Current Circuit"（当前电路）栏复选框中的"√"。

（3）输入新宏的名称。

（4）单击 ⦿ From file 栏的□按钮。选择VHDL文件格式，在TINA安装文件夹下的EXAMPLES\VHDL中找到half_adder.vhd文件并打开。

（5）然后会显示New Macro Wizard（新建宏向导）的对话框，如图2.36所示。

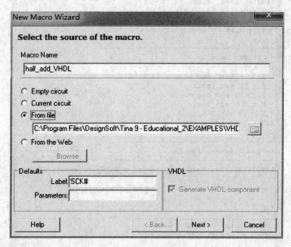

图2.36　宏单元编辑窗口2

（6）单击"Next"按钮，然后把宏保存到默认的Macrolib文件夹中。

2.5.2　VHDL宏的调用

从主菜单中选择Insert/Macro...（插入/宏）命令，在TINA安装文件夹的MACROLIB文件夹中，选择上一步保存的宏half_add_VHDL.TSM，就可以在电路图编辑窗口中调入如图2.37所示的宏。

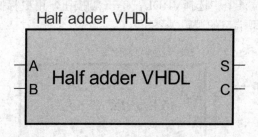

图2.37　VHDL宏单元

双击该宏并在弹出的属性对话框上单击Enter Macro（进入宏）按钮，就可以观察宏的内容，如图2.38所示。

```
-------------------------------------
-- TINA VHDL Macro Description Begin
--
-- entity_name:e_half_add_entity;
-- arch_name:ignored;
-- ports:a,b;s,c;
-- Mode:VHDLTyp;
--
-- TINA VHDL Macro Description End
-------------------------------------

LIBRARY ieee, tina;
use ieee.std_logic_1164.all;
use std.textio.all;
USE tina.primitives.all;


-------------------------------------
-- entity section
-------------------------------------
ENTITY e_Half_add_entity IS PORT(
  A : IN std_logic;
  S : OUT std_logic;
  C : OUT std_logic;
  B : IN std_logic );
END e_Half_add_entity;


-------------------------------------
-- architecture section
-------------------------------------
ARCHITECTURE a_Half_add_arch of e_Half_add_entity IS

 constant delay : time := 20 ns;

BEGIN

 S <= (A xor B) after delay;
 C <= (A and B) after delay;

END a_Half_add_arch;
```

图2.38　宏单元内部的VHDL代码

2.5.3　测试VHDL宏

本小节介绍在TINA的交互方式VHDL下来测试刚创建的宏。

在原理图编辑窗口中调入模型、H/L开关、电平指示灯等构建电路，如图2.39所示，在■▪的下拉菜单中选择VHDL，单击■按钮，用鼠标操作H/L开关，电平指示灯将会显示模型端口的逻辑关系。

Half adder VHDL

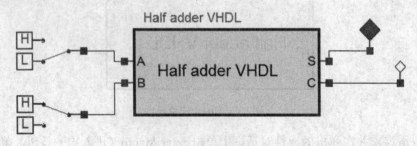

图2.39　VHDL模型验证

2.5.4 修改VHDL宏的引脚排列

为了修改引脚的排列，用户要为自己创建的VHDL宏添加专用的端口。最简单的方法就是打开自动生成的宏并且编辑它的标题。

例如，先前例子的标题是：

```
    ------------------------------------------------
--  TINA VHDL Macro description Begain
--  entity_name; a_Half_add_entity;
--  arch_name ; a_Half_add_arch;
--  ports; A,B;S,C;
--  TINA  VHDL  Macro Description End
    ------------------------------------------------
```

引脚的排列由ports;A,B；S,C;这一行来决定。第一个分号之前的端口被放在宏的左边，剩下的部分被放在宏的右边。

如果把该行改为ports;A,B,S；C；则得到的文件如下（在TINA的安装文件夹下可以加载EXAMPLES\VHDL\half_adder31.vhd文件）。

```
        ------------------------------------------------
--  TINA VHDL Macro description Begain
--  entity_name; a_Half_add_entity;
--  arch_name ;  a_Half_add_arch;
--  ports; A,B,;S;C;
--  TINA  VHDL  Macro Description End
        ------------------------------------------------
LIBRARY  ieee, tina
        use  iee.std_logic_1164.all;
        use  std.textio.all;
      use  tina.primitives.all;
    ------------------------------------------------
-- entity  section
        ------------------------------------------------
        ENTITY  a_half_add_entity IS
  PORT( A  :   IN std_logic;
        S  :   OUT std_logic;
```

```
            C   :   OUT  std_logic;
            B   :   IN   std_logic);
END   a _Half _add _entity
--------------------------------------------------
-- architecture  section
 --------------------------------------------------
ARCHITECTURE  a_Half_add_arch of a_Half_add_entity  IS
constant  delay : time :=20  ns;
BEGAIN
    S<=(A OR B )  after delay;
    C<=(A AND B )   after   delay;
END   a_Half_add_arch;
```

把这些转换成一个称为Half_adder_VHDL31.TSM的宏，然后再次插入，就可以看到修改过的输出引脚排列。

2.6 参数提取与精确模型编辑

利用TINA的Parameter Extractor（参数提取）转换测量参数或数据库中的模型数据为新建模型参数，创建更加接近现实元件的模型。

1）关于Parameter Extractor

从Windows系统的"开始"→"TINA"→"Parameter Extractor"打开参数提取操作窗口。下面用实例引导读者学习利用Parameter Extractor来进行库文件的编辑。

（1）选择Parameter Extractor编辑窗口中的File/New Library/NPN晶体管，弹出对话框如图2.40所示。

（2）在对话框中输入数据。该数据可以来自于制造商的目录数据，也可以来自于TINA的默认值（单击工具条上 Prev. 按钮），如图2.40所示数据是用户输入的。

（3）单击屏幕底部的选项，在所有的晶体管参数中填入数据。可以选择默认的数据（单击 Default 按钮）或重新输入新的数据，如图2.41所示。

（4）参数输入完毕，运行Calculate/Current component（计算/当前元件）命令，会看到窗口中的参数曲线及窗口右侧的参数变化（系统自动计算产生IV曲线），如图2.42所示。可以看到输入参数与计算结论的对应关系（多次试验），并且可以通过它来查看TINA的晶体管数据和晶体管模型是互相匹配的。

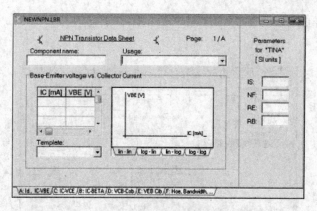

图2.40 晶体管参数编辑1

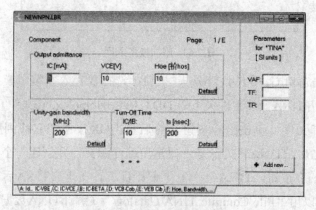

图2.41 晶体管参数编辑2

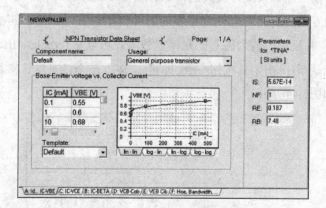

图2.42 输入参数的计算结论

2）保存模型文件

为了可以使用这些新的器件模型，必须重新编译修改过的文件并且把它们保存在CLDD.CAT目录文件下（本例将新的晶体管模型嵌入到TINA的晶体管库文件中）。

（1）选择File/Catalog Manager（数据库目录管理器）命令，弹出窗口如图2.43所示。

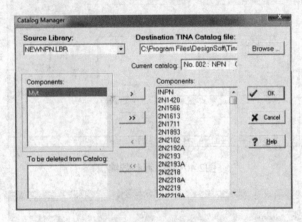

图2.43　添加模型入库

（2）单击窗口右上角的 **Browse** .. 按钮，选择要存入新编辑模型文件的目录文件（本例打开TINA安装文件夹下CLDD.CAT内的bipol_x.crc文件）。

（3）选择元件，单击 **›** 按钮，然后单击OK按钮把它移到库里面。单击"OK"按钮之后，TINA将提示是否要重新编译源文件并创建一个更新的目录，如果单击"Yes"按钮，TINA会产生一个新目录。在重启TINA后就可以使用它了。用户也可以用"File/Compile TINA Catalog"（编译TINA数据库目录）命令来重新编译目录（但如果编译失败的话，必须重新编译）。

用同样的方法，用户可以计算更多的器件模型参数，比如磁芯参数，输入滞回A、B曲线，并且可以输入磁芯的几何参数等。可以从Template listbox（模板列表框）加载默认值(单击工具按钮 **Prev.** 即可)，运行一个带有默认参数的实例来看一看，结果如图2.44所示。

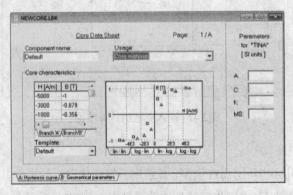

图2.44　磁芯的滞回曲线计算实例

3 创建图形符号和脚本

3.1　Schematic符号编辑器

使用TINA的Schematic（原理图）符号编辑器，用户就可以创建新的原理图符号，从而用户就可以添加自己的电路元件到TINA中。为了创建新的符号，用户可以放置线条、弧、矩形、任意字体的字符、指定线宽、颜色面填充色等。画好符号后可以添加和定义连接点。可以通过阅读现存符号的清单来了解编辑器的情况。

3.1.1　Schematic符号编辑器的功能

（1）调用编辑器。从Windows的"开始"→"所有程序"→"TINA"→"Schematic Symbol Editor"(原理图符号编辑器)打开编辑器窗口，如图3.1所示。选择File/Open（文件/打开）命令打开C:\Program Files\DesignSolt\TINA（即TINA的安装文件夹）中的devices.ddb文件，在编辑窗口的右边显示目前库中已经有的图形符号。

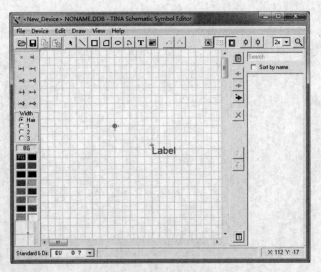

图3.1　原理图符号编辑器窗口

（2）编辑查看。打开库文件，在编辑窗口中显示了第一个符号，用户可以选择窗口右边图形列表中的任何一个图形，单击◀按钮即加载到编辑窗口中，可以查看，也可以在此基础上修改并保存为新的图形。在窗口左下角有 Standard & Dir: EU 0?? ▼，可以控制创建欧洲标准或者美国标准的、不同旋转方向的部件图标，还可以控制建立3D图形。如果必要的话，用户可以为每个标准设计图形符号。

3.1.2　编辑元件图形

以前面提到的半加器宏为例，创建一个半加器的图形符号，操作步骤如下。

（1）单击 ▣ 按钮建立一个空白文档。

（2）绘制图形符号。利用编辑窗口上边的几何图形工具画一个矩形作为图形符号元件的主体。

（3）颜色填充。右击窗口左下方的调色板，如图3.2（a）所示，用一种颜色来填充这个长方形（必须在选中状态才能填充）。

（4）添加模型端口。从左上角的端口工具栏中选择形状合乎要求的端口（本例选择Normal Pin，标准引脚），拖动到刚画好的矩形框中，单击左键来定位端口，确保表示接线端点的小红X在主体的外面，如图3.2（b）、（c）所示。重复这个过程，直到放置好所有的端口。

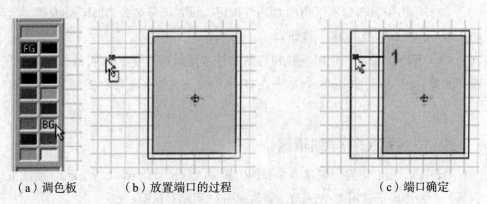

（a）调色板　　　　（b）放置端口的过程　　　　　　　　（c）端口确定

图3.2　图形符号编辑

（5）设置属性。放置好所有端口后，可以双击它们来设置其属性，设置窗口如图3.3所示。

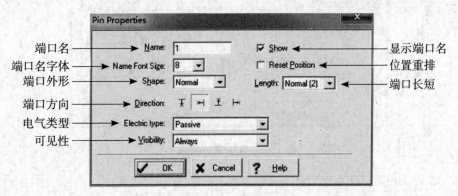

图3.3　端口属性窗口

（6）添加一个大的求和符号。单击 **T** 按钮，在弹出式窗口中输入 Σ（可以在文本中输入后复制粘贴到这个窗口内），如图3.4所示。

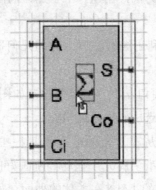

图3.4　新图形符号

（7）单击编辑窗口右下角的 🔲 属性按钮，设置符号名为 "half Adder"（半加法器），然后单击 "OK" 按钮。

（8）保存。最后，使用 ➡ 按钮将新的符号复制到符号库(该符号将出现在列表栏的最后)中，使用File/Save命令在TINA的安装文件夹下保存扩展名为.ddb的文件。

3.1.3　运用IC符号编辑器

用户可以用IC 向导来创建多引脚的IC模型。选择 "Draw/IC Wizard（绘图/IC向导）" 命令即可调用IC Wizard，显示如图3.5所示对话框。

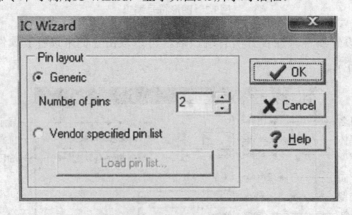

图3.5　IC符号编辑器

IC Wizard具有两个选项：

（1）Generic（普通选项）。如果用户选择了这个选项，编辑器就会创建一个具有DIP形状引脚布局的长方形状的IC，必须指定引脚的数目。例如：如果输入14个引脚，用户就可以得到如图3.6所示的引脚布局。

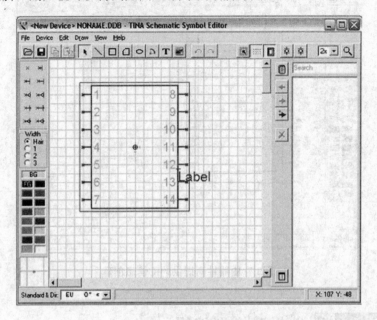

图3.6　普通IC图形

（2）Vendor specified pin list（制造商提供的引脚列表选项）。在这种情况下，向导会根据文件创建一个形状，其引脚数、名称和电路格式分别用逗号隔开，如下所示。

文件格式

```
比如：
    1, RA2, INPUT
    2, RA3, INPUT
    3, RA4, TOCK1, INPUT
    4, MCLR, INPUT
    5, VSS, POWER
```

电路端口格式可以是INPUT（输入端口）、OUTPUT（输出端口）、INOUT（双向端口）、BUFFER（有反馈的输出端口）和POWER（电源）。

（3）设计实例。在图3.5中选择Vendor specified pin list（供应商指定的引脚列表），然后加载TINA安装文件夹下EXAMPLES中的PIC16F84A.CAV文件，编辑器会生成下一个IC图形，如图3.7所示。

当完成编辑后，可以用前面介绍的工具对形状做进一步的编辑。

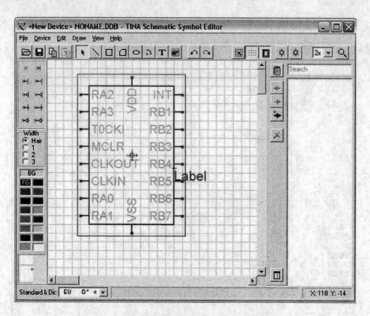

图3.7 由器件商提供的IC信息创建

3.2　器件封装模型编辑

用户可以用封装模型编辑器（Footprint Editor）来创建一个新的器件封装模型，并且把它添加到封装模型库中。

3.2.1　关于封装模型编辑器

运行TINA的PCB设计窗口中的"Tools/Footprint Editor"（工具/封装编辑器）命令来启动封装模型编辑器，如图3.8所示。如果用户想创建一个新的封装模型，则可以在编辑器中通过放置不同的绘图元素和标志（包括线、矩形、弧、文本等）来创建它。

【注】也可以从"开始"→"TINA"→"TINA PCB Designer"打开PCB设计窗口。

3.2.2　封装模型设计实例

下面以电阻的封装模型设计为例引导读者学习PCB库文件制作。

（1）运行"Footprint/New Footprint"（封装/新建封装）命令来清空编辑窗口。

（2）双击具有小箭头的十字标志（图3.8中左上角圆圈内），以设置初始位置，比如（X，Y）坐标设置为（1300，1000），如图3.8中右下的"+"字箭头（新坐标原点）。

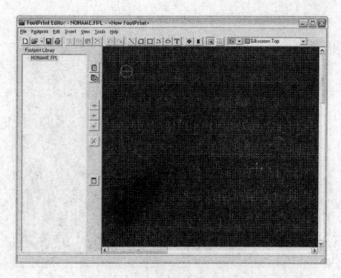

图3.8 元件封装模型编辑器

检查Use Relative Coordinate（使用相对坐标）校验框，然后单击"OK"按钮确认。

（3）在工具栏中选择一个矩形的符号，并在原点周围画矩形（单击矩形的任意一个角，然后按下左键，拖动指针到对角上，释放鼠标，即可画成）。

（4）确定模型尺寸。创建封装模型时，必须要注意其尺寸，需要根据厂商的数据来精确定义它的尺寸，特别是底面的尺寸，否则部件就不能和PCB板相匹配。最好用坐标来精确的设置，而不用鼠标来画图。

移动鼠标到刚画的矩形的一条边上，当指针变成手的形状时双击，会显示矩形的属性对话框，如图3.9所示。在CenterX（中心点X）和CenterY（中心点Y）区域输入（0，0），在Width（宽度）和Height（高度）区域输入840和300，在Line Width（线宽）区域输入5，确认后的矩形如图3.10所示。

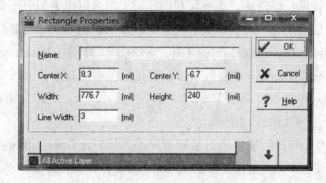

图3.9 矩形属性窗口

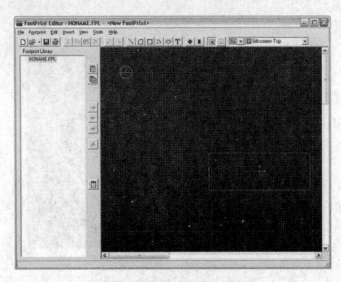

图3.10　编辑的电阻平面图形

（5）修订器件放置的板层。在如图3.9所示窗口右下角单击 ⬇ 按钮，就可以修改器件所在PCB的层次了（在默认情况下，矩形框在装配图和印刷图的顶层）。通过双击层名左侧的复选框来打开或关闭层。本例默认，所以不需对其进行修改。单击"OK"按钮来关闭属性编辑器。

（6）添加端口。选择绘图工具栏中线条图标，在矩形的两边画两条水平线。双击线条，修改其属性如下所示：

Line 1: -460,0；-420,0；5(Point1 X,Point1 Y,Point2 X,Point2 Y and Line width)

Line 2: 420,0；460,0；5(Point1 X,Point1 Y,Point2 X,Point2 Y and Line width)

（7）添加过孔。从图3.10所示工具栏中选择焊盘符号 ✚ 按钮，移动到引线端点放置，然后鼠标双击之，在其属性窗口的X和Y区域分别输入-500、0，孔的参数为37。单击 ⬇ 按钮，如图3.11所示。默认情况下焊盘固定在顶层、底层、电源、接地、焊接点、焊接底、布线层和钻孔层上。可以用类似于矩形修改的方法来修改默认的层次配置。尽管默认的配置是合理的，但是一般也要修改焊盘的尺寸。双击Size (mil)区域，在Solder Mask Top、Solder Mask Bottom的Diameter中输入58，在Power、Ground的Diameter中输入78，在钻孔绘图和钻孔形状区域中输入37。在名称区域中输入引脚数目是很重要的。同理放置另一个，用户只需把X坐标参数改为500即可，结果如图3.12所示。

（8）添加自制封装模型到封装模型库。选择File/Open library（文件/打开库）命令打开TINA安装文件夹下的package.fpl文件，如图3.13所示，选择Resistor组（或定义一个新的组），然后单击 ◀ 按钮即把新做的封装模型保存到该库中。

图3.11 焊盘属性窗口

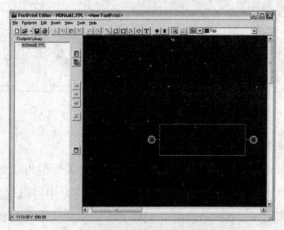

图3.12 完成编辑的电阻封装模型

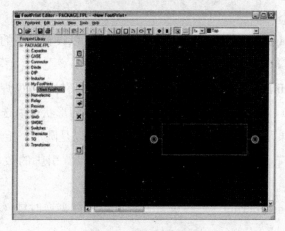

图3.13 保存新做模型

3.2.3 运用IC封装模型编辑器

以一个IC（集成电路）的封装模型制作为例，引导读者运用IC Wizard（IC向导）。

（1）从封装模型编辑器主菜单Insert（插入）中激活IC Wizard（IC向导），如图3.14所示。

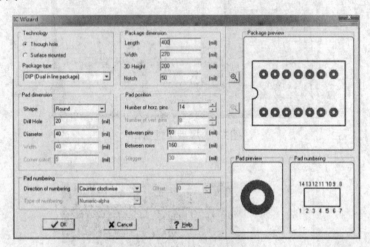

图3.14 IC封装模型编辑器

（2）IC Wizard的属性设置。

（a）在Technology（工艺）栏，可以选择IC封装模型为表面贴装式或插针穿孔式（简称针插式封装），在Package type（封装类型）中可以选择DIP（双列直插式）、PGA（针插式）、SPGA（开关门阵列）、SOP（小外壳封装）、LCC（无引线芯片式）、QFP（方形扁平封装）、BGA（球栅阵列）、SIP（单列直插）和EIP（齿状连线封装）等。

（b）在Package dimension（封装尺寸）栏，可以设置模型的尺寸（长、宽、高、刻凹口等）。

（c）在Pad dimension（焊盘尺寸）栏，可以定义封装模型焊盘和钻孔的形状和尺寸（长和宽）。如果装配方式是穿孔的，焊盘的形状可以选择成圆形、正方形或八角形。如果是表面贴装式，那么焊盘形状可以是圆形、矩形等。

（d）在Pad position（焊盘位置）栏，可以设置引脚的数目和它们之间的距离。

（e）在Pad numbering（焊盘编号）栏，设置焊盘逆时针（默认）或顺时针排列计数。

假设如图3.14所示设置相关项目，单击"OK"按钮确认，建立封装模型如图3.15所示。完成编辑后把它保存到库中即可。

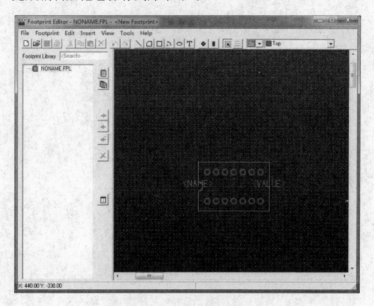

图3.15　14脚DIP封装模型

4 电工原理分析与测试

本章通过电工原理课程的一些实例分析，引导读者学习TINA的符号系统转换方法、电路构建、仪表分析方法等内容。

※ 例一　串联电路测试

1．实验目的

（1）学习串联电路的定律、特性，验证其规律；

（2）熟悉测量仪表的使用。

2．实验原理

（1）串联电路中各部分的电流相等，等于电路的总电流；

（2）串联电路中总电压等于各部分电压之和。

3．实验电路

实验电路如图4.1所示（实验电路有别于理论电路，这里需要确定其参考点"⏚"）。

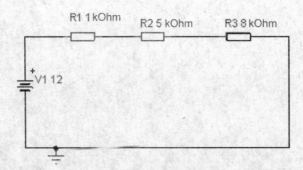

图4.1　串联电路的实验电路

4．实验电路的建立与仿真

（1）建立电路。在TINA的设计界面上，单击快捷工具栏中的"Basic"（基本器件）按钮，选择⎓放置电源V1，选择⎓放置电阻R1、R2、R3，可以双击电源和电阻，在弹出的对话框中修改其属性，连接电路如图4.2所示。

【注】前面的课程用的是"美制符号系统"，这里用"欧制符号系统"。其转换方法很简单，执行主菜单View（视图）下拉菜单中的Options...（选项）命令，在弹出的窗口中选择 ⦿ European (DIN)（欧制符号系统）即可。另外，TINA软件有中文版，这对读者学习及应用有利。

（2）添加实验仪表。单击快捷工具栏上的"Meters"（仪表）按钮，选择放置▭（万用表），仪表连接如图4.2所示。

（3）串联电路电压分析。单击 ⚙ 按钮进行仿真，实验结果如图4.2所示。

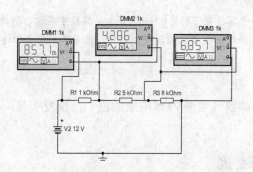

图4.2　串联电路的电压仿真结果

如图4.2所示电路的电源电压（12V）；

串联电路的总电压等于各部分电压之和，即

$$U_{总}=U_1+U_2+U_3$$

根据表中读数$U_{总}$＝0.857+4.286+6.857＝12.000＝12 V。

实验结果表明，串联电路的总电压等于各部分电路的电压之和，验证了电路理论。

（4）串联电路电流分析。

① 仿真仪表连接后电路如图4.3所示，仿真结果也示于图中。

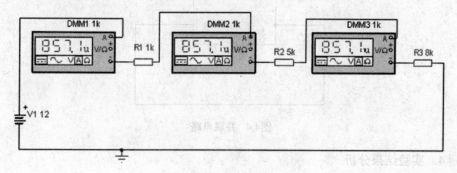

图4.3　串联电路的电流仿真结果

② 理论计算：

串联电路的总电阻　$R_{总}=R_1+R_2+R_3=14$ kΩ

总电压　$U_{总}=12$ V

电路的总电流　$I_{总}=\dfrac{U_{总}}{R_{总}}=0.857$ mA

从图4.3中仿真结论可以看出，串联电路的总电流$I_{总}$等于电路中各部分的电流，理论计算与实验结果相符。

【注】在TINA中，标号不区分下标（R1、R2等），其数字实质为序数，中文习惯用下标表示，公式中的R_1、R_2等是物理量，要注意区分。另外，注意观察仪表的连接端口及仿真分析图表中的单位。

5．思 考

任意调整电路中的参数（电源V1或电阻的值），反复实验，以验证串联电路原理。

※ 例二 并联电路测试

1．实验目的

（1）学习并联电路的定律、特性，验证其规律；

（2）进一步学习、掌握TINA的仪表应用；

（3）学习屏幕中电路的复制方法。

2．实验原理

并联电路的总电压等于各支路电压；并联电路的总电流等于各支路电流之和。

3．实验电路

实验电路如图4.4所示。

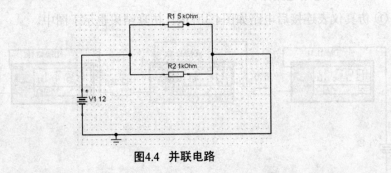

图4.4 并联电路

4．实验结果分析

（1）并联电路电流分析。

① 仪表连接如图4.5所示，运行仿真后结果示于图中。

U1表读数为并联电路的总电流

I=14.4 mA

U2表读数为R1支路电流（2.4 mA）、U3表读数为R2支路电流（12 mA）；

$I=I_1+I_2$=2.4+12=14.4 mA

② 理论计算：

R1支路电流 $I_1 = \dfrac{U}{R_1} = \dfrac{12}{5 \times 10^3} = 2.4$ mA

R2支路电流 $I_2 = \dfrac{U}{R_2} = \dfrac{12}{10^3} = 12$ mA

总电流 $I = I_1 + I_2 = 2.4 + 12 = 14.4$ mA

由此可见，并联电路的总电流等于各支路电流之和，理论计算与实验结果吻合。

（2）并联电路的电压分析。添加仪表后电路如图4.6所示，仿真结果也示于图中。

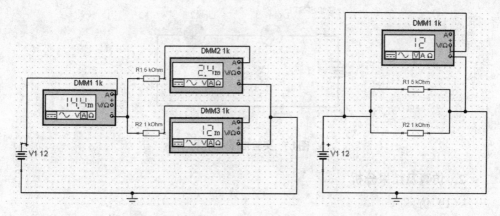

图4.5　仿真结果　　　　　　　　图4.6　并联电路的电压验证

并联电路的总电压等于各支路电压。

5. 电路复制方法

本例图中的栅格没有关闭，如果需要隐藏栅格，可以单击工具条中的::::按钮。
复制电路图的方法有两种：

（1）在TINA的电路图编辑窗口中框选，然后执行Edit/Copy（编辑/复制）命令，再将所选内容粘贴到Word文档中，本章"例一"采用了这种方法。

（2）在TINA的电路图编辑窗口中，按键盘上的"Print Screen"（打印屏幕）按键，然后将屏幕内容粘贴到Windows的"画图"板中，再选取相应内容复制，粘贴到Word文档中，本例应用了这种方法。

6. 思　考

任意改变电路参数（电压值和电阻值、添加支路等），反复实验、验证并联电路理论。

※ 例三　应用性研究

课题： 将一个标称为3 V 1 W的灯泡与另一个3 V 2 W的灯泡串联后经过开关接到3 V电源上，哪个灯泡获得的实际功率大？若将电源换成6 V时会出现什么问题？为什么？

1．建立电路

依题意建立电路如图4.7所示。

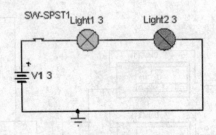

图4.7　实验电路及结果

2．仿真及结果分析

（1）仿真

在TINA的工作界面中，建立电路后，把鼠标指向开关，当显示向上的箭头时，单击鼠标左键，即可闭和开关，会看到如图4.7所示的现象（Light 1较亮，Light 2较暗，TINA环境是彩色的）。

（2）结果分析

为什么会出现图4.7中的现象呢？下面用课本中的相关知识来分析。

由公式 $P = \dfrac{U^2}{R}$ 推出 $R = \dfrac{U^2}{P}$，

将数据带入计算得

灯泡X1的电阻　$R_1 = \dfrac{3^2}{1} = 9\ \Omega$

灯泡X2的电阻　$R_2 = \dfrac{3^2}{2} = 4.5\ \Omega$

那么串联电路的总电阻　$R = R_1 + R_2 = 13.5\ \Omega$

电路中的电流为　$I = \dfrac{U}{R} = \dfrac{3\ \text{V}}{13.5\ \Omega} \approx 0.22\ \text{A}$

在串联电路中，通过灯泡X1和X2的电流相等，这时X1和X2获得的实际电功率用公式 $P = I^2 R$ 进行计算，则

$$P_1=0.22^2\times9\approx0.44\text{ W}$$

$$P_2=0.22^2\times4.5\approx0.22\text{ W}$$

由以上计算可知，串联电路中3 V 1 W的灯泡比3 V 2 W的灯泡获得的实际功率大，因此较亮。也就是说，在串联电路中，灯泡额定功率较小，其电阻较大，在电路中获得的实际功率也较大。

3．发　挥

当电源换成6 V时，仿真结果如图4.8所示。

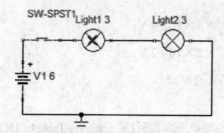

图4.8　电压为6 V时，Light 1损坏，Light 2不亮

从图中可以看出，Light 1损坏，因为这时电路中的电流：

$$I=\frac{U}{R}=\frac{6\text{ V}}{13.5\text{ }\Omega}\approx0.44\text{ A}$$

那么　$P_1=0.44^2\times9\approx1.74\text{ W}$

由计算结果可知，Light 1获得的实际功率已经远远超过其额定值，灯丝已经被烧断。

4．思　考

任意改变电路结构、电路参数，反复实验，验证串、并联以及串并联电路的实际工作情况，认真分析其机理。

※ 例四　串联电路命令分析方法

1．实验目的

（1）掌握串联电路原理，验证欧姆定律。

（2）学习TINA的命令分析方法。

2．实验原理

欧姆定律　$I=\dfrac{U}{R}$

3．实验电路

电路如图4.9所示。

【注】图中的标号是在TINA电路图编辑界面中，单击 **T**，然后输入注释文本。

4. 理论分析

图4.9所示电路中，由欧姆定律得

$$U=(R_1+R_2)I$$

即 $I = \dfrac{6}{(2+4)\times 10^3} = 1 \text{ mA}$，

$U_1=IR_1=1\times 10^{-3}\times 4\times 10^3=4 \text{ V}$；

$U_2=IR_2=1\times 10^{-3}\times 2\times 10^3=2 \text{ V}$；

$U_a=6 \text{ V}$，$U_b=6-4=2 \text{ V}$。

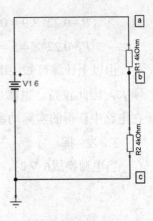

图4.9 实验电路

5. 仿真分析

在Analysis（分析）菜单下，执行DC analysis/Table of DC result（直流结果表）命令，弹出对话框中就会显示各节点的电压及流过电阻的电流，如图4.10所示。

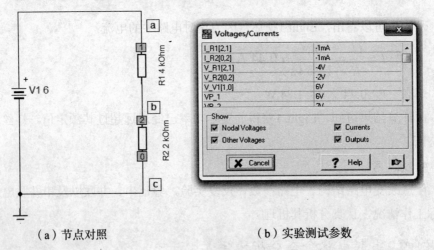

（a）节点对照　　　　　　　（b）实验测试参数

图4.10 仿真结果

结论：实验数据与理论计算结果相符合。

【注】如图4.10（a）所示的节点名 ▦ 等依据绘图连线的顺序自动产生，不需要人为干预。图4.10（b）的所有数据均以该标号为准，用户的标准仅供人工分析或读图之用。

思考：试修改电路参数，用TINA验证欧姆定律，体会TINA仿真的特点。

※ 例五　混联电路测试

1. 实验目的

（1）学习串、并联混合电路的分析方法；

（2）进一步了解TINA的功能，熟悉其操作。

2. 实验原理

（1）串联电路中各部分的电流相等，串联电路中总电压等于各部分电压之和；

（2）并联电路的总电压等于各支路电压，并联电路的总电流等于各支路电流之和。

3. 实验电路

实验电路如图4.11所示。

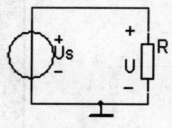

图4.11　原理图

4. 理论分析

图4.11所示电路，利用线性电路的比例性来求解，故先设I_5（通过R5的电流，其他类推）的数值，然后用向前推算法。

令$I_5=1$A，则$U_c=12$ V

那么　$I_4 = \dfrac{U_c}{R_4} = \dfrac{12}{4} = 3$ A

$I_3=I_4+I_5=4$ A

故　　$U_b=I_3R_3=4×6=24$ V

这样　$U_b=24+12=36$ V

$$\Rightarrow I_2 = \dfrac{U_b}{R_2} = \dfrac{36}{18} = 2 \text{ A}$$

$I_1=I_2+I_3=6$ A

计算　$U_{ab}=I_1R_1=6×5=30$ V

∴　　$U_总=U_{ab}+U_b=30+36=66$ V

这显然与已知VS1的值不同（165 V），是计算出的供电电压值比值的2.5（倍），因此由电路的比例性可知，若电源电压为66 V的2.5倍，则电路中的电

流、电压也都相应地增大2.5倍，那么

$$I_1=15\,A、I_2=5\,A、I_3=10\,A、I_4=7.5\,A、I_5=2.5\,A$$

$$U_{ab}=75\,A、U_b=90\,A、U_{bc}=60\,A、U_c=30\,A$$

5. 仿真分析

执行Analysis菜单下的"DC analysis/Table of DC result"命令，弹出对话框中会显示各电阻对应的电压及经过的电流大小，各节点间的电压也会在对话框中显示，与理论值一致，如图4.12所示。

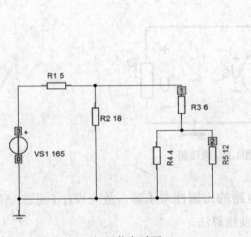
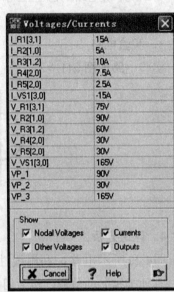

（a）节点对照　　　　　　　　（b）实验测试参数

图4.12　仿真结果

※ 例六　电路功率的测量方法

1. 实验目的

（1）学习电功率的基本原理。

（2）学习TINA功率计的使用方法。

2. 基本原理

电功率是一个重要的参数，主要指电源提供的功率和电路消耗的功率两大类。

（1）电源提供的最大功率，指电压提供的最大电流与其能输出的最大电流的积（原理图如图4.11所示）

$$P_s=U_sI_s$$

（2）电路消耗的功率是指通过用电器的电流与在用电器上产生的电压降的积

$$P=IU$$

（3）一般情况下认为电源提供的功率等于用电器消耗的功率。

另外，用电器上消耗的功率通过其等效电阻来换算测量。

$$P=I^2R$$

$$P=\frac{U^2}{R}$$

3．实验电路

实验电路如图4.13所示。

（1）理论分析。电路中电源电压为12 V，负载等效电阻为10 Ω，那么电路消耗的功率为

$$P=\frac{U^2}{R}=\frac{12^2}{10}=14.4\ \text{W}$$

（2）接如图4.14所示连接仪表，运行仿真，测试结果示于图中（圈内）。

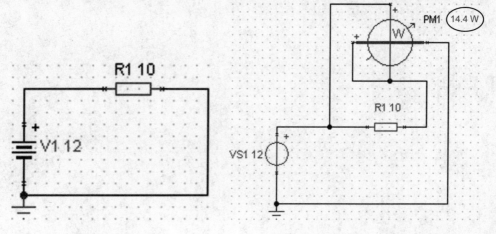

图4.13　实验电路　　　　图4.14　功率计的连接及实验结果

5

电路分析与实验

5.1 仿真分析实例

※ 例一 线性网络的均匀性原理研究

1．实验目的

（1）理解线性网络的均匀性原理。

（2）了解和掌握TINA的测量设备。

2．基本原理

在含有一个独立源的线性网络中，每一个电流和电压响应与该独立源的数值成线性关系。

3．实验电路

实验电路如图5.1所示。

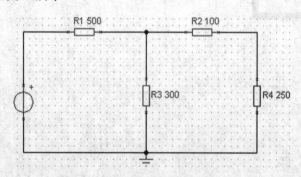

图5.1 均匀性研究实验电路

4．添加仪表及仿真

添加仪表后的实验电路如图5.2所示，V1为可调电源，取不同值时电路的仿真结果如图5.2、图5.3所示。

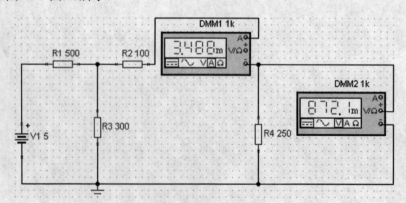

图5.2 V1为5 V时的仿真结果

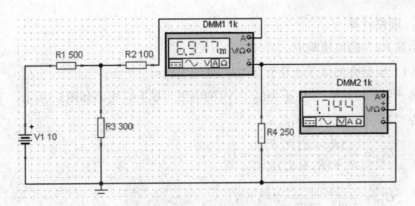

图5.3　V1为10 V时的仿真结果

5．结论分析

从图5.2、图5.3中可以看出，支路上的电压与电源电压成线性关系，其电流也与电源电压成线性关系。

※ 例二　线性网络的叠加性原理研究

1．实验目的

理解和掌握线性网络的叠加原理。

2．基本原理

在含有多个独立源的线性网络中，任意一支路上的电流或电压响应可以看成是每一个独立源单独激励所产生响应的代数和。

3．实验电路

实验电路如图5.4所示。

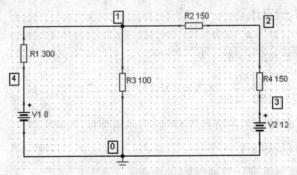

图5.4　叠加性实验电路

（1）要求测试节点"2"处的电压；

（2）要求测试通过R3的电流。

4. 理论计算

计算"2"的电压响应：

（1）根据叠加原理计算节点"2"处的电压：

第一步，短路V2（电压为 U_2 、V1的电压为 U_1），电路如图5.5所示。下面先算节点"1"的电压值" U_{11} "：

$$U_{11} = \frac{(R_2 + R_4) /\!/ R_3}{R_1 + (R_2 + R_4) /\!/ R_3} \times U_1$$

$$U_{11} = \frac{\frac{300 \times 100}{300 + 100}}{300 + \frac{300 \times 100}{300 + 100}} \times 8 = 1.6 \text{ V}$$

【注】图中R1、R2等是元器件标号，公式中的 R_1、R_2 等是物理量，要区分。

再算节点"2"的电压

$$U_{21} = \frac{R_4}{R_2 + R_4} \times U_{11} = 0.8 \text{ V}$$

第二步，短路掉V1，电路如图5.6所示。

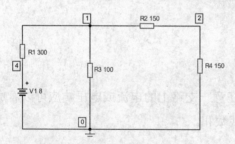

图5.5 仅V1独立源作用

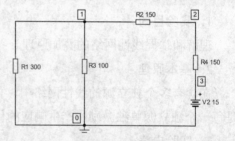

图5.6 仅V2独立源作用

计算"2"点的电压 U_{22}

$$U_{22} = \frac{(R_1 /\!/ R_3) + R_2}{(R_1 /\!/ R_3) + R_2 + R_4} \times U_2$$

$$U_{22} = \frac{75 + 150}{75 + 150 + 150} \times 15 = 9 \text{ V}$$

第三步，两个独立源在节点"2"处的作用叠加" U "。

$$U = U_{21} + U_{22} = 9.8 \text{ V}$$

（2）根据叠加原理计算通过R3的电流：

前面已经算出V1独立源作用时节点"1"处的电压 U_{11} =1.6 V，那么，通过R3的电流为" I_{11} "：

$$I_{11} = \frac{U_{11}}{R_3} = \frac{1.6}{100} = 16 \text{ mA}$$

独立源V2作用时，节点"1"的电压为"U_{12}"：

$$U_{12} = \frac{R_1 /\!/ R_3}{(R_1 /\!/ R_3) + R_2 + R_4} \times U_2$$

$$U_{12} = \frac{75}{75 + 150 + 150} \times 15 = 3 \text{ V}$$

独立源V2作用时，通过R3的电流为"I_{12}"：

$$I_{12} = \frac{U_{12}}{R_3} = \frac{3}{100} = 30 \text{ mA}$$

两个独立源共同作用（叠加）时，通过R3的电流"I"：

$$I = I_{11} + I_{12} = 46 \text{ mA}$$

5. 实验及仿真

（1）测试节点"2"处的电压：

①按叠加性原理，首先短路掉V2，在节点"2"处接电压表U1，如图5.7所示，独立源V1作用的仿真结果也示于图中。同理，可仿真独立源V2作用的响应值，如图5.8所示。

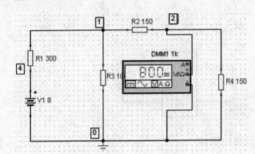 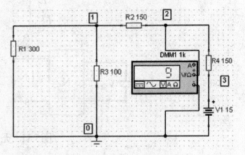

图5.7 独立源V1作用时的响应值　　图5.8 独立源V2作用时的响应值

按叠加性原理叠加（代数和），节点"2"的电压响应值：

$$U = 0.8 + 9 = 9.8 \text{ V}$$

②下面直接测量节点"2"处的电压响应，如图5.9所示，仿真结果示于图中，仿真结果直接读出。

（2）通过R3的电流直接测量就可以了。添加仪表后电路如图5.10所示，其仿真结果也示于图中。

（3）结论分析。从图5.9、图5.10中可以看出，其仿真结果与理论计算结果相符。

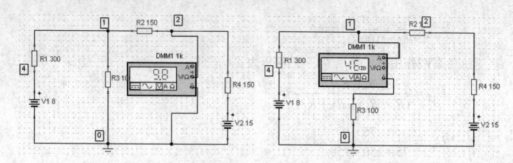

图5.9 节点2的叠加电压响应值   图5.10 测量通过R3的电流

【注】图中节点标号是放置的说明文本。单击工具条中的 **T** 按钮，就可以输入、放置。

※ 例三 线性网络的互易性研究

1. 实验目的

研究线性双口网络的互易性。

2. 基本原理

在如图5.11所示的无源线性双口网络中，无论从哪一个端口激励，另一个端口的电流响应与电压激励的比值是一样的，即：

$$\left.\frac{I_2}{U_{s1}}\right|_{U_{s2}=0}=\left.\frac{I_1}{U_{s2}}\right|_{U_{s1}=0}$$

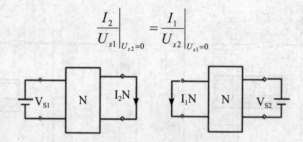

图5.11 无源双口网络

3. 实验分析

（1）如图5.12所示的双口网络，以左端为电压（V1，电压12 V）激励端，那么右端输出的电流为5.714 mA。

$$\left.\frac{I_1}{U_{s2}}\right|_{V_{s1}=0}=\frac{5.714}{12}=0.476$$

（2）如图5.13所示的双口网络，以右端为电压（V1，电压12 V）激励端，那么左端输出的电流为5.714 mA。

实验结果与（1）相同。

（3）如图5.14所示的双口网络，以右端为电压（V1，电压24 V）激励端，那么左端输出的电流为11 mA。

$$\left.\frac{I_1}{U_{s2}}\right|_{U_{s1}=0} = \frac{11.43}{24} = 0.476$$

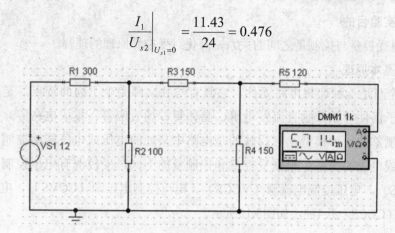

图5.12 左端电压激励的双口网络

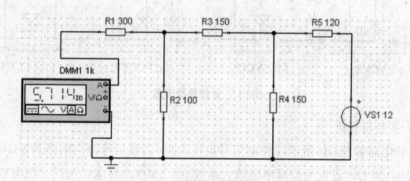

图5.13 右端电压激励的双口网络

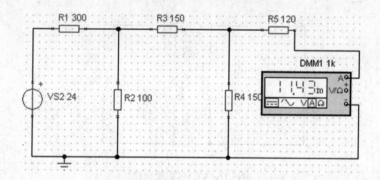

图5.14 激励电压改变后的双口网络

（4）结论分析。由以上结果分析，输出电流与激励电压的比例关系满足端口的互易性原理。

※ 例四 受控源研究

1. 实验目的

测量受控量与控制量之间的关系，深化对受控源原理的理解。

2. 基本原理

受控源是一种理想电路元件，它具有与独立源完全不同的特点，是用来表示在电子器件（如激励直流发电机、晶体管、场效应管、集成电路等）中发生的物理现象的一种模型，它反映的是电路中某处的电压或电流能够控制另一处的电压或电流的关系。根据受控量和控制量的不同，受控源有电压控制电压源（VCVS）、电压控制电流源（VCCS）、电流控制电压源（CCVS）、电流控制电流源（CCCS）共4种，如图5.15所示。

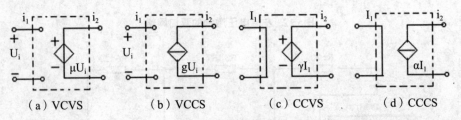

（a）VCVS （b）VCCS （c）CCVS （d）CCCS

图5.15 受控源原理图

3. 实验与分析

实验电路如图5.16所示，控制信号电压为3 V，设信号源内阻Rs为2 Ω，负载电阻 $R_L = 100$ Ω，设置受控源电压放大系数 $\mu = 2$ V/V，试求 U_o 与 U_s（图中VS）的关系，并求受控源的功率。

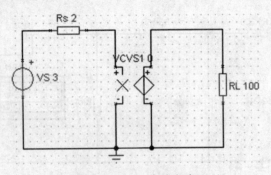

图5.16 VCVS实验电路

（1）首先理论计算：对含 U_s 的回路运用KVL，可得

$$U_s - R_s i - U_2 = 0 \qquad ①$$

因 U_2 为开路（据原理图），则 $i=0$，故

$U_s = U_2$　　　　　　②

对 R_L 的回路运用KVL，此时把受控源看作是端电压为 μU_2 的独立电压源，那么

$\mu U_2 - U_0 = 0$　　　　　③

由②③得 $U_0 = \mu U_S$　　　④

由④式可知，U_0 与 U_S 呈线性关系

　　$U_0 = 2 \times 3 = 6$ V

考虑电流方向，由公式 $p(t) = -u(t)i(t)$

得 $p = -U_0 i_L = -\mu U_2 (\mu U_2 / R_L) = -(\mu U_2)^2 / R_L$

那么 $p = -(2 \times 3)^2 / 100 = -0.36$ W

（2）下面用TINA对其进行仿真，仿真结果如图5.17所示，**Voltage Amplification**（电压放大系数）设置为2：

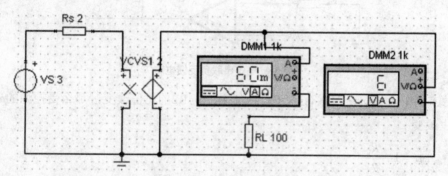

图5.17　VCVS的仿真结果

从图中可以读出输出电压 $U_0 = 6$ V

　　$i_L = -0.06$ A

　　$p = U_0 i_L = -6 \times 0.06 = -0.36$ W

（3）结论分析。通过理论计算与实验数据的比较，读者可以更加确信计算结果的正确性。

※ 例五　受控源电路分析

1. 实验目的

研究受控量和控制量之间的变化关系（受控源特性）。

2. 实验原理

原理参看例四，参看图5.16。

（1）电压控制电压源（VCVS）

其关系式为：

$$\begin{bmatrix} i_1 \\ U_o \end{bmatrix} = \begin{bmatrix} 0 & 0 \\ \mu & 0 \end{bmatrix} \begin{bmatrix} U_i \\ i_2 \end{bmatrix}$$

其中 $i_1=0$ 时，$U_0=\mu U_i$。

如图5.18所示的电压串联负反馈电路是VCVS的典型范例，图中 $i_1 \approx 0$，可以清楚地表明其对应关系：

$$U_o = (1 + \frac{R_1}{R_2})U_i$$

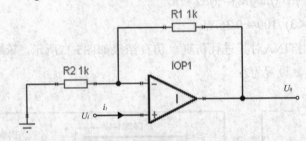

图5.18　电压串联负反馈电路

本例中，当 $U_i=3$ V就有 $U_0=6$ V，如果R1与R2的比值改变，那么受控源的 μ 就发生改变：

$$\mu = 1 + \frac{R_1}{R_2}$$

（2）电压控制电流源（VCCS）

其关系式为：

$$\begin{bmatrix} i_1 \\ i_2 \end{bmatrix} = \begin{bmatrix} 0 & 0 \\ g & 0 \end{bmatrix} \begin{bmatrix} U_i \\ U_o \end{bmatrix}$$

其中 $i_1=0$，故 $i_2=gU_i$。

也有其对应电路，如场效应管构建的电流串联负反馈电流电路。

（3）电流控制电压源（CCVS）

其关系式为：

$$\begin{bmatrix} U_i \\ U_o \end{bmatrix} = \begin{bmatrix} 0 & 0 \\ \gamma & 0 \end{bmatrix} \begin{bmatrix} i_1 \\ i_2 \end{bmatrix}$$

其中 $U_i=0$，故 $U_0=\gamma i_1$。

如图5.19所示的电压并联负反馈电路有CCVS的对应关系。理想状态的 $U_+=U_-$，事实上就是电流起作用，则：

$$U_o = -\frac{R_1}{R_2}U_i$$

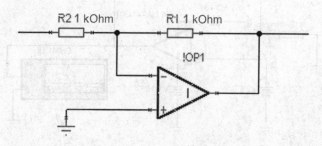

图5.19 电压并联负反馈电路

换言之，是电流转换为电压（反向放大器，可以作电流-电压变换器）。

（4）电流控制电流源（CCCS）

其关系式为：

$$\begin{bmatrix} U_i \\ i_2 \end{bmatrix} = \begin{bmatrix} 0 & 0 \\ \beta & 0 \end{bmatrix} \begin{bmatrix} i_1 \\ U_o \end{bmatrix}$$

其中$U_i=0$，故$i_2=\beta i_1$。

也有其对应电路，如由结型晶体三极管构成的电流并联负反馈电路。

本例只讨论线性受控源电路，其他还有BVSRC、BISRC等非线性受控源，暂不做讨论。

3．实验电路及分析

（1）VCVS测试电路如图5.20所示，其VCVS1的 Transresistance [Ohm]（电压放大系数）设定为3（$\mu=3$ V/V，鼠标双击之可设定），仿真结果如图所示，即控制电压为5 V时，输出电压U_0为15 V。

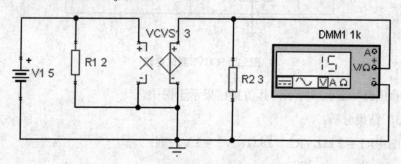

图5.20 VCVS测试电路

实验电路如图5.21所示，其仿真结果示于图中。

结果分析：

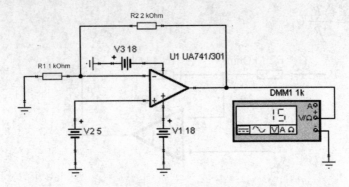

图5.21　VCVS实验电路

图中R1=2 kΩ，R2=1 kΩ，V1=5 V，则：

$$U_o = (1 + \frac{R1}{R2})U_i = (1 + \frac{2000}{1000}) \times 5$$

U_0=15 V

由此，理论计算与实际结果相符。

（2）CCVS测试电路如图5.22所示，其CCVS1的 Transresistance [Ohm]（互阻）设置为4，可以观察到仿真结果为4 V。

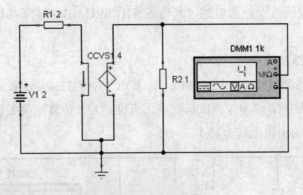

图5.22　CCVS测试电路

实验电路如图4.23所示，其仿真结果示于图中。

（3）结果分析：

上图中R1 = 2 kΩ，R2 = 1 kΩ，V2 = 2 V，则：

$$U_0 = -\frac{R_1}{R_2}U_i = -\frac{2000}{1000} \times 2$$

U_0=-4 V

由此，理论计算与实验结果是一致的。

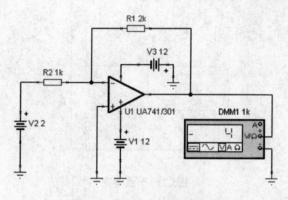

图5.23 电压并联负反馈电路

4．思 考

（1）在"电路分析"课程学习中，有哪些理论可以用TINA验证？

（2）调用电压控制电流源（VCCS）、电流控制电压源（CCCS）测试。

（3）用场效应管构建电流串联负反馈电路，仿真分析、比较，验证VCCS原理。

（4）用晶体管构建电流并联负反馈电路，仿真分析、比较，验证CCCS原理。

※ 例六 简单电子电路分析

1．实验目的

（1）用TINA简化电路分析课程中的某些复杂计算。

（2）学习TINA的命令分析方法。

2．简单网络分析

用传统的教学方法解下面这个电路分析题，电路如图5.24所示，试编写节点方程并解出各支路变量。

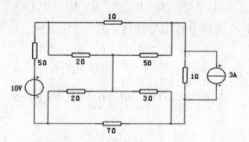

图5.24 简单网络实例

（1）理论分析。

① 如图5.25所示，选择节点n5为参考节点。其余节点分别标以n1、n2、n3、n4。其他节点电压分别为U_{n1}、U_{n2}、U_{n3}、U_{n4}。

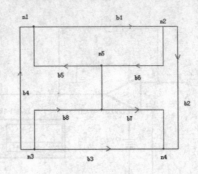

图5.25 节点设定

② 给各支路编号为b1、b2、b3、b4、b5、b6、b7、b8，并标明每一支路的参考方向如图5.25所示。用变量G_i表示第i支路的电导。

③ 建立关联矩阵A：

$$A = \begin{array}{c} \\ n1 \\ n2 \\ n3 \\ n4 \end{array} \begin{array}{cccccccc} b1 & b2 & b3 & b4 & b5 & b6 & b7 & b8 \\ \left[\begin{array}{cccccccc} 1 & 0 & 0 & -1 & -1 & 0 & 0 & 0 \\ -1 & 1 & 0 & 0 & 0 & 1 & 0 & 0 \\ 0 & 0 & 1 & 1 & 0 & 0 & 0 & 1 \\ 0 & -1 & -1 & 0 & 0 & 0 & -1 & 0 \end{array}\right]_{4 \times 8} \end{array}$$

④ 建立支路电导矩阵，由于电路具有8条支路，该矩阵为8×8阶，且为对角线矩阵。

$$G = \begin{array}{c} b1 \\ b2 \\ b3 \\ b4 \\ b5 \\ b6 \\ b7 \\ b8 \end{array} \left[\begin{array}{cccccccc} 1 & 0 & 0 & 0 & 0 & 0 & 0 & 0 \\ 0 & 1 & 0 & 0 & 0 & 0 & 0 & 0 \\ 0 & 0 & 1/7 & 0 & 0 & 0 & 0 & 0 \\ 0 & 0 & 0 & 1/5 & 0 & 0 & 0 & 0 \\ 0 & 0 & 0 & 0 & 1/2 & 0 & 0 & 0 \\ 0 & 0 & 0 & 0 & 0 & 1/5 & 0 & 0 \\ 0 & 0 & 0 & 0 & 0 & 0 & 1/3 & 0 \\ 0 & 0 & 0 & 0 & 0 & 0 & 0 & 1/2 \end{array}\right]_{8 \times 8}$$

⑤ 根据$G_n = AGA^T$，计算节点电导矩阵。

$$G = \left[\begin{array}{cccccccc} 1 & 0 & 0 & -1/5 & -1/2 & 0 & 0 & 0 \\ -1 & 1 & 0 & 0 & 0 & 1/5 & 0 & 0 \\ 0 & 0 & 1/7 & 1/5 & 0 & 0 & 0 & -1/3 \\ 0 & -1 & -1/7 & 0 & 0 & 0 & -1/3 & 0 \end{array}\right]_{4 \times 8}$$

$$X = \left[\begin{array}{cccc} 1 & -1 & 0 & 0 \\ 0 & 1 & 0 & -1 \\ 0 & 0 & 1 & -1 \\ -1 & 0 & 1 & 0 \\ -1 & 0 & 0 & 0 \\ 0 & 1 & 0 & 0 \\ 0 & 0 & 0 & -1 \\ 0 & 0 & 1 & 0 \end{array}\right]_{8 \times 4}$$

故得:

$$G_n=\begin{bmatrix} 17/10 & -1 & -1/5 & 0 \\ -1 & 11/5 & 0 & -1 \\ -1/5 & 0 & 59/70 & -1/7 \\ 0 & -1 & -1/7 & 31/21 \end{bmatrix}_{4\times 4}$$

⑥ 确定独立电压源向量和独立电流源向量（电压，电流的符号均由图5.25决定）。

$$U_s=\begin{bmatrix} 0 & 0 & 0 & -10 & 0 & 0 & 0 & 0 \end{bmatrix}^T$$

$$I_s=\begin{bmatrix} 0 & -3 & 0 & 0 & 0 & 0 & 0 & 0 \end{bmatrix}^T$$

⑦ 根据$I_n=AGU_s-AI_s$确定节点电流源向量。

$$AGU_s=\begin{bmatrix} 1 & 0 & 0 & -1/5 & -1/2 & 0 & 0 & 0 \\ -1 & 1 & 0 & 0 & 0 & 1/5 & 0 & 0 \\ 0 & 0 & 1/7 & 1/5 & 0 & 0 & 0 & 1/2 \\ 0 & -1 & -1/7 & 0 & 0 & 0 & -1/3 & 0 \end{bmatrix}_{4\times 8} \times \begin{bmatrix} 0 \\ 0 \\ -10 \\ 0 \\ 0 \\ 0 \end{bmatrix}_{8\times 1}$$

计算得:

$$AGU_s=\begin{bmatrix} 2 \\ 0 \\ -2 \\ 0 \end{bmatrix}_{4\times 1} \quad , \quad -AGU_s=\begin{bmatrix} 0 \\ 3 \\ 0 \\ -3 \end{bmatrix}_{4\times 1}$$

故得:

$$I_n=AGU_s-AI_s=\begin{bmatrix} 2 \\ 3 \\ -2 \\ 3 \end{bmatrix}_{4\times 1}$$

⑧ 得节点方程$G_nU_n=I_n$:

$$\begin{bmatrix} 17/10 & -1 & -1/5 & 0 \\ -1 & 11/5 & 0 & -1 \\ -1/5 & 0 & 59/70 & -1/7 \\ 0 & -1 & -1/7 & 31/21 \end{bmatrix}_{4\times 4} \times \begin{bmatrix} U_{n1} \\ U_{n2} \\ U_{n3} \\ U_{n4} \end{bmatrix} = \begin{bmatrix} 2 \\ 3 \\ -2 \\ -3 \end{bmatrix}_{4\times 1}$$

⑨ 通过逆矩阵G_n^{-1}来求解节点电压:

$$\begin{bmatrix} U_{n1} \\ U_{n2} \\ U_{n3} \\ U_{n4} \end{bmatrix} = \begin{bmatrix} 17/10 & -1 & -1/5 & 0 \\ -1 & 11/5 & 0 & -1 \\ -1/5 & 0 & 59/70 & -1/7 \\ 0 & -1 & -1/7 & 31/21 \end{bmatrix}_{4\times 4}^{-1} \times \begin{bmatrix} 2 \\ 3 \\ -2 \\ -3 \end{bmatrix}_{4\times 1}$$

$$= \begin{bmatrix} 1.043 & 0.706 & 0.334 & 0.511 \\ 0.706 & 1.14 & 0.303 & 0.802 \\ 0.334 & 0.303 & 1.322 & 0.334 \\ 0.511 & 0.802 & 0.334 & 1.253 \end{bmatrix}_{4 \times 4} \times \begin{bmatrix} 2 \\ 3 \\ -2 \\ -3 \end{bmatrix}_{4 \times 1}$$

解得：

$$U_{n1} = 2.004 \text{ V} \quad U_{n2} = 1.821 \text{ V}$$

$$U_{n3} = -2.067 \text{ V} \quad U_{n4} = -0.999 \text{ V}$$

（2）用TINA来仿真分析。

① 电路连接如图5.26所示。

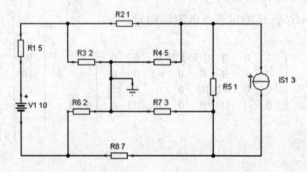

图5.26　TINA 的仿真模型

② 执行Analyses（分析）拉菜单中的DC Analyses/Table of DC Results（直流结果表）命令。TINA会自动生成各节点，如图5.27所示。分析结果如图5.28所示，其中显示了各节点的电压，节点间的电压和节点间的电流。

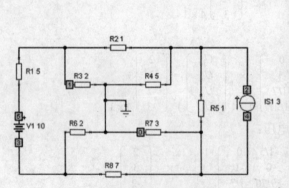

图5.27　自动生成节点后的电路

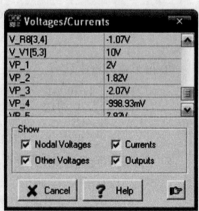

图5.28　TINA的仿真结果

（3）实验数据及结论：

从图5.28中读得仿真数据VP_1=U_{n1}=2 V，VP_2=U_{n2}=1.82 V，VP_3=U_{n3}= -2.07 V，VP_4=U_{n4}=-998.93 mV；而理论计算结果为U_{n1}=2.004 V，U_{n2}=1.821 V，U_{n3}=2.067 V，U_{n4}=-0.999 V。由此可以看出，计算结果与实验结果相符。

【注】节点名依据绘图连线的顺序自动产生，不需要人为干预，本例节点号与理论计算时定义的节点号顺序相同纯属巧合，但也是作者的作图、分析问题的习惯所致。

3．思考

（1）在"电路分析"课程学习中，还有哪些理论可以用TINA验证？

（2）试选几个串并联电路，用以上两种方法进行分析比较。

※ 例七　戴维南及诺顿等效电路

1．实验目的

学习和巩固戴维南及诺顿定理。

用TINA验证戴维南及诺顿等效电路理论。

2．实验要求

（1）认真复习有关戴维南及诺顿等效电路的内容；

（2）在如图5.29所示电路中，已知I_s=0.1 mA。求单口网络a b的戴维南及诺顿等效电路。

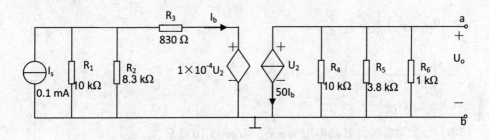

图5.29　戴维南及诺顿等效电路分析实验电路图

3．电路基本原理

（1）戴维南定理：任何一个线性含源二端网络N，如图5.30（a）所示，就其端口a、b而言，可以用一个电压源与一个电阻相串联的支路来代替，如图5.30（b）所示，电压源的电压等于该网络N端口a、b处的开路电压V_{oc}，其串联电阻R_0等于该网络N中所有独立源为0值时所得网络端口a、b处的等效电阻。

（2）诺顿定理：任何一个线性含源二端网络N，如图5.30（a）所示，就其端口a、b而言，可以用一个电流源与一个电阻相并联的支路来代替，如图5.30（c）所示，电流源的电流等于该网络N端口a、b处的短路电流I_{sc}，其并联电阻R_0等于该网络N中所有独立源为0值时所得网络端口a、b处的等效电阻。

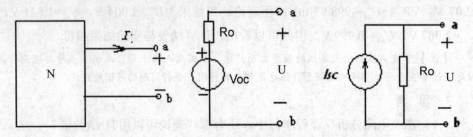

（a）线性含源二端网络N　（b）电压源与电阻相串联支路　（c）电流源与电阻相并联支路

图5.30　含源二端网络及等效电路

4．电路的理论计算

根据电路理论求电路的戴维南等效电路可分为两步，即先求开路电压U_{oc}，再求等效电阻。求诺顿等效电路也分两步，即先求短路电流，再求等效电阻。

（1）先求开路电压

当ab两端开路时$U_{oc}=U_{ab}$，用节点分析法列出节点方程，并取b为参考点，节点名称如5.29实验图所示，则$U_2=U_{oc}$，节点方程为：

$$\left(\frac{1}{R_1}+\frac{1}{R_2}+\frac{1}{R_3}\right)u_1-\frac{1}{R_3}u_3=I_s \qquad ①$$

$$\left(u_1-u_3\right)\frac{1}{R_3}=I_b \qquad ②$$

$$\left(\frac{1}{R_4}+\frac{1}{R_5}+\frac{1}{R_6}\right)U_2=-50I_b \qquad ③$$

$$u_3=10^{-4}U_2 \qquad ④$$

将①②③④联解得开路电压为：$U_{oc}=U_2=-3.1037\ \text{V}$

（2）再求等效电阻R_o

采用外加电压法，如图5.31所示。

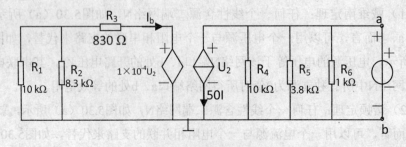

图5.31　求等效电阻R_o

此时$U=U_2$，求解得到：

$$I_b = -\frac{10^{-4}U}{(10//8.3+0.83)\times10^3} \qquad ⑤$$

又：$I = 50I_b + \left(\dfrac{1}{10}+\dfrac{1}{3.8}+1\right)\times10^{-3}U \qquad ⑥$

那么，等效电阻：

$$R_o = \frac{U}{I} = \frac{1}{\dfrac{50\times10^{-4}}{\left(\dfrac{83}{18.3}+0.38\right)\times10^3}+1.263\times10^{-3}} = 732\ \Omega$$

（3）求短路电流

为求诺顿等效电路，还需求短路电流，如图5.32所示，由电路可知，短路电流：

$$I = -50I_b = -50\times\frac{10//8.3}{10//8.3+0.38}I_S = -4.23\ \text{mA}$$

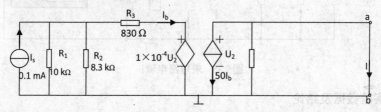

图5.32　求短路电流

5．用TINA来实验分析

（1）测开路电压U_{oc}

连接如图5.33所示，运行仿真，即可测到U_{oc}。

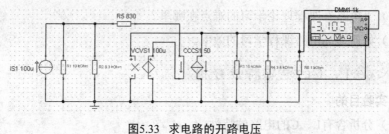

图5.33　求电路的开路电压

（2）测量戴维南等效电阻R_o

根据等效电阻的定义，将电路中所有的独立源置0，即电流源开路，电压源短路，得到无源单口网络，在单口网络的端口处接一个万用表，如图5.34所示，运行仿真，测得等效电阻值。

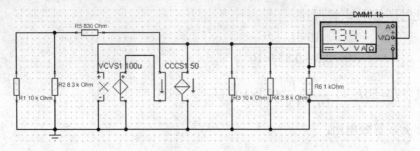

图5.34 求等效电阻

（3）测短路电流

连接如图5.35所示，运行仿真即可测到短路电流。

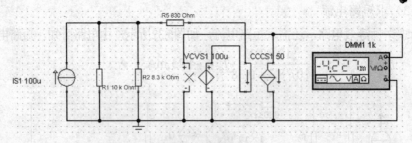

图5.35 求短路电流I

6. 实验数据及结论

由实验测得U_{oc}=-3.103 V、R_o=734.1 Ω、I= −4.227 mA，由此可以看出，理论分析结果与TINA的实验结果相吻合。

7. 思 考

（1）在"电路"课程学习中，有哪些理论可以用TINA验证？

（2）"电路"课程理论学习的难点在哪里？

（3）如何提高电路课程学习的效率。

※ 例八 含L、C的电路特性分析

1. 实验目的

（1）分析含有L、C的电路的特性；

（2）学习一阶电路、二阶电路的暂态响应。

2. 基本原理

R（电阻）、L（电感）和C（电容）这3个器件都是二端器件，其电特性：

$$R: i = \frac{\upsilon}{R} （没有能量聚集）$$

C：$i_c = C \dfrac{du_c}{dt}$（与能量有关）

L：$i_L = L \dfrac{di_L}{dt}$（与能量有关）

L、C是储能元件，在电路中有充（能量聚集）、放（能量释放）电现象。

L、C的能量不能突变。也就是说，能量的聚集或耗散是需要时间的。

通常称包含L、C的电路为动态电路。描述动态电路的方程用微分方程，电路的阶数决定微分方程的阶数。

含有一个储能元件和电阻的电路称为一阶电路，有RC、RL电路两种。一阶电路的暂态特性公式为：

$$f(t) = f(\infty) + [f(0_+) - f(\infty)]e^{-t/\tau}$$

式中$f(t)$为电压或电流信号，$f(\infty)$为电压或电流的稳态值，$f(0_+)$为初始值，τ为时间常数（$\tau = RC$或$\tau = L/R$）。

（1）一阶电路通常有图5.36所示形式，即RC、RL形式，如图5.36（a）、（b）所示，在电路的输入端口加上方波信号v_i，其暂态响应曲线如图5.36（c）、（d）所示。

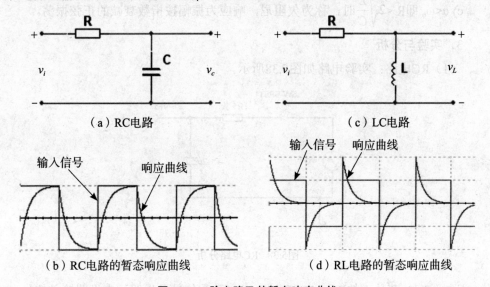

（a）RC电路   （c）LC电路

（b）RC电路的暂态响应曲线 （d）RL电路的暂态响应曲线

图5.36 一阶电路及其暂态响应曲线

（2）二阶电路的组合形式较多，下面以一个RLC串联电路为例分析其电特性，电路如图5.37所示。其对阶跃信号响应的微分方程为：

$$LC \dfrac{d^2 v_c}{dt^2} + RC \dfrac{dv_c}{dt} + v_c = \varepsilon(t)$$

其特征方程为 $LC_s{}^2 + RC_s + 1 = 0$

方程的根为 $s = \dfrac{R}{2L} \pm \sqrt{\left(\dfrac{R}{2L}\right)^2 - \dfrac{1}{LC}} = -\alpha \pm \sqrt{\alpha^2 - \omega_0{}^2}$

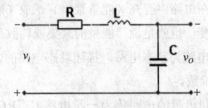

图5.37 RLC串联电路

其中α为衰减系数，ω_0为自然谐振频率。

a) $\alpha > \omega_0$ 即 $R > 2\sqrt{\dfrac{L}{C}}$ 时，称为过阻尼，响应为非振荡型；

b) $\alpha = \omega_0$ 即 $R = 2\sqrt{\dfrac{L}{C}}$ 时，称为临界阻尼，响应为临界振荡型；

c) $\alpha < \omega_0$ 即 $R < 2\sqrt{\dfrac{L}{C}}$ 时，称为欠阻尼，响应为振幅按指数衰减的正弦振荡。

3．实验与分析

（1）RC电路：实验电路如图5.38所示。

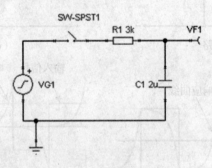

图5.38 RC电路分析

选择 I&M 菜单下的Function Generator（函数信号发生器）来设置输入信号。设置输入信号V1幅度为5 V，频率为10 Hz，如图5.39所示。

【注】图中的 ─(（电压指针）从 Meters （仪表）栏中调用的。

设置完成后，单击Start按钮。在Analysis 菜单下运行"Transient"命令，在弹出的参数设置窗口中设置时间参数后，单击"OK"按钮确认，在输出端口的响应曲线如图5.40（a）、（b）所示。

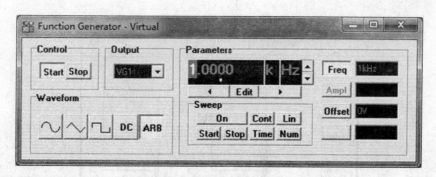

图5.39 函数发生器设置窗口

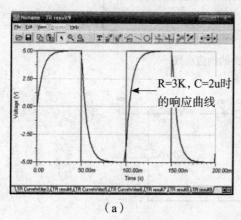

（a）

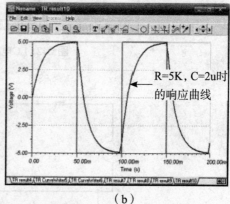

（b）

图5.40 RC电路的响应曲线

【注】如图5.40所示图表窗口内显示2~5个波形（即2~5个周期的信号波形）为宜，太少或太多都不便于分析，这决定于分析"起始时间"和"结束时间"的设定，这些时间设定要根据信号的频率（周期）来计算确定。

结果分析：

因 τ=RC，即上升时间（下降时间）τ 在电容值确定时，与电阻值成正比，于是，在电路图中，当电容值为2 μF不变，电阻值从3 kΩ改变为5 kΩ时，波形的上升时间和下降时间都增加了，如图5.40(b)所示。

（2）RL电路：实验电路如图5.41所示，当激励信号V1幅度为5 V，频率为10 Hz时，在输出端口的响应曲线如图5.42所示。

（3）RLC串联电路：实验电路如图5.43所示，当激励信号V1幅度为5 V，频率为50 Hz时方波，在输出端口的响应曲线如图5.44所示。

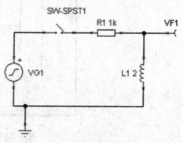

图5.41 LC实验电路

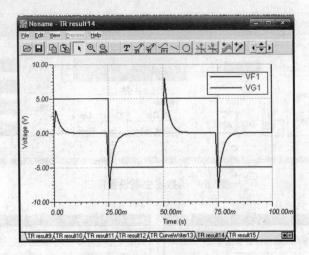

图5.42 LC电路的响应曲线

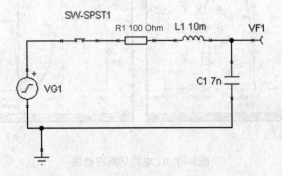

图5.43 RLC串联实验电路

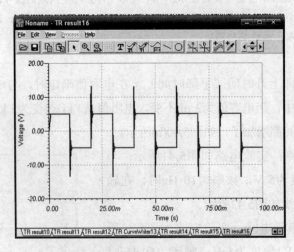

图5.44 RLC串联电路的输出响应曲线

结果分析：

R=100 Ω,

$$2\sqrt{\frac{L}{C}} = 2\sqrt{\frac{10 \times 10^{-3}}{7 \times 10^{-9}}} > 2 \text{ k}\Omega$$

显然R $< 2\sqrt{\dfrac{L}{C}}$，即$\alpha < \omega_0$，电路处于欠阻尼状态，响应曲线为振幅按指数衰减的正弦振荡。

5.2　电路分析实验

※ 实验一　求各支路的电流和各节点的电压

1. 实验电路

实验电路如图5.45所示。

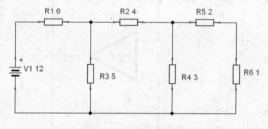

图5.45　实验电路1

2. 实验要求

（1）用电压表、电流表分别测量各支路电流和节点电压；

（2）用KVL、KCL定律计算各支路电压和电流，将计算结果与实验测试结果相比较；

（3）改变V1值为10 V，重复上述实验。

【注】电路中是没有确定参考点的，仿真时必须确定参考点。

※ 实验二　求电路中指定的I和U

1. 实验电路

实验电路如图5.46所示。

2. 实验要求

（1）调用电压表和电流表测量U和I；

（2）理论计算U和I的值，将理论值与实验值比较；

（3）将电路中的I1修改为10 A后，再重复上述实验。

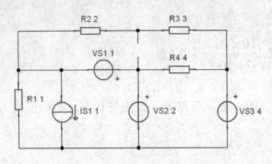

图5.46 实验电路2

※ 实验三 求输入输出的关系

1. 实验电路

实验电路如图5.47所示。

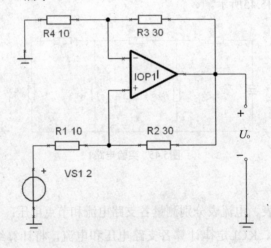

图5.47 实验电路3

2. 实验要求

（1）用电压表测试 U_o；

（2）设计一个表格，改变 U_i 的值，分别测试 U_o，记录于表格中；

（3）理论计算 U_o 与 U_i 的关系式，试比较分析。

3. 修改电路参数（如图5.48所示）

（1）在 U_i 端输入 1 mV、1 kHz 的交流信号，测试 U_o。

（2）保持幅度不变，改变 U_i 的频率，测试 U_o。自己设计表格，将数据填于表中。

（3）理论计算 U_o 与 U_i 的关系式，以分析实验数据。

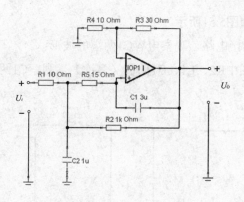

图5.48　实验电路4

※ 实验四　试测量电路中$U_c(t)$

1．实验电路

实验电路如图5.49所示。

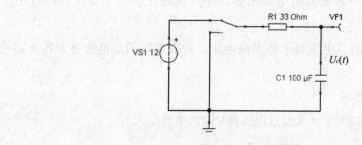

图5.49　实验电路5

2．实验要求

（1）观察电容的充放电过程，试分析电路。

（2）分别改变图中L1、C1的值（多次），观察C1两端的波形。

※ 实验五　观察电路的振荡波形

1．实验电路

实验电路如图5.50所示。

2．实验要求

（1）按图5.50连接电路，观察电容C1两端的波形；

（2）分别改变图中L1、C1的值（多次），观察C1两端的波形。

3．修改电路（如图5.51所示）

（1）按图5.51连接电路，观察电容C1两端的波形；

（2）分别改变图中R2、L1、C1的值（多次），观察C1两端的波形。

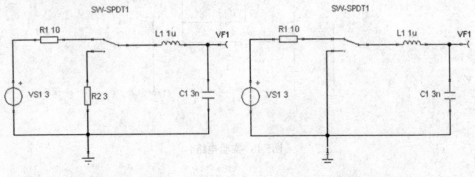

图5.50　实验电路6　　　　　图5.51　实验电路7

※ 实验六　混联电路测试

1．**基本原理**

（1）串联电路中各部分的电流相等，串联电路中总电压等于各部分电压之和；

（2）并联电路的总电压等于各支路电压，并联电路的总电流等于各支路电流之和。

2．**实验电路及要求**

实验电路如图5.52所示。求经过电压源VS2的电流I。

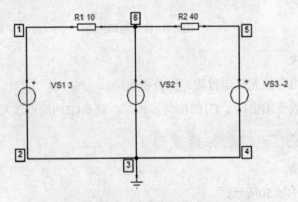

图5.52　混联电路

6 模拟电子技术基础与实验

本章主要介绍TINA在模拟电子技术基础中的应用，内容分为两部分：第一部分为基本电路仿真实例，意在通过分析典型电路，引导读者学习TINA的各种操作及电路分析方法；第二部分为模拟电子技术基础中的基本实验，读者可根据需要选择，运用TINA来完成电路的分析，以进一步掌握TINA的操作及模拟电子技术基础知识。

6.1 仿真实例

※ 例一 晶体管伏安特性分析

1. 实验目的

（1）学习晶体管的工作原理。

（2）学习TINA的电路命令分析方法。

2. 基本原理

晶体管是构成各种功能电路的基本元件，掌握其伏安特性是正确运用晶体管的前提条件。晶体管伏安特性一般用输入/输出特性曲线来表征，其主要描述的是晶体管极间电流与电压的关系。实验中一般采用逐点法测试晶体管输入、输出特性曲线。在电路理论课程中，三极管共射放大电路输入/输出特性曲线的测量原理图如图6.1所示，三极管输入/输出特性曲线如图6.2所示。二极管的伏安特性在下一个实例中详细介绍。

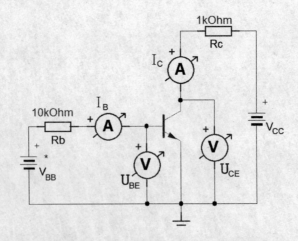

图6.1 逐点法测三极管共射输入/输出特性曲线原理电路

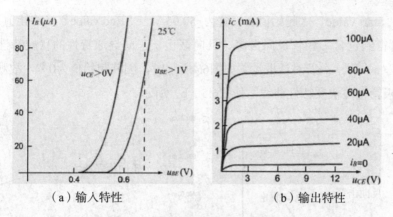

（a）输入特性　　　　　　　　　（b）输出特性

图6.2　三极管共射伏安特性曲线

3．实验分析

（1）二极管伏安特性分析

实验电路如图6.3所示。对二极管进行DC传输特性分析，以获取其伏安特性曲线。

① 建立电路。首先在元件库 "Semiconductors"（半导体)栏选择 ▶┤（Diode，二极管），在"Basic"（基本）栏选择 ⌇，构建电路如图6.3所示，然后在"Meters"（仪表）栏选择 ─▶─ (Current Arrow，电流箭头)放置于图中（已修改其标号为I_s）。

② 双击二极管图标，在弹出的对话框中选择合适二极管类型（在"Type"（类型）栏，本例选用常用硅二极管IN4001）。

③ 执行命令 "Analysis/DC Analysis/DC Transfer Characteristic..."（分析/直流分析/直流传输特性），弹出DC传输特性对话框如图6.4所示，设置恰当 "Start value"（起始值）、"End value"（终止值）及"Number of points"（采样数）后，单击"OK"按钮确定，即弹出波形视窗。

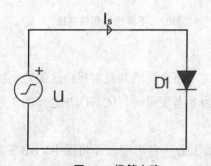

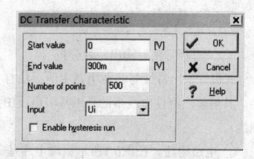

图6.3 二极管电路　　　　　　图6.4　DC传输特性设置

将"Start value"（起始值）设置为-50.05 V，"End value"（终止值）为900 mV，可得到包含二极管反向击穿、反向截止、正向导通特性的伏安特性曲线，如图6.5（a）所示；若对话框设置如图6.4所示时，因其起始值为0 V，故观察到的仅为二极管正向伏安特性曲线，如图6.5（b）所示。

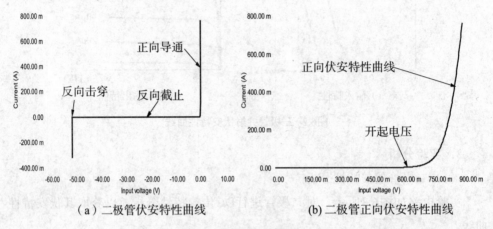

（a）二极管伏安特性曲线   （b）二极管正向伏安特性曲线

图6.5 二极管的伏安特性

④ 结论分析。从图 6.5（b）中可以看出，硅二极管IN4001的开启电压值约0.7 V，反向击穿电压值约-50 V，与课程理论相符。

【注】设置传输特性"Start value"（起始值）和"End value"（终止值）值时，范围应该与元件的某些特征值基本相吻合，否则不易观察到理想的特性曲线。例如本例若设置"Start value"（起始值）为-10 V，"End value"（终止值）值为10 V，所得特性曲线如图6.6所示。此曲线虽涵盖了二极管"反向截止"与"正向导通"特性，但不能观察反向击穿特性，也不能较理想的分析其正向导通特性。因此在分析过程中应该反复调整这两项值，以获取较为理想的曲线进行分析。

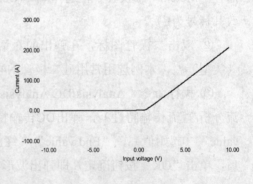

图6.6 不理想的特性曲线

（2）三极管共射输出特性分析

三极管输出特性与其在电路中的接法有关，通常介绍共发射极接法的输出特性。共射输出特性曲线指的是以基极电流IB为参考变量时，IC与UCE之间的关系曲线。

① 电路构建。在图6.1所示原理电路基础上做一定形变，即将图中VBB变为提供基极电流IB的电流源，这在理论和实践上都是可行的。然后双击三极管图

标，在弹出的元件属性对话框中的"Type"（类型）栏选择三极管型号（本例选择2N2222进行分析），如图6.7所示，构建好的电路如图6.8所示。

② 分析模式设置。运行"Analysis/mode"（分析/模式）命令，在如图6.9所示窗口中进行分析模式设置，选择"Parameter stepping"（参数分级）后，单击"OK"按钮确定。

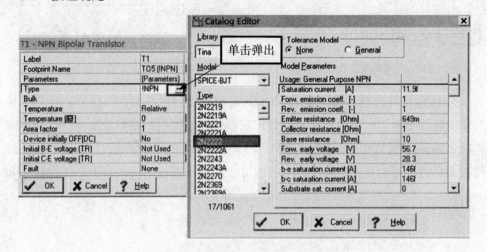

图6.7 三极管属性设置及类型选择

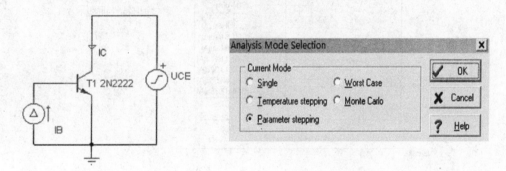

图6.8 三极管输出特性曲线测量电路　　　　图6.9 分析模式设置

③ 选择控制参数。运行"Analysis/Select Control Object"（分析/选择控制对象）命令（或单击快捷按钮），将光标指向IB（电流源），然后双击弹出图6.10所示对话框，单击左下角"Select..."(选择)按钮，弹出对话框如图6.11所示，设置参数范围和情形数（图中设置的含义是IB在0～20 μA范围内递增扫描10次)。单击"OK"按钮确定后发现，电路工作区电流源"IB"旁边出现一个星号标识。至此，控制对象的参数设置完毕。

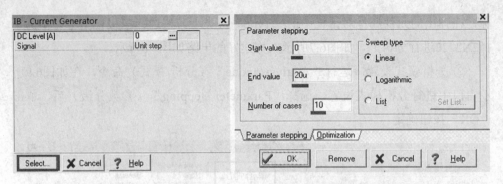

图6.10 电流发生器参数设置　　　图6.11 扫描范围及情形数设定

④ 传输特性分析。接下来进行DC传输特性的分析，操作步骤如上述"二极管伏安特性分析"，不再详述。在弹出对话框中设置好扫描参数范围（此处设置"End Value"（终止值）为800 mV），其余默认。单击"OK"按钮确定后，波形视窗所得波形如图6.12所示。图中还可使用波形视窗工具栏对波形进行标识和分析。

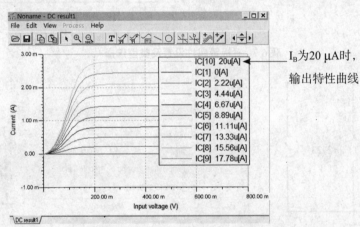

I_B为20 μA时，输出特性曲线

图6.12 三极管输出特性曲线

【注】图6.1电路电压源不转换为电流源也可进行传输特性测量分析，此时要注意的问题是，在设置控制对象的扫描范围时，一定要选择好电压范围值和基极电阻之间的比例，以及级数的数值。

⑤ 标识与测量。在TINA波形视窗中，能对波形进行标识说明、光标测量、后处理等操作。图6.12所示波形视窗对波形进行了标识（TINA是彩色系统，色彩分明），方法非常简单。

窗口工具栏中有 **T** 等标识工具，单击图标 **T** 弹出文本输入窗口，可以输入文本注释；单击图标，光标选中视窗中某一文本框，文本框即出现连线箭头，与波形连接即可进行标注；单击图标🔏，光标选中某一信号波形后确定，即可对波形进行与在电路中同样的Label（标识），如图6.5所示；单击图例说明图标🏠，即弹出文本框，对波形视窗中出现的所有信号波形进行图例说明，如图6.12所示（TINA环境中是彩色的，辨别很容易）。

　　窗口工具条中＼○为图形工具，能在波形视窗中添加一些线和圆及组合图形等。

　　窗口工具条中⊥⊥为测量光标工具，单击该图标后，光标跟随一测量坐标，当指向某一波形时，光标变成测量十字架，单击鼠标左键确认后，即弹出该测量点的坐标。要取消测量时，只需再次单击工具条中的这个图标即可。

　　窗口工具条中〰️✏️可实现对电路波形的后处理；其中，单击〰️能增添和删除视窗中显示波形的电路参量，单击✏️则能实时从电路中选取某一需要显示的电量进行波形显示。

4．小　结

　　利用TINA的直流参数扫描分析方法得到的晶体管伏安特性与晶体管自身的伏安特性相符，该分析方法还适用于分析电路中某一电量的连续变化的响应，即参数扫描分析。

　　本例较详细地介绍了元件属性的设置与修改、DC传输特性的分析设置以及控制对象的操作，在接下来的实例中，若涉及类似操作，将不再详细介绍。请读者自己在相关实验内容中进行反复练习，掌握这些基本操作。

※ 例二　单极共射放大电路的分析

　　放大电路是构成电路系统的基本单元，大多数模拟电子系统中都应用了不同类型的放大电路。因此，对放大电路的分析显得尤为基本和重要。放大电路的分析方法最基本的为静态分析和动态分析。其中，动态分析获取的指标是衡量一个电路放大性能优劣的最直接因素。TINA对电路的分析有静态分析、动态分析、时域分析、频域分析、噪声分析等多种方法。下面以单管共射放大电路的分析为例，详细介绍这些方法在模拟电路分析中的应用。

1．实验目的

　　（1）学习单极放大器工作原理。

　　（2）学习TINA的命令分析方法。

2．实验电路

实验电路如图6.13所示。其基极偏置电路由V_{cc}、偏置电阻R_{b1}、R_{b2}组成，故常称为基极分压式偏置电路。R_e是直流反馈电阻，以提高电路稳定性。其中，电容C_1、C_2为耦合电容（或称为隔直电容），C_e为发射极旁路电容。

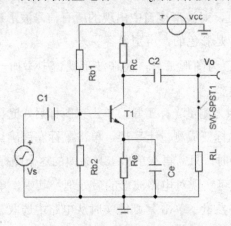

图6.13 静态工作点稳定电路

3．电路性能理论分析

放大电路性能分析，一般包括静态分析和动态分析，分别考察电路的直流性能和交流性能。单管共射放大电路通常分析其静态工作点，电压增益，输入、输出电阻，频带宽度以及信噪比等。

在实际应用中，电源电压的波动、元件参数的分散性及环境温度的变化等，都将引起电路静态工作点的不稳定而影响电路正常工作。其中，环境温度变化的影响尤为明显。为抑制温度变化对电路静态工作点的影响，在基本共射放大电路的基础上，采用分压式偏置电路能给放大电路提供较为稳定的基极电位，使其基本与环境温度无关，即：

$$U_{BQ} = \frac{R_2}{R_{b1} + R_{b2}} U_{cc}$$

当电路工作环境温度升高引起其静态集电极电流I_{CQ}（$\approx I_{EQ}$）上升时，发射极电位U_{EQ}（$= I_{EQ} R_e$）也随之上升，由于U_{BQ}基本保持不变，将导致U_{BEQ}（$=U_{BQ}-U_{EQ}$）随之减小，使得I_{EQ}减小，抑制了I_{CQ}因温度升高而增加，使I_{CQ}基本保持不变，从而稳定了电路的Q点。当温度降低时，各电量向相反方向变化，也能稳定电路的Q点。

（1）Q点的分析与计算

在通常情况下，即基极电流I_{BQ}远小于流过R_{b2}的电流时，三极管各极静态电压与电流应该大致有如下关系式成立：

$$U_{BQ} \approx \frac{R_{b1}}{R_{b1} + R_{b2}} U_{cc}$$

$$I_{CQ} \approx I_{EQ} = \frac{U_{BQ} - U_{BEQ}}{R_e}$$

$$I_{BQ} = \frac{I_{CQ}}{\beta}$$

$$U_{CEQ} = V_{cc} - I_{CQ}(R_C + R_e)$$

将图6.14所示电路中相应电参量带入，估算可得：

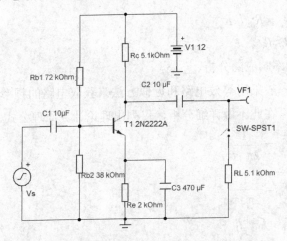

图6.14　典型静态工作点稳定放大电路

从计算结果分析看来，该电路Q点设置偏高，应适当增大R$_{b1}$或减小R$_{b2}$的值。

$$U_{BQ} = \frac{38}{72+38} \times 12 = 4.145 \text{ V}$$

$$I_{CQ} \approx I_{EQ} = \frac{4.145-0.7}{2} = 1.72 \text{ mA}$$

$$I_{BQ} = \frac{1.72 \text{ mA}}{\beta} = \frac{1.72 \text{ mA}}{204} = 8.43 \text{ μA}$$

$$U_{CEQ} = 12-1.72 \times 6.9 = 0.13 \text{ V}$$

【注】三极管的β值可以查询。双击三极管图标，在其属性窗口的"Type"（类型）栏单击其 ⋯ 按钮，即弹出"Catalog Editor"（目录编辑器）对话框，在"Mode Parameters"（模式参数）中查找"Forward beta"（正向β）一栏，其数值即为共射电流放大系数β的标称值。本例2N2222A的β=204（但实际应用时其值要小些）。

（2）动态性能的分析

接入发射极电阻R$_e$后，电路静态工作点的稳定性虽然大大提高了，但同时也降低了电路的电压增益。接入的R_e越大，A_v下降得越多。为保证电路静态工作点的稳定，同时又不影响电路电压增益，通常在发射极电阻旁引入旁路电容C_e。在一定频率范围内，C_e可视为短路，因此发射极电阻不会影响电路的动态信号增益，解决了静态工作点与电压增益之间的矛盾。

根据三极管的小信号模型分析电路，可得到电路在中频带工作时的相关性能指标：

电压增益：$A_v = -\dfrac{\beta R_L'}{r_{be}}$

输入电阻：$R_i = R_{b1} // R_{b2}$

输出电阻：$R_o \approx R_c$

（3）电路频率响应的分析

理论分析中一般采用等效电路和近似方法来获取电路的频率响应，具有较大的局限性和误差，在此不做详细分析，仅列出理论计算原理公式。

上限频率：$f_H = \dfrac{1}{2\pi \cdot \tau_H}$

下限频率：$f_L = \dfrac{1}{2\pi \cdot \tau_L}$

频带宽度：$f_W = f_H - f_L$

式中τ为等效电路的时间常数，由于三极管在高频段和低频段的等效模型不同，其电路的时间常数τ就有不同的含义，读者可查阅相关模拟电子技术资料。

4．电路的TINA仿真分析

实验电路如图6.14所示。

1）静态工作点测量与分析

（1）仪表分析法。用电压表、电流表、万用表等直接进行测量。这是传统实验测量手段，参看本书电工原理、电路分析相关仪表应用实例。

（2）命令分析方法

① 运行命令"Analysis/DC Analysis/Table of DC results"（分析/直流分析/直流结果表），电路中所有节点被自动标识，如图6.15（a）所示；同时弹出测试结果参数表"Voltages/Currents"（电压/电流），电路工作区光标变成交互式探针，同时弹出如图6.15（b）所示的视窗中显示了相关电量参数值。

参数表以表格形式显示出多个直流电量，可在图6.15（b）的"Show"（外观）区域设置某些电量显示/隐藏，还可保存所测数据为文本格式。若移动鼠标至某一节点号或元器件上，单击鼠标左键确定，参数表中的相应参数会以红色标识出来（电压/电流），如图6.15（b）所示。

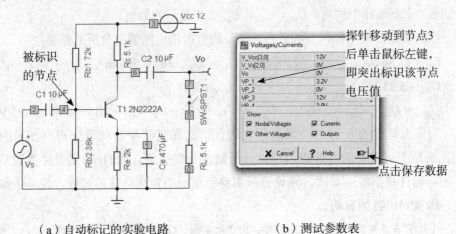

（a）自动标记的实验电路　　　　　　　（b）测试参数表

图6.15　DC分析结果

② 运行命令"Analysis/DC Analysis/calculate nodal voltages"（分析/直流分析/计算节点电压），或单击启用交互式开关，使用"Interactive probe"（交互式探头）可进行电压或电流的测量。

将探针移动到相关节点后，单击即可显示该节点电压值；探针移动到某一元件上，单击确认，即弹出该元件两端电压值和流经该元器件的电流，同时，在元件旁边出现指示箭头（参考方向，电流与电压参考方向采用关联参考方向）。图6.16所示是探针选中Rc时的测试结果。

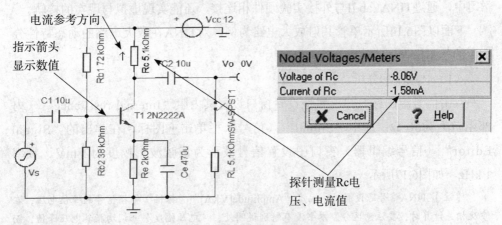

图6.16　静态工作点的测量

③ 在电路中接入电压指针 (Voltage Pin)、电压箭头 (Volt Arrow)、电流箭头 (Current Arrow)，然后单击 按钮，指示器件将显示所测相关电量的值；如图6.16中的 V_o，U_{BQ}，I_{BQ}，U_{BQ} 旁边显示的数值。

综上所述，采用任何一种分析方法，均可得出电路静态分析的结果：

$I_{BQ} = 11.86\,\mu A$ $I_{CQ} = 1.58\ mA$ $I_{EQ} = U_{EQ}/Re = 1.595\ mA$；

$U_{BQ} = 3.85\ V$ $U_{EQ} = 3.19\ V$ $U_{CQ} = 3.94\ V$；

$U_{BEQ} = U_{BQ} - U_{EQ} = 0.66\ V$ $U_{CEQ} = Vcc - U_{EQ} - U_R = 12 - 3.19 - 8.06 = 0.75\ V$

与前面理论分析计算结果进行比较，仿真测量结果与理论分析有一定的差别，这是不可避免的。首先，理论分析数据是理想值，而TINA元器件参数是基于实际器件模型的；其次，理论分析本身就是一个粗略估算的过程，忽略了很多实际因素对电路的影响。

【注】在应用TINA进行DC分析时，由于电容C1、C2等"隔直"作用是理想化的，信号源Vs的直流分量等因素不会对电路Q点产生影响。但在实际测量电路Q点的操作过程中，必须将输入端短路（与公共端"地"相接），保证电路不受外界干扰。另外，在测量Q点之前，要使电路在一定激励下达到最大不失真输出的状态。这里仅介绍静态工作点的测量分析方法，严格操作过程请参考本章第2节实验内容部分。

2）动态分析

在放大电路中，信号的传输是一个动态变化的过程。TINA提供的虚拟仪表可以把信号的变化过程生动直观的展示，还提供多种命令分析方法，能对电路进行相应的性能分析，而且还可以把得到的图表直接粘贴到电路工作区，参照电路进行分析，而不用多次打开虚拟仪器获取波形，极大地方便了使用者。在更深入的学习中，通过TINALab II与外接实验硬件相连接，还能实现虚拟与现实的接轨。

下面以图6.14所示单管共射放大电路为例，对TINA在放大电路的动态特性分析中的基本操作做些简单介绍。

（1）时域波形分析

双击信号源图标，弹出属性设置窗口设置其内阻"Internal resistance"（内部阻抗）为50 Ω；选中"Signal"（信号）栏单击图标，在弹出的"Signal Editor"（信号编辑器）窗口中设置信号波形为正弦波，幅度为2 mV、频率1 kHz，如图6.17所示。

【注】TINA信号源设置时，幅度"Amplitude[V](A)"（振幅）特指信号的峰值电压，在涉及相关计算时，要注意区分。本书没有特别说明处，"电压幅度"一词均指其电压峰值，而非有效值或峰峰值。

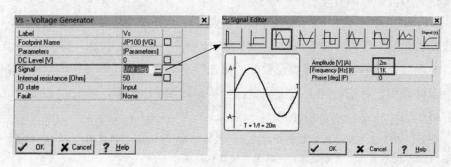

图6.17 信号源设置

① 用仪表进行时域分析。使用示波器与调用瞬时分析（或称瞬态分析）命令均可获得时域分析波形。两种方法其实质是相同的，得到的波形分别如图6.18、图6.19所示。在进行数据测量之前，应反复调整电路静态工作点（通常调R_{b1}），使输出波形达到最大不失真（这时使用示波器观察显得较为方便）。

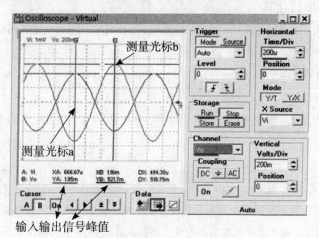

图6.18 示波器窗口及显示波形

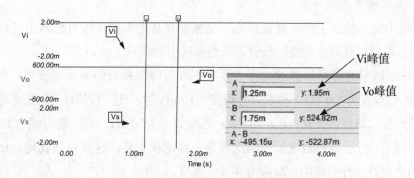

图6.19 放大电路的瞬时分析

在T&M菜单中选择Oscilloscope"（示波器）命令，弹出示波器视窗（应用方法参看第1章的虚拟仪表部分）。单击"Run"（运行）按钮，即可在示波器窗口中观察到信号波形（恰当设置），单击"Stop"（停止）按钮波形停留在视窗中，可调用光标进行相关数据测量、分析，如图6.18所示。单击"Data"（数据）栏的✉按钮可导出分析波形。

【注】示波器不同通道参数需分别设置（在左下角"Cursor"栏选择"A"或"B"，设置为"ON"状态），否则未设置通道将为系统默认设置。

② 用命令进行时域分析。运行命令"Analysis/Transient..."（分析/瞬时现象），在弹出对话框中设置好"起始显示"与"终止显示"后，单击"OK"按钮确定，即弹出图6.19所示波形。

【注】图6.19中利用了波形视窗中的复制功能（方法参见第一章相关内容）。另外，图中添加了波形说明和测量光标，以方便电路分析。

（2）电路增益计算

如图6.18所示，输出波形V_o与输入波形V_i的峰值分别为521.7 mV，1.95 mV，则电压增益：

$$A_v = \frac{U_o}{U_i} = \frac{521.7}{1.95} = 267.54倍；$$

如图6.19所示，瞬时分析波形窗口利用光标测量了输入、输出波形峰值幅度，则有：

$$A_v = \frac{U_o}{U_i} = \frac{524.82}{1.95} = 269.14倍；$$

【注】调用示波器或瞬时分析获取波形时，系统将会显示电路中所有接入测试设备（如VF1等）的信号波形，因此多余测量指示器件（如电压箭头等）需移除。同理，若要想获得某一电量的数据，则应该在电路中接入相应指示器件。

（3）非线性失真分析

若放大电路静态工作点设置过低，三极管容易进入截止区引起截止失真；静态工作点设置过高则容易使三极管进入饱和区引起饱和失真。

图6.20所示波形即为静态工作点设置不合适时观察到的输出端波形。图6.20（a）是R_{b1}设置为700 kΩ，输入信号幅度为10 mV时，使三极管Q点过低而造成波形缩顶现象，即截止失真；图6.20（b）是R_{b1}设置为70 kΩ，输入信号幅度为2 mV时，三极管Q点过高而造成波形削底现象，即饱和失真。这两种失真均是由于三极管的非线性特性引起的，故称为非线性失真。

值得强调的是，非线性失真不仅与静态工作点设置有关，还与输入信号幅度相关。若输入信号幅度很小，即使Q点设置不合理，也不一定观察到失真现象；但如果输入信号过大，即使Q点设置合理，也会产生失真现象。

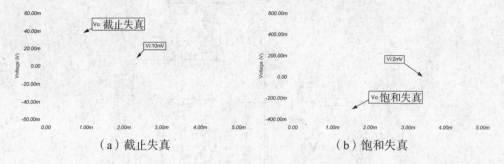

（a）截止失真　　　　　　　　　　　（b）饱和失真

图6.20　单管共射放大电路的非线性失真

【注】实际电路中电阻R_{b1}通常使用滑线变阻器，以方便调整电路Q点，获取电路最大不失真输出，但TINA不支持在动态观察波形时实时调节电阻阻值（DC与AC分析时是支持的），故在此仍接入固定阻值电阻。本书第1章内容详细介绍了电阻阻值的修改方法，在此不再赘述。

（4）输入、输出电阻的测量

① 输入阻抗R_i。输入电阻测量方法很多，传统测量方法中通常用"替代法"、"换算法"等。利用TINA则可以根据放大电路输入电阻的定义直接测量，方法简单，容易理解，而这种直接测量的方法在实际电路的测量中则是不可取的。

图6.21所示为换算法测量输入阻抗的原理图，其R_i为放大电路输入端等效电阻；U_S为信号源输出电压，U_i为放大器输入电压，U_R为测试电阻R上的电压降。

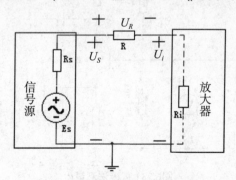

图6.21　输入电阻测量原理图

根据伏安关系与KVL可得输入电阻计算公式：

$$R_i = \frac{U_i}{I_i} = \frac{U_i}{U_R / R} = \frac{U_i R}{U_s - U_i}$$

（a）传统"换算法"测量R_i，实验电路如图6.22所示。

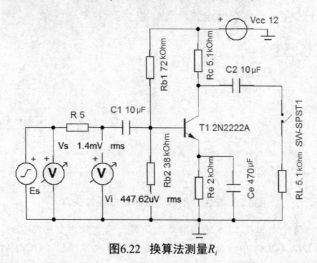

图6.22　换算法测量R_i

单击交互按钮进行AC分析，可得如图 6.22 所示电路中标示的各电量参数（U_s=1.4 mV，U_i=0.448 mV），可得输入电阻R_i：

$$R_i = \frac{0.448 \times 5 \times 10^3}{1.4 - 0.448}\,\text{k}\Omega = 2.35\ \text{k}\Omega$$

（b）直接测量U_i、I_i求输入电阻。

调用电压表（VM1）、电流箭头（AM1）接入电路，如图6.23所示。

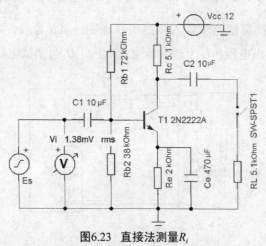

图6.23　直接法测量R_i

单击交互开关执行AC分析命令，电路中测量指示器件显示出相应量值，可得U_i=1.38 mV，I_i=592.62 nA，根据输入电阻R_i定义可得：

$$R_i = \frac{U_i}{I_i} = \frac{1.38}{592.62 \times 10^{-3}}\,\text{k}\Omega = 2.33\ \text{k}\Omega$$

② 输出阻抗R_0。传统"换算法"测输出电阻R_0原理电路如图6.24所示，空载时输出电压为U_0，接上负载后输出电压为U_L，那么输出电阻R_0：

$$R_0 = (\frac{U_0}{U_L} - 1) \times R_L$$

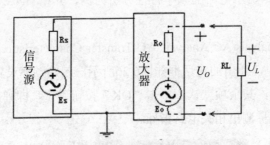

图6.24 输出电阻测量原理电路图

采用"替代法"测量R_0，测量电路如图6.25所示，但在实际分析时完全可以采用直接测量法进行测量。

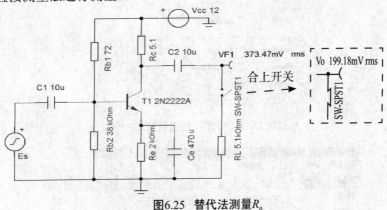

图6.25 替代法测量R_0

在开关断开时（负载电阻R_L未接上）单击交互开关运行AC分析，得到U_0的值为373.47 mV，开关闭合（接上负载电阻R_L）后得到U_L的值为195.18 mV，如图6.25所示，则有：

$$R_0 = (\frac{U_0}{U_L} - 1) \times R_L = (\frac{373.47}{195.18} - 1) \times 5.1 \text{ k}\Omega = 4.659 \text{ k}\Omega$$

其值与课程理论分析值所得$R_0 \approx R_C = 5.1$ kΩ基本相符。

（5）电路幅频特性的测量

放大电路中存在大量电抗性元件（如耦合电容、旁路电容等）以及三极管的极间电容，它们的电抗随着信号频率高低变化而变化。因此，放大电路对不同频率的信号的放大能力不同，其增益及相位移均会随着频率变化，这种变化体现为增益是频率的函数，这种函数关系称为放大电路的频率特性。由于实际信号一般都包含有许多频率成分，因此研究元件或电路的频率特性就显得尤为重要。利用TINA可非常方便的得到某一元件或电路的频率特性。

下面仍以图6.14所示电路的频率特性分析为例，介绍TINA对电路进行频率特性分析的操作。

执行命令"Analysis/AC Analysis/AC Transfer Characteristic..."（分析/交流分析/交流传输特性），弹出的对话框如图6.26所示，起始频率设置为1 Hz、终止频率设置为100 MHz，其余项默认，单击"OK"按钮确定，即弹出图6.27所示波特图。可调用测试光标测出相关电路指标。

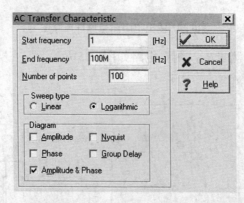

图6.26　AC传输特性设置窗口

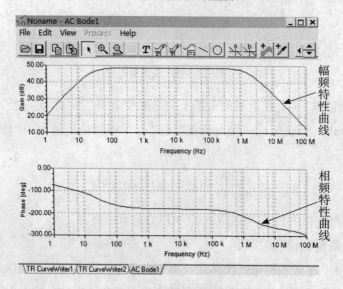

图6.27　电路波特图视窗

① 中频电压增益

如图6.28所示，移动测试光标a至波特图的最大增益处（波形平坦那一段的y坐标相同，移动指针在此区域任意一点均可），可得放大电路的中频电压增益（48.62 dB）。

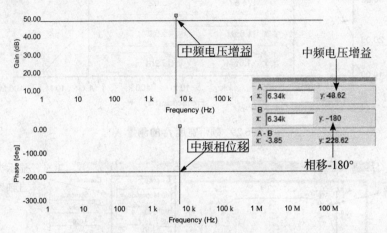

图6.28　中频电压增益及相位移的测量

即 $A_v = 20\lg\dfrac{U_o}{U_i} = 48.62$ dB

本例前面分析计算 $A_v = \dfrac{U_o}{U_i} = 269$倍 $\Rightarrow A_v = 20\lg269$ dB $= 48.59$ dB

这两个数据基本吻合。

在图6.28中移动测试光标b至频率为6.34 kHz（横坐标为频率，单位Hz）处，可得电路相位移为-180°，与共射电路输入输出信号反相特性吻合。

② 频带宽度f_W

根据放大电路频带宽度（又称通频带）的测试原理，在波形视窗中调用工具栏的测试光标，移动光标至最大幅度值（48.62 dB）下降3 dB处（即半功率点，高、低端都有），如图6.29所示，对应频率点即电路的下限频率f_L和上限频率f_H。

$f_L = 24.67$ Hz，$f_H = 1.65$ MHz

那么，频带宽度f_W：

$f_W = f_H - f_L = 1.65$ MHz

③ 信号分析仪应用

TINA还提供了信号分析仪，运行"T & M/Signal Analyzer"（T & M/信号分析仪）命令，弹出窗口如图6.30所示，它可以更方便地获取电路的频谱。

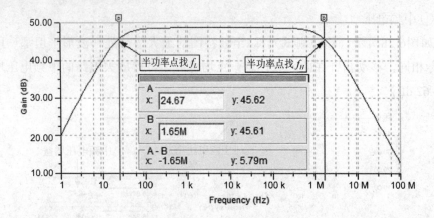

图6.29 频带宽度 f_W 的测量

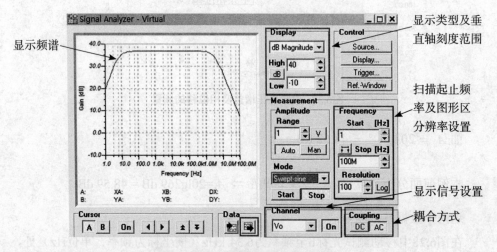

图6.30 信号分析仪设置及显示频谱

其工作原理：采集时域信号，用数字采样将其数字化，运行必须的数学运算将其转化到频域，然后将结果显示出来。TINA信号分析仪是一种基于快速傅立叶变换的测量方法。

本例相关设置及显示频谱如图6.30所示。单击"Start"按钮将在显示区自动绘制出一条频谱线。其数据分析要调用测试指针，方法参照示波器应用；导出数据后与AC传输特性所得频率特性曲线是一致的，在此不再做详细分析。

当然，AC传输特性分析命令与调用信号分析仪对电路进行测量，其实质内涵完全一致，只是表现手段上的不同而已。

（6）电路噪声分析

电路中噪声对电路性能的影响是多方面的，有些甚至是致命的因素，因此，在电子设计过程中分析噪声对电路的影响也极为重要。在模电学习过程中，读者了解过晶体管的热噪声、散弹噪声，还有电路的自激振荡等，噪声通常在整个频段范围都有能量。

以图6.14所示单管共射电路的噪声分析为例，简单讲解TINA的噪声分析方法。

执行命令"Analysis/Noise Analysis..."（分析/噪声分析），弹出的对话框如图6.31所示，设置仿真分析Start frequency（起始频率）为100 Hz，End frequency（终止频率）为100 MHz，并勾选需要测量的相关类型噪声曲线，这里勾选所有噪声类型，其余默认设置。单击"OK"按钮确定后弹出波形视窗，将分栏显示所有勾选类型的噪声曲线，如图6.32所示。

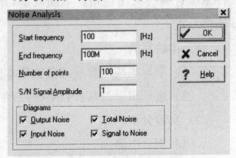

图6.31　Noise Analysis设置对话框

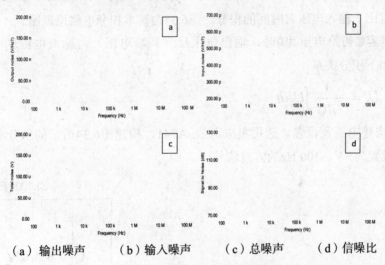

（a）输出噪声　　（b）输入噪声　　（c）总噪声　　（d）信噪比

图6.32　放大电路的噪声分析

【注】噪声分析功能不能在数字电路中使用。

小结：单管共射放大电路实例详细介绍了TINA中DC分析、AC分析、Noise分析的操作步骤和注意事项，实践了电压表（指示箭头）、电流表（指示箭头）、信号源、示波器及信号分析仪等仪器，以及波形视窗中数据分析的基本操作方法。做了电路的静态工作点，中频电压增益，输入、输出阻抗，电路的频率特性及电路噪声等电路性能指标的分析。这些基本操作具有典型性，可运用到其他电路的分析中去。为此，接下来的实例中涉及上述相关操作时，将不再详细介绍操作方法。

※ 例三 集成运算放大电路的应用分析

集成运算放大电路（简称集成运放、运放）是模拟集成电路中应用极为广泛的一种器件，它不仅用于信号的运算、处理、变换及信号的产生电路，还可用于开关电路中。虽然其本身具有非线性的特性，但在许多情况下，把它视为线性器件来设计各种应用电路。下面就以TINA为工具，对几个典型运放应用电路进行实例分析。

1. 实验目的

（1）学习集成运算放大器的基本应用。

（2）进一步学习掌握TINA的命令分析方法。

2. 实验分析

（1）积分电路

① 基本原理。积分电路被广泛的用于显示器扫描、模数转换器等电路，其输出电压正比于输入电压对时间的积分。图6.33为基本积分电路原理图。

当电容C初始电压为0时，输出电压U_o（V_o端电压）与输入电压U_i（V_i端电压）有如下积分关系：

$$U_o = -\frac{1}{RC}\int U_i dt$$

② 构建电路及设置。选用集成运放μA741，构建图6.34所示的积分电路，信号源V_s设置为5 V、100 Hz的方波信号。

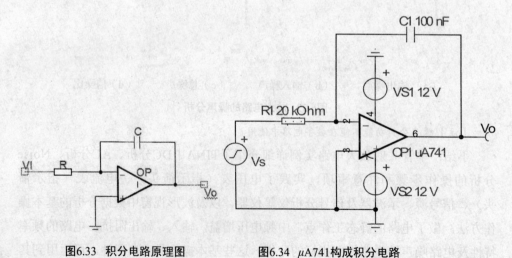

图6.33 积分电路原理图   图6.34 μA741构成积分电路

仿真与分析。运行"Analysis/Transient..."（分析/瞬时现象）命令，在弹出的对话框中设置"Start display"（起始显示）为0 s，"End display"（终止显示）为20 ms，单击"OK"按钮确定后弹出如图6.35所示波形视窗。

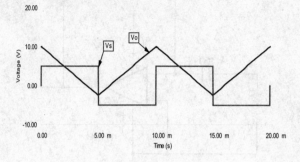

图6.35 积分电路的波形变换

观察波形可知，矩形波输入信号经过积分电路后，输出变为三角波，测试结果与课程理论相符。

③ 积分电路的相移分析。信号源设置为3 V、100 Hz的正弦波信号，执行"Analysis/Transient..."（分析/瞬时现象）命令，并设置其"Start display"（起始显示）为0 s，"End display"（终止显示）为20 ms，单击"OK"按钮确定后弹出图6.36所示波形视窗。

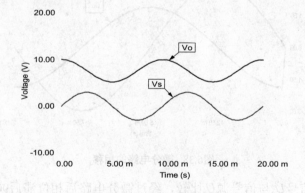

图6.36 积分电路的移相

图6.36中观察发现，正弦波输入信号U_s经过积分电路后，输出电压U_o的相位比信号源U_s的相位超前90°（相移270°），积分电路起到了移相的作用，测试结果与课程理论分析相符。

（2）微分电路

① 构建电路。将图6.34所示积分电路中的电阻和电容元件位置对换便得到微分电路，如图6.37所示。微分电路除用作微分运算外，在数字电路中还经常用于

波形变换，例如将矩形波变换成尖顶脉冲波等。

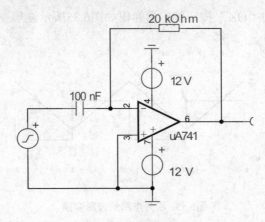

图6.37　微分电路

② 电路设置。设置信号源输出幅度为3 V，频率为100 Hz的正弦波信号。

③ 相移分析。运行"Analysis/Transient..."（分析/瞬时现象）命令，弹出的对话框中设置其"Start display"（起始显示）为0 s，"End display"（终止显示）为10 ms，单击"OK"按钮确定后弹出图6.38所示波形视窗。

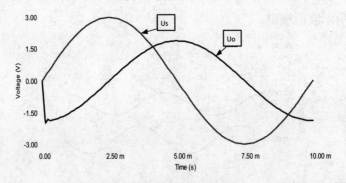

图6.38　微分电路的相移

图中输出信号U_o与信号源U_s比较，经过微分电路后相位滞后90°，仿真测试结果与课程理论相符。

④ 变形变换。设置信号源为5 V、50 Hz的矩形波，运行命令"Analysis/Transient..."（分析/瞬时现象），在弹出的对话框中设置"Start display"（起始显示）为0 s，"End display"（终止显示）为80 ms，单击"OK"按钮确定后弹出图6.39所示波形视窗。矩形波经微分电路后，变换成了尖顶脉冲输出，仿真分析结果与课程理论相符。

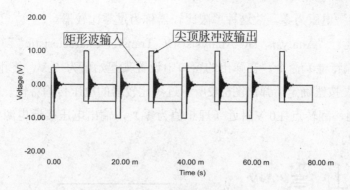

图6.39 微分电路的波形变换

（3）电压比较器

比较器是一种较为常用的测量电路。其运放工作在开环状态，比较器按其工作原理及其特点可分为单限比较器、过零比较器、迟滞比较器等。

① 单限比较器。

基本原理：典型单限比较器电路结构如图6.40所示，其输入信号接在运放的反相输入端（也可接在运放的同相输入端），基准电压接在同相端，构成单限比较器。

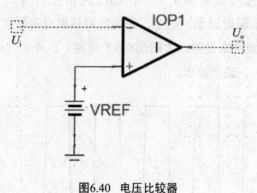

图6.40 电压比较器

由于运放工作在开环状态，理想运放开环电压增益为∞，因此：

当$U_i < U_{REF}$时，即差模输入电压$U_{id} = U_i - U_{REF} < 0$，输出电压值$U_o = U_{OH}$；

当$U_i > U_{REF}$时，即差模输入电压$U_{id} = U_i - U_{REF} > 0$，输出电压值$U_o = U_{OL}$。

其中，U_{REF}为V_{REF}的值（参考电压），U_i为U_i端电压值（比较电压），U_{OH}、U_{OL}分别为运放正向饱和输出电压和反向饱和输出电压。

【注】理想运放的输出电压的饱和极限值就等于运放的电源电压。

② 过零比较器。过零比较器是单限比较器的一种特殊结构，电路如图6.41所

示。因为参考电压为零，故这种单限比较器称为过零比较器。

（a）运行"Analysis/ DC Analysis/ DC Transfer Characteristic"（分析/DC分析/直流传输特性）命令。在弹出的窗口中设置其起始值为-2 V，终止值为2 V，单击"OK"按钮确定后弹出图6.42所示过零比较器的电压传输特性。从图中可以清楚地看到，翻转点在0 V附近（理想值为零），输出电压接近电源电压（理想值为±10 V）。

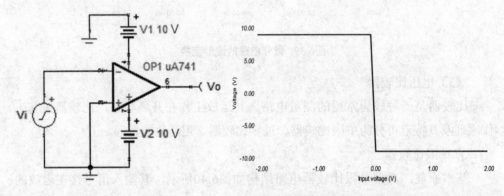

图6.41　过零比较器　　　　　　图6.42　过零比较器电压传输特性

（b）将输入信号设置为3 V、1 kHz的正弦信号，运行"Analysis/ Transient..."（分析/瞬时现象）命令，弹出的对话框设置好起始值为0 s，终止值为5 ms（根据信号频率来设置，本例观察5个周期），单击"OK"按钮确定后弹出如图6.43所示输入、输出波形。

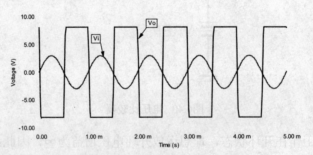

图6.43　过零比较器输入、输出波形

从图6.43中分析得知，其门限电压为0 V（翻转点接近0 V），输出电压接近±10 V（其误差是因为选用的741是实际运放模型而不是理想运放），与理论分析基本相符。

③ 限幅单限比较器。

单限比较器参考电压U_{REF}的值不为0 V的是通用比较器。当输入电压超过门限值（电压）时，比较器的输出端状态即发生跳变（翻转），因此常用于信号检测，应用十分广泛。

为使单限比较器能在电路中与其他元件级联，常在输出端接入稳压管等限幅措施来限制输出电压的幅度，如图6.44所示，这就构成了限幅单限比较器。

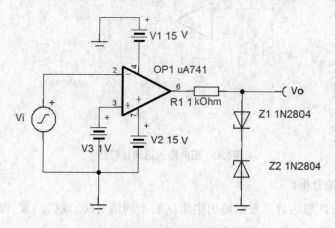

图6.44　限幅单限比较器

设置信号源为2 V、1 kHz的正弦信号。运行"Analysis/Transient..."（分析/瞬时现象）命令，在弹出窗口中设置起始值为0 s，终止值为4 ms，单击"OK"按钮确定后即弹出图6.45所示输入、输出波形。

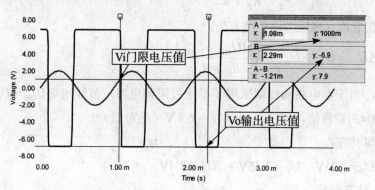

图6.45　限幅单限比较器输入、输出波形

图6.45中电路稳压管IN2804的稳压电压值为6.8 V（双击该稳压管可后查看此参数）。调用测量光标测量波形可得到，门限电压为1 V，输出电压值为±6.9 V，测量结果与课程理论分析基本相符。

④迟滞比较器。

单限电压比较器电路结构简单，灵敏度高，但抗干扰能力差。提高比较器抗干扰能力的一种方案就是采用迟滞比较器。为了获得滞回的传输特性，在单限比较器的基础上引入一个正反馈，图6.46所示为R_F电阻网络。

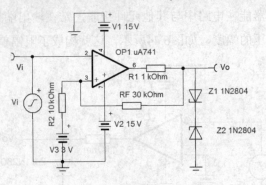

图6.46 反向输入迟滞比较器

（a）理论分析。

设运放为理想运放，根据输出电压U_o的不同值（U_{OH}或U_{OL}），可求出上门限电压U_{T+}和下门限电压U_{T-}分别为：

$$\begin{cases} U_{T+} = \dfrac{R_F U_{REF}}{R_F + R_2} + \dfrac{R_2 U_{OH}}{R_F + R_2} \\[3mm] U_{T-} = \dfrac{R_F U_{REF}}{R_F + R_2} + \dfrac{R_2 U_{OL}}{R_F + R_2} \end{cases}$$

则门限宽度（或回差电压值）为：

$$\Delta U_T = U_{T+} - U_{T-} = \frac{R_2(U_{OH} - U_{OL})}{R_F + R_2}$$

其中，由于本电路输出端采用了稳压管限幅电路，故输出端U_{OH}与U_{OL}均为稳压管IN2804的稳压值，即$U_{OH} = -U_{OL} = 6.8$ V（绝对值）。

于是可计算：

U_{T+}=3.95V；U_{T-}= 0.55V；ΔU_T= 3.4V

（b）仿真分析。

设置信号源为6 V、100 Hz的正弦波信号；调用示波器，设置示波器的"Mode"为"Y/X"模式，调整好"Channel Vi"的"Volts/Div"为"1V/Div"、"Channel Vo"为"5V/Div"（这些参数的设定要根据具体情况进行，不要生搬硬套），单击"Run"按钮，运行结果如图6.47所示（单击"Stop"按钮停止）。

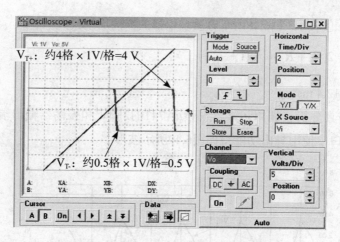

图6.47 反向输入迟滞比较器滞回特性曲线

在传输特性曲线上可测得：

$$U_{T+} = 4 \text{ V} ; \quad U_{T-} = 0.5 \text{ V}$$

即 $\Delta U_T = U_{T+} - U_{T-} = 3.5 \text{ V}$

这个实验结果与理论分析是基本一致的。

TINA除了可以调用示波器观察这种滞回传输特性曲线外，还可调用仪器XY Recorder来显示，设置方法基本一致，读者自己尝试，不再描述。

（4）波形发生器

① 方波发生器。

（a）电路构造。选用集成运放μA741，调用相关元器件构建实验电路如图6.48所示。调整电位器P1（R_P）可以调整电路的振荡频率。

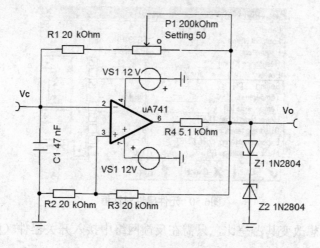

图6.48 方波发生器

（b）理论分析。图6.48所示方波发生器的振荡周期公式：

$$T = 2(R_1 + R_p)C \ln(1 + \frac{2R_3}{R_2})$$

$T \approx 12.4 \text{ ms}$。

（c）仿真分析。调用示波器观察μA741的2脚V_c和振荡器输出端V_o的波形；在示波器窗口中使用导出功能得如图6.49所示波形。

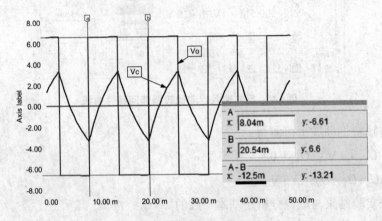

图6.49　方波发生电路波形

示波器测得信号波形周期值$T = 12.5$ ms（如图6.49中标识处），仿真测量所得值与理论分析计算值吻合。

【注】P1的调整方法。鼠标双击之，弹出元件属性对话框如图6.50所示，在"Setting"（设置）一栏设置接入电路实际电阻值的百分比（图中标识处，不支持观察波形时实时调节，只能调节后再次运行示波器）。

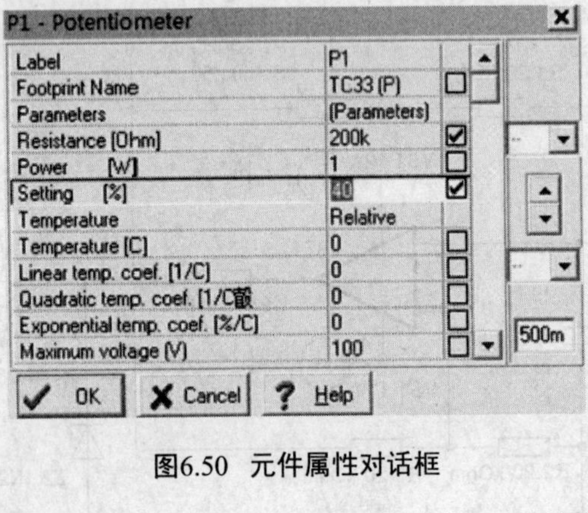

图6.50　元件属性对话框

另外，若想改变其占空比，只需在反馈网络中接入开关器件（如二极管），使电路充、放电时间常数不同即可。

② 三角波发生电路。

前面介绍过方波经过积分电路可转换成三角波，因此用图6.51所示电路可得到三角波。

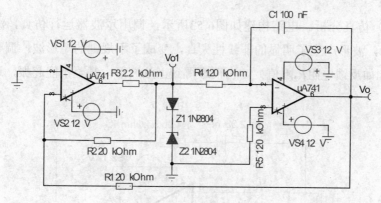

图6.51　三角波发生电路

调用示波器分析可得图6.52所示波形。关于此电路相关参数的分析，可参照方波发生电路及积分电路的分析方法进行分析和测量，不再详述。

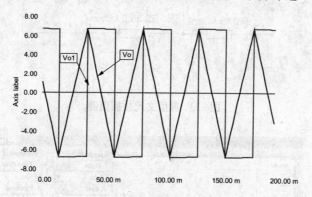

图6.52　三角波发生电路波形

【注】同样的道理，在电路中接入二极管，让积分电路的电容充电路径与放电路径不一致，使输出波形（积分电路的输出以及整个电路的输出）上升或下降的斜率不一致，从而可得到锯齿波，请读者自我实践。

③ 文氏电桥振荡器。典型RC文氏桥振荡器如图6.53所示。用RC文氏桥振荡器产生50 Hz的正弦波。

（a）分析计算。按照理论计算，定时电容可选为$C_1=C_2=33$ nF，则对应定时电阻$R_3=R_4=96.5$ kΩ。参照康华光主编的《电子技术基础》（模拟部分）第五版中，文氏电桥振荡器的起振条件，可以先暂时选取反馈电阻R_2为36.5 kΩ，反相输入端对地电阻R_1选为15 kΩ。

【注】理论计算可以取电阻阻值为36.5 kΩ、96.5 kΩ等，在实际应用中是没有这种标称值的器件的，读者一定要注意理论与实践相结合，仿真仅是理论性设计，绝对不能代替实践操作。

（b）仿真分析。电路构建如图6.53所示，调用示波器运行仿真，波形如图6.54所示，波形产生了明显的非线性失真，变成了不规则的矩形波；调整相关参数值（比如反馈电阻R_2阻值），也很难得到正弦波形，甚至不能起振，这是何种原因呢？

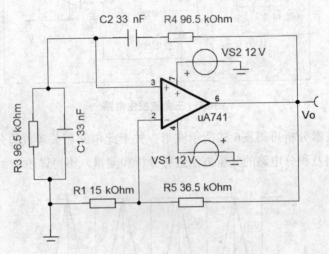

图6.53 典型文氏桥振荡器

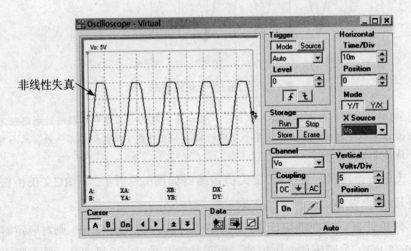

图6.54 RC桥式振荡器非线性失真波形

（c）理论分析。当放大电路闭环放大倍数大于等于3时，电路起振，小于3则不能起振。电路不能起振容易在TINA中得到验证，起振也能较容易的获得(本例是能起振的)。但要想获得稳定的正弦波形，必须使闭环放大倍数等于3（实际电路既要求电路能起振，其反馈网络又得使其闭环放大倍数维持在3），这难于满足，所以造成图6.54所示情形。

（d）改善设计。图6.55所示电路是一种接入限幅支路的改进型文氏桥振荡电路。调用示波器观察波形，可得图6.56所示较稳定的正弦波形。

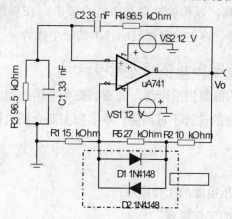

图6.55 带稳幅措施的正弦波振荡器

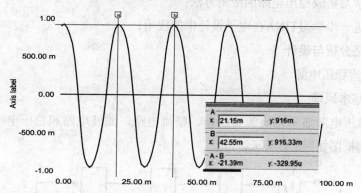

图6.56 稳幅措施后振荡器得到的正弦波

其周期 $T = 21.39$ ms（图中标示处，取绝对值）。

则其频率为 $f = \dfrac{1}{T} \approx 46.8$ Hz

这与设计要求的50 Hz基本吻合。

在这一设计中，反馈电阻 R_2 的阻值是比较重要的一个参数，若选取太小，负反馈太深，电路将不能起振或振幅较小；选取过大，电路的增益太高，电路又会出现非线性失真。读者在实际操作时，可反复调整这一电阻值的大小，以获取较为理想的反馈效果（在实战时，通常用电位器取代）。

【注】由于TINA的电位计不支持适时调整，故一般情况下不调用电位计，而采用直接调整修改电阻阻值的方法进行分析。

小结：集成运算放大电路在模拟电子技术中的使用非常广泛，熟练掌握其基本运用是进行电路分析与设计的基本前提。以上实例仅为集成运放运用的几个典型电路单元，而集成运放的应用千变万化，读者可运用TINA这一虚拟平台创建各种应用电路进行仿真，以检验构思是否符合要求，在理论上通过后做硬件验证，将使设计少走弯路，这也是掌握EDA技术的一个优势。

※ 例四 直流稳压电源电路的分析与设计

电源是电子设备的能源供给电路，关系到整个电路的稳定性和可靠性。在电子设计当中，电源部分的设计不可避免。本实例主要介绍直流稳压电源、直流恒流电源的分析与设计。

1. 实验目的

（1）学习直流稳压电源的工作原理；

（2）学习恒流源的工作原理；

（3）学习集成稳压电路的应用方法；

（4）进一步学习TINA在电子设计中的应用。

2. 电路分析与设计

1）直流稳压电源

（1）基本原理

直流稳压电源通常由电源变压器、整流电路、滤波电路和稳压电路等4部分组成。结构框图如图6.57所示。

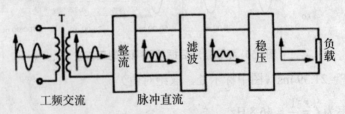

图6.57 直流稳压电源结构框图

电源变压器将电网电压变为所需电压值（本例作降压）；然后通过整流电路将交流电压变成脉动的直流电压；由于其含有较大纹波，故必须通过滤波处理得到较为平滑的直流电压；这种平滑的直流电压还将随电网电压的波动、负载和温度等因素的变化而变化，因此还需接入稳压电路来维持输出直流电压的稳定。

（2）变压整流滤波电路的分析与实现

下面将利用TINA来分析整流电路、滤波电路、稳压电路的基本功能和常见电路形式，以求对直流稳压电源的设计流程及每个单元功能有初步的了解。实验电路如图6.58所示。

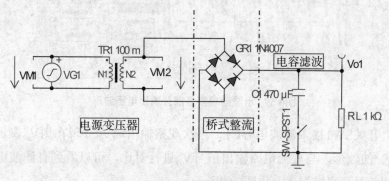

图 6.58　电源变压、整流与滤波

① 变压。电源变压器通常作降压，如果作升压则冠以"升压"二字（升压变压器），还有开关变压器等，这里使用将工频电源变为低压电源的变压器。如本例将110 V/50 Hz电压（欧洲标准）变为11 V电压时，我们采用N=0.1的理想变压器来构建电路，即设置TINA中变压器的"Ratio"（比率）为100 m，如图6.58所示。

② 整流。整流电路结构常见的有单相半波、全波、桥式和倍压整流等，本例采用桥式整流（如图6.58中GR1所示），小功率整流电路中常采用这种整流电路结构，其工作稳定，结构简单，使用方便（常做成标准整流桥）。

③ 滤波。滤波电路用于滤去整流输出电压中的纹波，一般由电抗性元件来组成。滤波电路的结构也相当的多样，如C型、π型滤波网络等。本例采用简单的C型滤波电路。图6.58所示电路中的C_1即为滤波电容。

④ 仿真分析。调用示波器观察各单元输出电压波形（也可采用瞬时分析），在滤波电容未接入之前（SW1断开），调整示波器不同通道的"Position"值，可得到图6.59所示波形。其中，V_{M1}为输入端口（电压记作U_{M1}），VM2为变压器二次输出端（电压记作U_{M2}），V_{o1}为整流电路电压输出端口（电压记作U_{o1}）。从图6.59中可见，变压器实现了电压幅度的调整，整流电路实现了交流电压到脉动直流电压的转换。

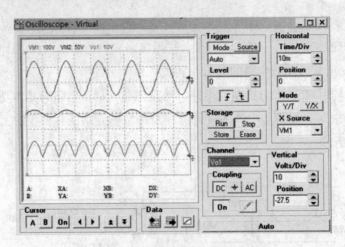

图6.59　示波器观察各部分输出电压波形

合上开关SW1接入滤波电容C1，再次观察输出端V_{o1}（现在用V_{o2}表示，电压记作U_{o2}）的波形，与整流电路输出信号V_{o1}进行对比，可以看到有滤波电路，电源的输出信号要平滑得多，如图6.60所示。

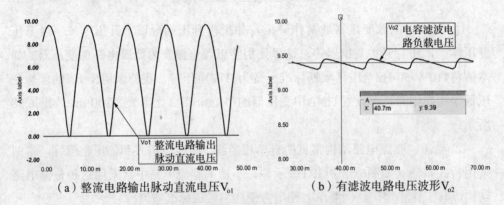

（a）整流电路输出脉动直流电压V_{o1}　　　　　　　（b）有滤波电路电压波形V_{o2}

图6.60　整流电路输出与滤波电路输出波形

在如图6.60（b）所示波形视窗中，调用测量光标，可测负载电压值U_L约为9.39 V（U_{o2} = 9.39 V）。电源变压器二次电压U_{M2}=11 V（峰值），其有效值：

$$U_2 = \frac{U_{M2}}{\sqrt{2}} \approx 7.8 \text{ V}$$

输出电压U_L与二次电压U_2大致满足：

$$U_L = (1.1 \sim 1.2) U_2$$

理论学习知道：脉动直流电压的滤波效果与滤波电容C和负载R_L密切相关，$R_L C$越大，负载电压中的纹波成分越小，请读者自行验证。

当需要设计符合某一要求的直流电压源时，用户通常会利用这些关系来求解这一电路中一些元件的参数。例如某一电路要求供给直流电压为30 V，负载电流为15 mA，则可根据负载电压与电源变压器二次输出电压关系式$U_L=(1.1\sim1.2)U_2$求出变压器二次电压值，然后选择合适变压器到达这一要求。并根据负载电流值选取合适整流二极管组成整流桥（或选择桥堆），根据负载的伏安关系求出其阻值，继而求出电路滤波电容的容量，选取合适电容组成滤波电路以完成简单电源设计。

具体操作及其要求详见实验内容部分。

（3）稳压电路的分析与实现

① 基本原理。

电源稳压电路基本形式有串联反馈式、开关式等基本形式。此处仅介绍三端集成稳压器的运用。

三端集成稳压器的内部结构实际上包括了串联型直流稳压电路的各个组成部分，并加上了保护电路和启动电路。三端集成稳压器分为固定式、可调式两大类，固定式集成稳压器使用方便，不需作任何调整，外围电路简单、工作安全可靠，适用于制作通用型标称值电压的稳压源，但不能获取非标称电压值，且输出电压的稳定度也不够，其7800系列、7900系列已成为世界通用系列。可调式集成电压则克服了电压不可调的缺点，而且在电压稳定度上比固定式提高了一个数量级，输出电压范围一般为1.2~37 V，非常适合制作实验室电源及多种供电方式的直流电源。

② 选用LM7805构建电路。

在元件库"Spice Macros"（制造商模型）栏选择 [REG]，电路连接如图6.61所示，学习三端固定式集成稳压器LM7805在稳压电源中的运用。通常情况下，为防止电路自激现象的发生，需在稳压器输入端接入一定容量的电容（典型值为0.33 μF，如图中C_i所示）；同时，为改善负载的瞬态响应和消除输出电压中的高频噪声，在输出端也常接入一定容量的电容（一般为0.1 μF至几十微法，如图中C_o所示）。

③ 运行命令"Analysis/Transient..."（分析/瞬时现象）。在弹出的窗口中设置"End display"（终止显示）为100 ms，单击"OK"按钮确定后弹出如图6.62所示波形。

比较图3.62所示波形中7805稳压器的输入V_{o1}（10 V）、输出波形V_o（5 V），可看到比较稳定的输出电压值（+5 V），与理论分析相符。

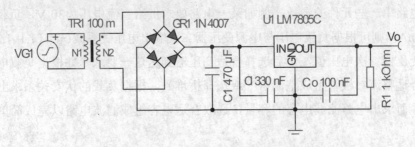

图6.61　加上三端稳压器LM7805的直流稳压电源

图 6.62　三端集成稳压器7805输入端Vo1与输出端Vo波形

（4）可调三端集成稳压器LM317应用分析

构建图6.63所示电路，分析可调式3端集成稳压器的应用。

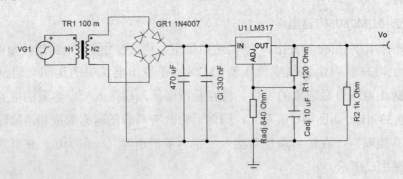

图 6.63　LM317构成直流稳压电源稳压部分

① 理论分析。可调三端集成稳压器LM317在其内部仅设置了1.25 V的基准电压，当调节端接公共端（接地）时，输出端电压值为基准电压值1.25 V。

其中，R1的取值推荐值为120 Ω（一般不高于240 Ω，否则空载时输出电压将比设计的高），R_{adj}与C_{adj}为调节端电阻电容，R_{adj}的取值与输出电压有关，通常其应大致满足关系式：

$$U_{out} = U_{ref} \cdot \frac{R_1 + R_{adj}}{R_1}$$

式中U_{ref}为可调三端集成稳压器内部基准电压（LM317为1.25 V）。

同时，稳压器最高输出电压值也有约束，LM317的最高输出电压为37 V。本例中稳压器LM317的输入端电压约为9.4 V（即滤波电路输出电压U_{o2}），则最大输出电压不应超过8.2 V。通过计算，本例若需要输出电压U_{out}为5V，R_{adj}的取值应该为360 Ω；要输出7.5 V，R_{adj}则为600 Ω。

② 仿真分析。调整R_{adj}为不同值，分别测量输出端电压值。本例设置R_{adj}为360 Ω，调用示波器或运行"Analysis/Transient..."（分析/瞬时现象）命令分析，可得图6.64所示的输出电压波形。

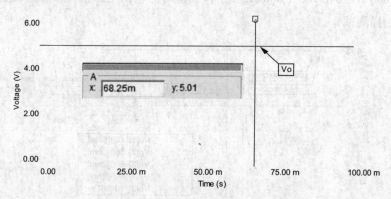

图6.64 R_{adj}为360Ω时输出电压波形及幅度

图6.64中测得输出电压值为5.01 V，仿真测量值与理论分析结论相符。读者可自行调整R_{adj}的值，观察其对应输出电压的变化。

③ 对R_{adj}作参数扫描分析。用来考查R_{adj}取不同值对输出电压的影响。

执行"Analysis/Select Control Object"（分析/选择控制对象）命令，或单击工具栏快捷图标后，移动光标到R_{adj}上单击，在弹出的对话框左下角单击"select..."(选择)按钮，会弹出图6.65所示对话框，设置好相关参数后单击"OK"按钮确定。

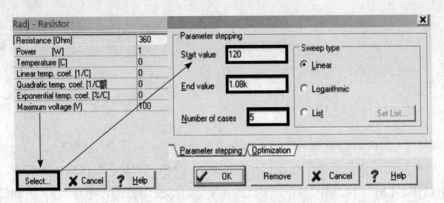

图6.65　Control Object 设置方法及相关参数值

调用"Analysis/Transient..."（分析/瞬时现象）命令进行瞬时分析，在弹出的窗口中设置"End display"（终止显示）为100 ms，其余设置默认，单击"OK"按钮确定后得到图6.66所示波形。图6.66中验证了R_{adj}分别为120 Ω、360 Ω、600 Ω、840 Ω、1 080 Ω这5个特征值时的输出电压值（读者可设置为其他值进行扫描测试）。

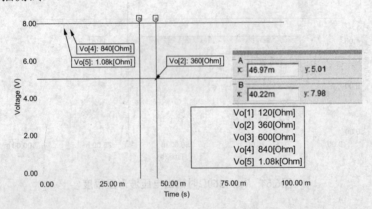

图6.66　扫描分析R_{adj}为不同取值时输出电压Vo的不同

从图6.66所示波形看到，在R_{adj}取值840 Ω时，稳压器输出电压达到了7.98 V的最大值，且纹波较大，若继续增大R_{adj}的值（比如1.08 kΩ），输出电压不再遵循规律。

小结：本例仅抛砖引玉，实战时电路各个环节的构成均有很多不同的选择，比如说整流环节，在要求不高的情况下，可以采用单相全波整流；稳压环节可采用由分立元件构成的串联型稳压电路等，读者可自行分析。

2）直流恒流电源的分析与设计

直流恒流源也称电流源或稳流源。理想恒流源其输出电流值是绝对不变的，但实际恒流源只能是在一定范围内（包括温度范围、输入电压范围、负载变化范围等）保持输出电流的稳定性。恒流源分通用型和专用型两大类，其中，通用型恒流源由通用型半导体器件或集成电路组成，电路设计灵活多样，但恒流效果不理想，且电路比较复杂；而专用型恒流源近年发展迅速，目前有电真空稳流管、半导体恒流二极管（CRD）、恒流三极管（CRT）等。

下面介绍利用三端集成稳压器构成直流恒流源，并分析其恒流特性。

（1）基本原理

原理上，任何集成稳压器都可以实现恒流源功能，只要在输出端和GND端（或adj端）接一个固定电阻，集成稳压器将稳定这个电阻上的电压，从而稳定了流过这个电阻的电流，也就稳定了输出电流。原理图如图6.67所示。

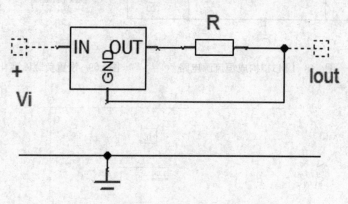

图6.67　三端集成稳压器构成恒流源原理图

从实用角度来考虑，恒流源的最小电压差越小越好，即集成稳压器的输出电压越低越好，选用输出电压低的集成稳压器将更适合用于制作恒流源。另外，严格意义上说，输出电流除了集成稳压器输出端电流外，还包含了GND端（或adj端）电流，这一电流值当然也越小越好。由于78系列稳压器其输出电压固定，因而对GND端的电流没有刻意要求，通常为5 mA左右，而LM317对调整端电流有着比较苛刻的要求，一般为50 µA(不超过100 µA)，其对恒流源输出电流的影响基本可以忽略。因此，LM317就成为制作恒流源较为理想的选择了。

（2）构建电路

构建电路如图6.68所示，并接入相关测量指示器件以备仿真分析所用。

一定要明白，实战中恒流源只是在一定温度范围、输入电压范围、负载变化范围内是恒流。

（3）仿真分析

① 分析电路负载R_L的变化对输出电流的影响。调用 "Analysis/DC Analysis/DC Transient Characteristic..."（分析/直流分析/直流传输特性）命令，在弹出的对话框中设置参数，如图6.69所示（已设定），单击"OK"按钮确定后即可得到图6.70所示电流传输特性曲线（指示箭头AM1、AM2的电流测量曲线），其以R_L的取值参数为横坐标。

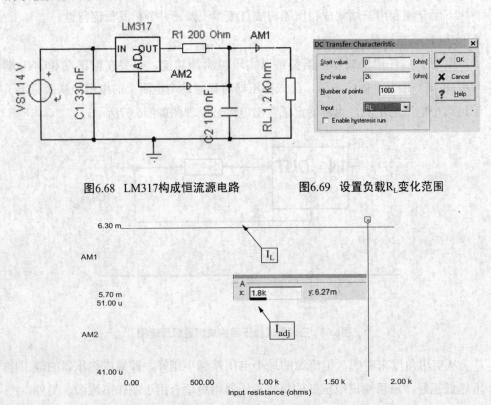

图6.68　LM317构成恒流源电路　　　　图6.69　设置负载R_L变化范围

图6.70　负载R_L变化对输出电流的影响

根据弹出传输特性曲线分析可知，在电路其他参数不发生变化的前提下，负载R_L在1 Ω~1.8 kΩ变化范围内，输出电流基本保持不变，实现了恒流的功能，超过这一范围后，输出电流发生了较大变化，电路没有恒流的作用。

② 分析输入电压对电路输出电流的影响。分析输入电压对输出电流的影响与分析负载R_L变化对输出电流的影响方法是一致的，所得关系曲线如图6.71所示。图中可以看到，电压变化在20~40 V范围内，其恒流效果较好。

③ 分析温度对输出电流的影响。调用菜单 "Analysis/DC Analysis/Temperature

Analysis"（分析/直流分析/温度分析）命令，在弹出的对话框中设置相关参数后，单击"OK"按钮确定，即可得到温度对输出电流的影响曲线，如图6.72所示。根据波形可见，温度从0～70℃变化，电流在6.26～6.3 mA之间波动，波动是较小的。

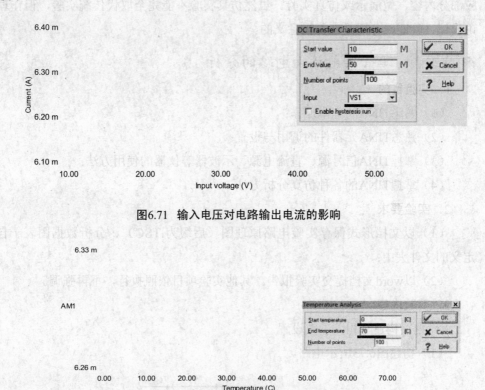

图6.71　输入电压对电路输出电流的影响

图6.72　温度对电路输出电流的影响

　　由上述分析可见，运用三端集成稳压器实现恒流源的设计是较为理想的，它是一种简单、可行、实用、经济的恒流源解决方案。

　　值得补充的是，实际制作恒流源时往往还有一些其他指标要求，如恒流源的电流调节、输出电压限制等。例如2005年全国大学生电子设计竞赛的竞赛题"数控电流源"，要求其输出电流在2 A以下，最小分度为1 mA，输出电压不高于10 V，要求数字控制。这一题目对电流值、电流调节分度及输出电压等均做出了相应的要求，看似不能用集成稳压器来实现（当时竞赛很多参赛队均采用了D/A控制恒流源这种单片机实现方案来设计），但只要同学们对集成稳压器的工作方式理解透彻，配合其外围电路，只应用单只LM317，也可实现这一设计要求。

6.2　模拟电子技术实验

　　这部分安排了模拟电子技术基础课程的实验内容，可供电子信息类相关专业作为模拟电子技术实验教学指导。非电子类专业也可根据所教授内容适当选取相应部分内容，做演示或仿真实验。虽然仿真实验不能完全取代传统实验，但作理论设计、验证、分析是有积极意义的。

※ 实验一　单管共射放大电路的分析

1．实验目的

　（1）熟悉TINA的基本操作；

　（2）熟悉TINA元器件的调用与设置；

　（3）掌握TINA信号源、直流电源、示波器等仪器的使用方法；

　（4）掌握TINA的各种仿真分析方法。

2．实验要求

　（1）以文档形式保存实验电路原理图（后缀为.TSC）、分析数据图表于自定义的文件夹中；

　（2）以word文档提交实验报告。其他实验项目依照执行，不再强调。

3．实验内容

1）电路构建与相关参数设置

　（1）构建图6.73所示电路。

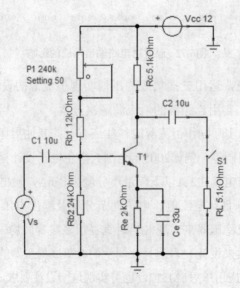

图6.73　单管共射放大电路

（2）按图6.73所示设置各元器件相关型号及参数。

（3）设置信号源Vs内阻为50 Ω，输出为4 mV（峰值）、1 kHz的正弦波信号；Vcc为12 V；T1选用2N2222。

2）电路仿真与分析

（1）Q点测量

① 构建静态工作点测量电路。为测量电路静态工作点，接入相关测量仪表，如图6.74所示。图中接入了电压表、电压箭头、电流箭头、万用表及示波器等测量仪器。

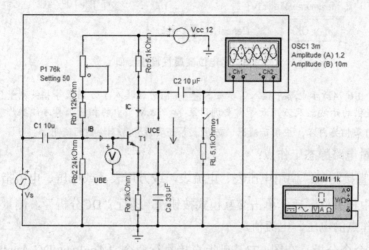

图6.74 直接法测量静态工作点电路参考连线图

② 电路参数调整。反复调整电路中电位器P1阻值，运行AC分析，利用示波器观察输出端波形，使之达到最大输出且不失真。图中接入示波器不能实际反映出波形的全部信息，需调用"T&M"菜单下的示波器工具"Oscilloscope"（示波器）观察输出端波形。示波器详细使用方法参见本书第1章虚拟仪器部分，在此不再赘述。

电位器P1的设置与调节方法与普通电阻的调节方法基本一致。双击电位器图标，弹出的属性对话框如图6.75所示，可设置其全电阻、接入阻值比例及快捷键控制方式等。其中"Resistance"（电阻）一栏为全电阻阻值，"Setting"（设置）一栏为接入电阻阻值比例，右侧的上下箭头按钮可控制调整。同时此处还可设置快捷键进行实时调节，例如此处分别为"A/B"（如图6.75右侧所示，视窗关闭后，运行DC/AC分析时操作，在启用示波器观察波形时，不支持实时调节和快捷键控制方式）。

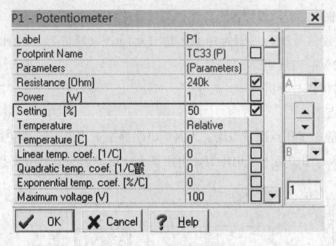

图6.75　电位器属性设置窗口

【注】图6.74所示电路中接入了示波器 ▦ ，同时还接入了万用表等相关测量仪器，但实际上TINA提供的示波器及万用表等需要调用菜单"T&M"中的相应工具方能操作。其应用请参阅本书第1章相关内容，应用示波器、万用表等还要注意 ✎ 按钮的使用。

③ 测量电路静态工作点：

（a）直接测量：调用电压表、电流表，或万用表，或电压、电流指示箭头，接入电路中相关位置后，单击交互模式按钮 ▧ 进行"DC分析"，测量仪表旁显示相关工作点的电压、电流值。

（b）命令分析：在图6.73基础上直接执行命令"Analysis/DC Analysis/Table of DC results"（分析/直流分析/直流结果表），弹出的"Voltages/Currents"（电压/电流）视窗中会显示相关电量。

（c）还可执行命令"Analysis/DC Analysis/calculate nodal voltages"（分析/直流分析/计算节点电压）分析。

（d）单击交互模式按钮启动 ▧ 进行DC分析后，单击交互式探针 ✎ 按钮，直接对相关节点电流/电压以及元件端电压和电流进行测量；

记录并保存I_B、I_C、U_{BE}、U_{CE}的测量结果数据，完成电路Q点的计算分析。

（2）电压放大倍数A_v分析

① 直接测量：图6.74所示电路中，在输出端接入电压测量工具，单击交互模式按钮 ▧ 启用AC分析，可得输出端"V_o"电压有效值，记录该数据处理即可。

② 分析菜单测量：运行"Analysis/Transient..."（分析/瞬时现象）命令进行瞬时分析，得出输入/输出端电压波形；波形视窗中调用测量光标测量并记录输入、输出电压（为峰值或峰峰值）处理即可。

③ 执行"T&M/Oscilloscope"（T&M/示波器）调用示波器进行分析。

（3）输入、输出阻抗的测量

参阅本章第1节例二中输入/输出电阻的测量方法，任意采用一种测量方式测量输入/输出电阻，记录于实验表格中。

（4）频率特性分析

执行"Analysis/AC Analysis/AC Transfer Characteristic..."（分析/交流分析/交流传输特性）命令运行AC传输特性分析，在弹出的AC传输特性对话框中设置起始频率"Start frequency"（起始频率）为1 Hz、终止频率"End frequency"（终止频率）为100 MHz及采样点数"Number of point"（采样数），其余项默认，单击"OK"按钮确定后弹出波特图窗口。按本章第1节实例二中介绍的方法分别测量出f_L、f_H，记录实验数据。

4. 实验报告的数据处理及要求

（1）理论计算：依据图6.73所示电路中相关元器件参数，采用理论分析方法计算出电路Q点、电压放大倍数A_v、输入输出电阻，其中，三极管β参数值可双击三极管后，在弹出属性窗口下载"Type"（类型），然后在弹出的"Catalog Editor"（目录编辑器）视窗的"Mode Parameters"（模式参数）区域找到"Forward beta"栏，即查找到2N2222的β典型值为215；

（2）TINA分析Q点：将DC分析所得数据进行处理，并与理论分析结果进行比较；

（3）A_v的计算：将所得输出端电压值（注意电压表测量所得为有效值，示波器测量所得电压值为峰值或峰峰值）与输入端信号源设置电压值（本次实验Vs设置为4 mV，是峰值）转换成相同含义的电压值后，计算出电压放大倍数A_v，并与理论计算值进行比较；

（4）输入输出阻抗的计算：将所得数据按其约定的计算方法计算输入输出电阻值，并与理论计算值进行比较；

（5）通频带的计算：通过半功率点计算出电路的f_W。

5. 实验思考

（1）静态工作点稳定电路是如何稳定静态工作点的？

（2）单管共射放大电路输入信号与输出信号之间相位为何种关系？

（3）放大电路非线性失真与电路哪些参数有关？出现失真时应该如何调整？

※ 实验二 负反馈放大器

1. 实验目的

（1）了解负反馈对放大器性能的影响；

（2）进一步了解放大器性能指标的测量方法；

（3）进一步掌握TINA的分析功能应用。

2. 负反馈放大器的实验原理

负反馈放大器是由主网络（即无反馈的放大器）和反馈网络组成，电路结构如图6.76所示。图中，将原输入信号Xs与反馈信号Xf进行比较，得到净输入信号Xi＝Xs-Xf，加到主网络输入端；主网络的输出信号为Xo，Xf就是Xo通过反馈网络得到的反馈信号。

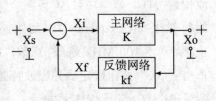

图6.76 负反馈放大器原理图

根据主网络与反馈网络的不同连接方式，可以组成4种不同类型的负反馈放大器，如图6.77所示。放大器输入若采用并联连接方式，则应采用内阻较大的信号源激励；若输入采用串联连接方式，则应采用内阻较小的信号源激励。

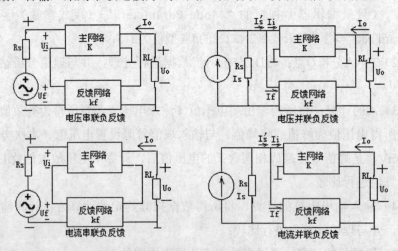

图6.77 4种反馈框图

不同类型的负反馈放大器，主网络的增益K、反馈网络的反馈系数k_f和负反馈放大器增益K_f必须采用相应的表示形式，如表6.1所列。

必须注意，由于主网络与反馈网络是闭环连接的，计算主网络增益和输入电阻、输出电阻时，应该考虑反馈网络对主网络的影响，即将反馈网络在主网络上呈现的阻抗考虑在主网络内。这种影响称为反馈网络对主网络的负载效应。主网络为无反馈放大器，考虑负载效应时，必须将放大器的反馈网络去掉。在考虑反馈网络对主网络输入端的负载效应时，若输出端为电压负反馈，则将输出负载短路；若为电流负反馈，则将输出负载开路，这样，反馈网络就不会有反馈信号加到主网络的输入端。

在考虑反馈网络对主网络输出端的负载效应时，若输入端为串联负反馈，这时，将输入端开路，反馈网络就不能将反馈信号加到主网络的输入端；为并联负反馈，则将输入端短路，反馈网络就不能将反馈信号加到主网络的输入端了。

表6.1 负反馈计算公式

负反馈类型	主网络增益K	主网络源增益K_s	反馈系数k_f	反馈深度F	考虑了R_s的反馈深度F_s	负反馈放大器的源电压增益K_{uf}
电压串联	$K_u = \dfrac{U_o}{U_i}$	$K_{us} = \dfrac{U_o}{E_s}$	$k_{fu} = \dfrac{U_f}{U_o}$	$1 + K_u k_{fu}$	$1 + K_{us} k_{fu}$	$\dfrac{U_o}{E_s} = K_{ufs}$
电压并联	$K_r = \dfrac{U_o}{I_i}$	$K_{rs} = \dfrac{U_o}{I_s}$	$k_{fg} = \dfrac{I_f}{U_o}$	$1 + K_r k_{fg}$	$1 + K_{rs} k_{fg}$	$\dfrac{U_o}{E_s} = \dfrac{K_{rfs}}{R_s}$
电流串联	$K_g = \dfrac{I_o}{U_i}$	$K_{gs} = \dfrac{I_o}{E_s}$	$k_{fr} = \dfrac{U_f}{I_o}$	$1 + K_g k_{fr}$	$1 + K_{gs} k_{fr}$	$\dfrac{U_o}{E_s} = -K_{gfs} R_L$
电流并联	$K_i = \dfrac{I_o}{I_i}$	$K_{is} = \dfrac{I_o}{I_s}$	$k_{fi} = \dfrac{I_f}{I_o}$	$1 + K_i k_{fi}$	$1 + K_{is} k_{fi}$	$\dfrac{U_o}{E_s} = -K_{gfs} \dfrac{R_L}{R_s}$

3. 负反馈对放大器性能的影响

（1）降低了增益

$$K_{fs} = \frac{K_s}{1 + K_s k_f} = \frac{K_s}{F_s}$$

当F_s（称为反馈深度）远远大于1时，$K_{fs} \approx \dfrac{1}{k_f}$

（2）提高了增益的稳定性

若设ΔK_s和ΔK_{fs}分别表示因各种原因引起主网络增益和负反馈放大器增益的变化量，则：

$$\frac{\Delta K_{fs}}{K_{fs}} = \frac{\dfrac{\Delta K_s}{K_s}}{F_s}$$

（3）改变了输入阻抗

若设主网络的输入阻抗为R_i，则构成串联负反馈电路的输入阻抗为：

$$R_{if} = (1 + K k_f) R_i = F R_i$$

构成并联负反馈电路的输入阻抗为：

$$R_{if} = \frac{R_i}{1 + Kk_f} = \frac{R_i}{F}$$

（4）改变了输出阻抗

若设主网络的输出阻抗为R_o，则构成电压负反馈电路的输出阻抗为：

$$R_{of} = \frac{R_o}{1 + \dfrac{R_o}{R_L} K_s k_f}$$

构成电流负反馈电路的输出阻抗为：

$$R_{of} = (1 + K_s k_f)R_o = F_s R_o$$

（5）展宽了电路的通频带。

4．实验内容

（1）电压串联负反馈

① 实验电路如图6.78所示，设置信号为1 kHz、0.1 mV的正弦信号。

② 配置示波器，运行仿真，分析波形。

③ 对电路作直流工作点分析，根据得到的数据判断电路设计是否合理。

④ 断开ab、cd，连接ad，运行仿真，再调节电位器R1、R6（可换成电位器，分别调整），让输出信号波形最大、且不失真，记录信号的输入、输出信号幅度（U_{o2}），计算增益；测量放大器主网络的输入、输出阻抗；测量幅频和相频特性曲线。

⑤ 断开ad，连接ab、cd，运行仿真，记录信号输入、输出信号幅度，计算增益；测量放大器有反馈时的输入、输出阻抗；测量幅频和相频特性曲线。

⑥ 测量U_f（a对地的电压）和U_{o2}（Uo2端电压），计算反馈深度。

⑦ 对R10作参数扫描分析，从3 k到12 k线性扫描5个点，分析扫描结果。

⑧ 比较④⑤⑥⑦的结果，分析负反馈对放大器性能的影响。

（2）电流串联负反馈放大器的研究

在图6.78所示电路中，将第二级放大器的所有元件删除（若电路中设置开关，就将后级电路断开即可），R10、C6也删除后，从Uo1端输出，R9作负载，就构成了电流串联负反馈电路，然后按以下步骤操作：

① 对电路作直流工作点分析，根据得到的数据判断电路设计是否合理。

② 断开cd，连接ac，运行仿真，记录信号的输入、输出幅度，计算增益；测量放大器主网络的输入、输出阻抗；测量幅和相频特性曲线。

③ 断开ac，连接cd，运行仿真，记录信号的输入、输出幅度，计算增益；测

量放大器有反馈时电路的输入、输出阻抗；测量幅频和相频特性曲线。

④ 测量、计算电路的反馈深度。

⑤ 比较第②③步，分析负反馈对放大器性能的影响。

（3）自行设计"电压并联负反馈电路"、"电流并联负反馈电路"，并作相应分析。

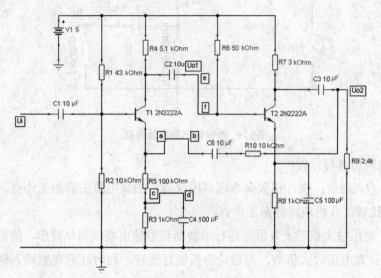

图6.78 电压串联负反馈

5. 实验报告

参看实验一，将实验步骤、原理图、测试数据、图表、分析结果记录于文件夹中。

※ 实验三　射极输出器的分析

1. 实验目的

（1）掌握射极输出器工作原理；

（2）掌握TINA示波器、频谱仪等仪器的使用方法。

2. 实验内容

1）构建实验电路及相关参数设置

（1）构建电路如图6.79所示；

（2）按图所示设置各元器件相关型号及参数；

（3）设置信号源Vs内阻为1 kΩ，输出为20 mV、1 kHz的正弦波信号；Vcc为12 V。

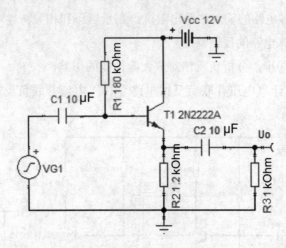

图6.79　射极输出器实验电路

2）电路仿真与分析

（1）Q点测量：执行相关命令或调用仪器，测量电路的静态工作点，与理论计算进行比较，分析电路静态工作点。

（2）电压放大倍数A_v分析：运行示波器观察输出端U_o与U_i波形，测量输出波形幅度，计算电压放大倍数，与理论分析进行比较；同时注意观察输入输出波形之间相位关系。

（3）输入、输出阻抗的测量：采用适当方法测量电路的输入、输出电阻。

（4）频率特性分析：运行频谱仪或"Analysis/AC Analysis /AC Transfer Characteristic..."（分析/交流分析/交流传输特性）命令，测量分析电路的频率响应。

3．实验思考

（1）射极输出器电路也叫射极跟随器（或共集放大器），分析其特点，这些特点使共集电极放大电路最适用于什么场合？（提示：要与共射、共基电路比较，实验一即为共射放大器。共集放大器输入阻抗高、输出阻抗小、电压放大倍数小于/等于1）

（2）使用TINA分析电路频率响应时，应采用什么分析方式进行分析？

※ 实验四　差动放大电路的分析

1．实验目的

（1）学习差动放大电路基本原理；

（2）熟练TINA示波器、万用表使用方法；

（3）掌握TINA的各种仿真分析方法。

2. 实验原理

差动放大电路的典型电路实质是由两个电路参数完全对称的单管放大电路组合形成的对称式放大电路。该电路具有极大的差模电压增益、较强的共模信号抑制能力。

差动放大器信号有4种组态，即单端输入单端输出、单端输入双端输出、双端输入单端输出、双端输入双端输出。其输入信号有以下特点：

双端输入

$$U_{i1} = \frac{1}{2}U_i \qquad U_{i2} = -\frac{1}{2}U_i \qquad U_{id} = U_i;$$

单端输入，其实质与双端输入方法一致，即：

$$U_{i1} = \frac{1}{2}U_i \qquad U_{i2} = -\frac{1}{2}U_i;$$

共模输入，即输入电压信号幅度相等，极性相同的输入。共模输入信号一般用U_{ic}表示，此时有：

$$U_{i1} = U_{i2} = U_{ic}$$

即有共模电压放大倍数：

$$A_{vc} = \frac{U_O}{U_{ic}} = 0$$

但实际上由于电路很难做到完全对称，即$U_{i1} \neq U_{i2}$，故输出电压U_o应该是一个很小的值。当电路工作环境温度或直流电压发生波动时，相当于引起两单管放大电路集电极电位有一相同的微小变化，这一变化即为共模信号。电路对共模信号有抑制作用，所以电路也有抑制零点漂移的作用。

差动放大器双端输出时，差模电压放大倍数为：

$$A_{vd} = \frac{U_o}{U_{id}} = \frac{2U_{o1}}{U_i}$$

其与单管放大电路电压放大倍数相同：

$$A_{vd} = A_{v1} = -A_{v2} = \frac{U_{o1}}{\frac{1}{2}U_i} = \frac{2U_{o1}}{U_i} = -\frac{2U_{o2}}{U_i};$$

单端输出时：

$$A_{vd} = \frac{U_o}{U_{id}} = \frac{U_{o1}}{U_i} = \frac{1}{2}A_{v1} = -\frac{1}{2}A_{v2}$$

【注】表达式中"–"仅表示相位相反。

3. 实验内容

1）电路构建与相关参数设置

（1）构建图6.80所示恒流源差分放大电路；

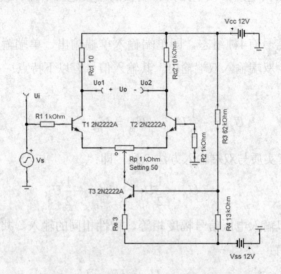

图6.80 单端输入恒流源差分放大电路

（2）按图所示设置各元器件型号及相关参数；

（3）设置信号源Vs内阻为50 Ω，输出为10 mV、1 kHz的正弦波信号；设置直流电源Vcc为12 V，Vss为–12 V（电源反接可以获得）。

2）差模放大器特性分析

（1）静态调整V。图6.80所示电路为恒流源差动放大电路，采用单端输入方式。三极管T1、T2构成信号放大电路，T3构成恒流源，以提高电路共模反馈电阻。调节电位器Rp可使三极管T1、T2静态工作点达到平衡，一般为几十到几百欧姆。虽然选用的是同型号三极管（实际器件的参数是有离散性的），但还是需要调零的。调节时可在Uo端接入万用表，在DC分析模式下调节Rp观测两端电压，使之达到最小即可（理想为0）。也可运行"Analysis/DC Analysis/Table of DC results"（分析/直流分析/直流结果表）命令来分析。

（2）动态分析。

① 单端输出分析：运行示波器，观察U_i、U_{o1}、U_{o2}端波形，比较输出端信号与输入信号相位关系，并计算电压放大倍数；示波器在此需设置为AC耦合方式。参考波形如图6.81所示。

② 双端输出分析：将Uo2电压引脚去掉，在输出端Uo接入电压测试箭头，运行示波器观察Uo1与Uo的波形，记录其幅度及其相位关系，分别计算电压放大倍数并分析两者关系。参考波形如图6.82所示。

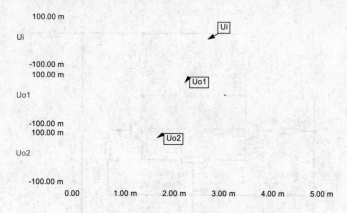

图6.81 单端输出的U_i、U_{o1}、U_{o2}波形

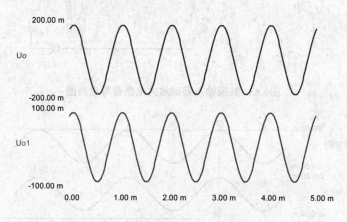

图6.82 双端输出U_o/U_{o1}参考波形

③ 共模放大特性仿真分析：

（a）将电路信号输入方式改为共模输入，调用示波器观察输出端Uo1、Uo2波形，分析电路对共模信号的抑制作用。参考电路如图6.83所示。

（b）将电路信号输出方式改为双端输出，再观察输出端Uo波形，分析电路对共模信号的抑制作用，并与单端输出方式时的抑制效果进行比较。

（c）设置电源Vcc幅值在11.8~12.4 V之间波动，分析输出Uo对电源波动的响应。

先运行Analysis/Mode..（分析/模式）命令，在弹出窗口中设置分析模式为

⊙ <u>Parameter stepping</u>（参数分级），选择控制对象"Vcc"，然后设置其变化范围为11.8~12.4 V，情形数为3（在变化范围内取3个值分别运行）；然后运行"Analysis/Transient..."（分析/瞬时现象）命令，参考波形如图6.84所示。

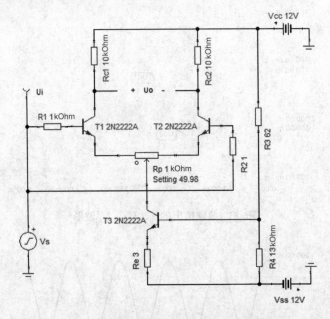

图6.83　共模输入差动放大电路参考电路图

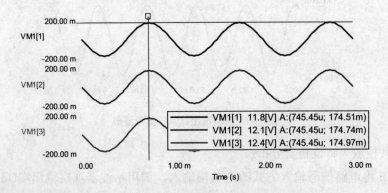

图6.84　电源波动对差动放大器输出U_o的影响

4. 实验思考

（1）为何单端输入与双端输入模式差分放大电路的响应都相同？

（2）差模输入信号下，单端输出信号U_{o1}、U_{o2}分别与输入信号U_{id}之间的相位关系如何？幅度关系又如何？分析其原因。

※ 实验五 运算放大电路的应用分析（一）

1．实验目的

（1）学习集成运算放大电路的基本应用；

（2）学习集成运放在线性区和非线性区工作的分析方法。

2．实验原理

集成运算放大电路在电子设计中应用广泛，其基本应用分为线性应用和非线性应用两大类。当集成运放加负反馈使其闭环工作在线性区时，可构成放大器、振荡器和滤波器等；当处于开环状态或加正反馈时工作在非线性区，此时可构成电压比较器和矩形波发生器等。

理想运放具有以下几点特性：

● 开环电压放大倍数 $A_v=\infty$；

● 输入电阻 $R_i=\infty$；

● 输出电阻 $R_o=0$；

● 带宽 $f_{BW}=\infty$；

● 当其工作在线性区时，满足"虚断"、"虚短"特性。

3．电路仿真分析

1）反向比例运算电路

（1）构建电路。选用集成运放OP07A，构建如图6.85所示反向比例运算电路；设置信号源输出1 V、1 kHz正弦电压信号。

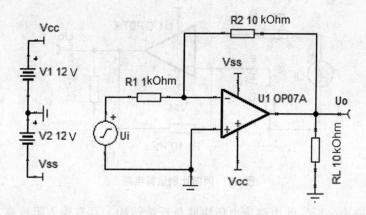

图6.85 反向比例运算电路

（2）理论分析。此电路为电压并联负反馈结构，可根据运放的"虚断"、"虚短"概念，得到电压放大倍数为：

$$A_v = -\frac{R_2}{R_1} = -10$$

【注】负号表示输入输出波形反向。

（3）TINA仿真。运行示波器或"Analysis/Transient..."（分析/瞬时现象）命令，设置适当的相关参数获取输入输出波形，验证上述关系式是否成立。参考波形如图6.86所示。

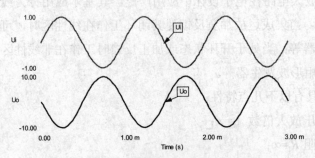

图6.86 反向比例运算电路输入/输出波形

【注】为简化电路连线，本电路双电源采用跨接线方式进行连接，图中给出的Vcc/Vss均与实际电源电气连接。

2）同相比例运算电路

（1）构建电路。同向比例运算电路如图6.87所示；设置信号源输出1 V、1 kHz正弦电压，设置Vcc/Vss电压值为15 V/-15 V。

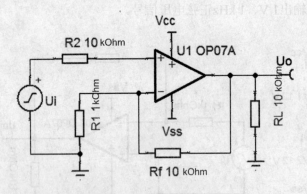

图6.87 同向比例运算电路

（2）理论分析。此电路为电压串联负反馈结构，具有输入阻抗高，输出阻抗低的特点。此电路电压放大倍数为：

$$A_v = 1 + \frac{R_f}{R_1}$$

则电路的电压放大倍数为11倍，输入输出波形同相。

（3）仿真分析。运行示波器或"Analysis/Transient..."（分析/瞬时现象）命令，设置适当的参数获取输入/输出波形，验证上述关系式是否成立。参考波形如图6.88所示。

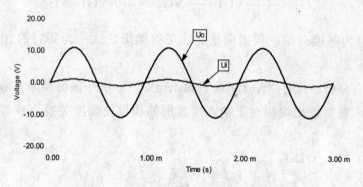

图6.88　同相比例运算电路输入/输出波形

3）加、减法运算电路

（1）加法电路

① 构建电路及参数设置：调用集成运放OP07A构成如图6.89所示典型加法电路。

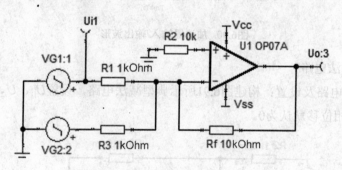

图6.89　加法运算电路

设置VG1、VG2输出幅度值均为100 mV，相位相差120°。

【提示1】信号相位设置：双击信号源图标，在弹出的属性对话框中选择"Signal"（信号）一栏，然后单击其后的 按钮，再选择正弦波形，设置幅度、频率、相位（在Phase（相位）栏输入相位移即可，此处设置VG1为0，VG2为120°）。

【提示2】波形显示顺序设置：在信号Label（标签）栏设置"变量+冒号+数

字"格式，其数字即为波形排列顺序，如图6.89中"VG1：1"、"VG2：2"、"Uo：3"所示，其目的是为了方便波形观察。

② 理论分析：该电路中，$R_1 = R_3 = 1\,k\Omega$，则有：

$$U_o = -(\frac{R_f}{R_1}VG1 + \frac{R_f}{R_3}VG2) = -10(VG1 + VG2)$$

以VG1为基准向量，根据向量加法可得输出U_o大小为VG1的10倍，相位差120°。

③ 仿真分析：执行"Analysis/Transient..."（分析/瞬时现象）命令，或运行示波器，观察输出端相对于输入端波形的相位及幅度关系，参考波形如图6.90所示。

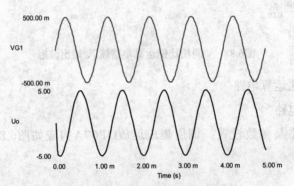

图6.90 加法器输入/输出波形

（2）减法电路

① 构建电路及设置：构建图6.91所示典型减法电路，设置U_{i1}、U_{i2}幅度分别为9 V、5 V，相位移默认为0。

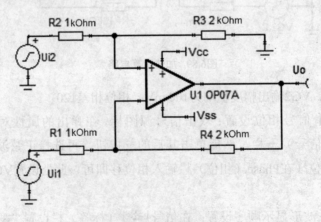

图6.91 减法运算电路

② 理论分析：电路中 $R_1=R_2=1\ \text{k}\Omega$，$R_3=R_4=2\ \text{k}\Omega$，有 $\dfrac{R_4}{R_1}=\dfrac{R_3}{R_2}=2$ 的关系，那么

$$U_o = \frac{R_3}{R_2}(U_{i2}-U_{i1}) = 2(U_{i2}-U_{i1})$$

③ 仿真分析：运行 "Analysis/Transient..." 命令，观察输出端 U_o 与 U_{i1}、U_{i2} 的波形，分析其相位及幅度关系，参考波形如图6.92所示。

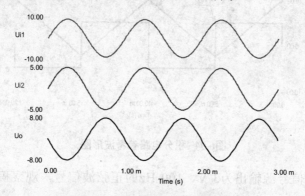

图6.92 减法器输入/输出波形

U_o 的幅度值（峰值）为 $2\times(5-9)=-8\ \text{V}$，实现了比例系数为2的减法运算。负号在波形中体现为 U_o 与 U_{i1}、U_{i2} 反向。

4）积分运算电路

（1）基本原理：当电容C初始电压为0时，输出电压 u_o 与输入电压 u_I 有如下积分关系：

$$u_o = -\frac{1}{RC}\int u_I dt$$

（2）构建电路及设置。选用集成运放 $\mu\text{A}741$，构建图6.93所示的积分电路；设置信号源输出为5 V、100 Hz方波。

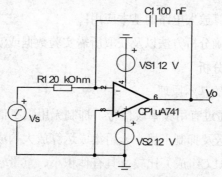

图6.93 $\mu\text{A}741$ 构成积分电路

（3）仿真与分析。

运行"Analysis/Transient..."（分析/瞬时现象）命令，观察输出端Vo波形，分析积分电路的波形转换作用。参考波形如图6.94所示。

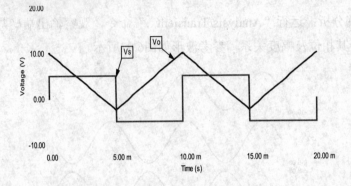

图6.94 积分电路参考波形图

（4）设置信号源输出为3 V、100 Hz的正弦波信号，观察积分电路的移相作用。

4．实验思考

（1）集成运放满足"虚断"、"虚短"概念的前提条件是什么？"虚地"这一概念又适用于什么条件下的电路分析？

（2）比例运算、求和运算电路中，集成运放工作在线性区还是非线性区？集成运放在不同工作区域有什么样的特点？

（3）在同相比例运算电路的仿真分析过程中，为什么要将Vcc、Vss的幅值调整为15 V？不调整会有什么现象发生？简要分析其原因。

※ 实验六 运算放大电路的应用分析（二）

1．实验目的

（1）学习集成运算放大电路的基本应用；

（2）掌握选用正确分析方法以及获取所需实验数据或波形的方法。

2．实验电路及其分析

1）有源滤波电路的基本原理

滤波电路是一种通过有用频率段信号，抑制无用频率信号的电子装置。常用于信号处理、数据传送及抑制干扰中。用集成运算放大构成的有源滤波器与无源滤波器（由无源元件RLC组成）比较，具有体积小、重量轻、不用电感等优点，还具有一定的电压放大作用与缓冲作用，但由于受集成运放的带宽限制，目前的有源滤波器工作频率还难以做得很高。

2）一阶低通滤波器（LPF）

（1）构建电路。一阶RC低通电路与一个同相比例运算电路组合就可构成一个一阶LPF，电路如图6.95所示。设置VG1输出1 V、50 Hz正弦信号。

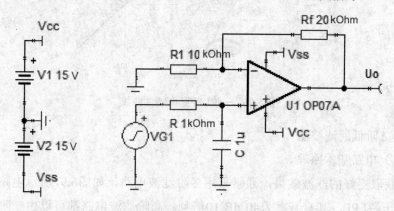

图6.95 一阶LPF电路

（2）理论分析。如果LPF的输入信号频率较低时，电容C相当于开路，其电压增益A_0就等于同相比例运算电路的电压增益A_v：

$$A_0 = A_v = 1 + \frac{R_f}{R_1} = 3$$

由于该低通滤波器是由RC低通滤波电路和比例运算放大电路构成，故一阶有源低通滤波器的通带截止频率：

$$f_P = f_0 = \frac{1}{2\pi RC} \approx 159\ \text{Hz}$$

在低于此频率范围内的信号认为是无衰减的传送，高于此频率，则按20 dB/10倍频程衰减。

（3）仿真验证分析

① 运行"Analysis/Transient..."（分析/瞬时现象）命令或调用示波器，观察输入、输出信号波形的幅度及相位关系，验证一阶滤波器理论分析所得参数。

② 运行"Analysis/AC Analysis/ AC Transfer Characteristic..."（分析/AC分析/交流传输特性）命令，可得一阶LPF的幅频特性曲线，如图6.96所示。调用光标找出通带截止频率f_P(-3 dB 点)，与理论分析比较；观察高于f_P频段的信号衰减速率，在1 kHz～10 kHz频率段衰减了19.9 dB（图中圈内），可知其按20 dB/10倍频程衰减。

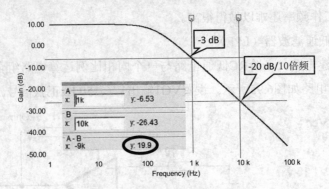

图6.96 一阶LPF频率特性曲线

3）二阶低通滤波器

（1）电路基本原理

为获取更好的滤波效果，通常采用多阶滤波电路，如图6.97所示电路为二阶压控电压源LPF，其衰减率为40 dB/10倍频。高阶滤波电路都可以由一阶与二阶有源滤波器有机构成。

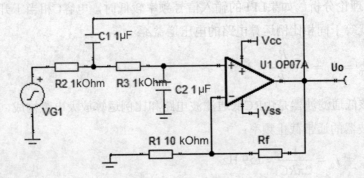

图6.97 二阶压控电压源LPF

二阶LPF其通带增益与一阶滤波器一致：

$$A_0 = A_v = 1 + \frac{R_f}{R_1}$$

其等效品质因素：

$$Q = \frac{1}{3 - A_v}$$

当$A_0=A_v<3$时，电路正常工作，若$A_0=A_v\geqslant3$，电路会自激振荡，应避免此种情况发生。

（2）构建电路如图6.97所示，设置VG1输出1 V、50 Hz正弦信号；R_f为6 kΩ。

（3）TINA仿真分析

① 运行"Analysis/Transient..."（分析/瞬时现象）命令，观察其输出端波形。

② 运行"Analysis/AC Analysis/AC Transfer Characteristic..."（分析/AC分析/交流传输特性）命令，获取电路频率特性曲线；分析曲线获取f_P值及其衰减是否按40 dB/10倍频程衰减；参考波形如图6.98所示。

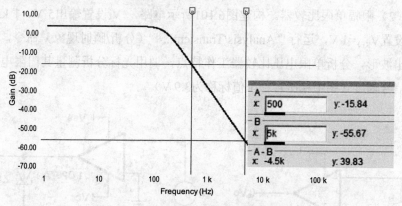

图6.98　二阶低通滤波器频率特性曲线

【注】若想利用光标快速定位频率点，可在弹出的数值框中X坐标栏内直接输出相应频率值，让光标快速准确地定位。如图6.98中横线标示。

③ 单击![按钮图标]按钮，选择控制对象Rf，设置其变化范围为6 kΩ ～ 19 kΩ，情形数（或称级数）为3，然后再运行"Analysis/AC Analysis/AC Transfer Characteristic..."（分析/交流分析/交流传输特性）命令，可得电路在品质因素Q为不同值时的频率特性曲线，参考图谱如图6.99所示。

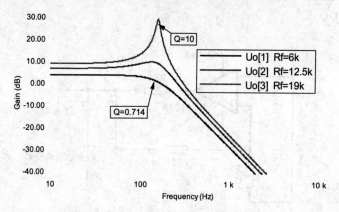

图6.99　不同品质因素Q值下的频率特性

品质因素Q是滤波电路频率响应的一个重要指标，通常情况下，二阶LPF的品质因素Q = 0.707左右时，频率特性曲线较为平坦。

4) 电压比较器

(1) 过零电压比较器。构建图6.100所示电路，设置Vi输出2 V、1 kHz正弦波，运行"Analysis/Transient..."（分析/瞬时现象）命令，观察输入输出波形，分析过零电压比较器的工作特点。

(2) 限幅单限比较器。构建图6.101所示电路，Vi设置输出5 V、1 kHz正弦波，设置V_{REF}=1 V，运行"Analysis/Transient..."（分析/瞬时现象）命令，观察输入输出波形，分析单限电压比较器工作特点，调用光标分析测量其门限电压V_T及输出信号幅度（图中稳压管稳压值标称为3.9 V）。

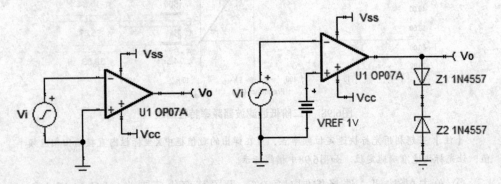

图6.100　过零电压比较器　　　　　图6.101　限幅单限比较器

(3) 滞回比较器。构建图6.102所示电路，Vi设置输出5 V、1 kHz正弦波，运行示波器观察输入输出波形，分析滞回电压比较器工作特点，调用光标分析测量其门限电压V_T。

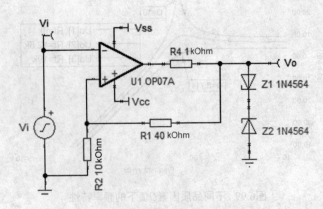

图6.102　滞回电压比较器实验电路

　　【注】此处调用示波器观察时，需设置示波器"Mode"为"Y/X"，同时为动态观察波形构建的过程，"Time/Div"一栏可设置为较小值（如此处设置为100μs），其余相关设置及测量方法参见第1章相应内容，参考曲线如图6.103所示。

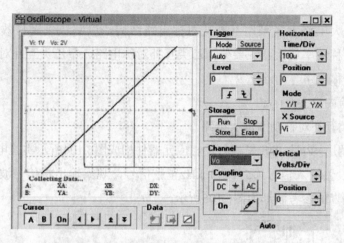

图6.103　示波器观察滞回特性曲线参考图

3. 实验思考

　　（1）滤波器、电压比较器中，集成运放工作在线性区还是非线性区？

　　（2）品质因素Q与电路哪些参数有关？简单叙述其对LPF频率特性曲线的影响。

※ 实验七　功率放大电路的分析

1. 实验目的

　　（1）学习功率放大电路的基本工作原理；

　　（2）学习TINA分析功率放大电路的基本方法。

2. 基本原理

功率放大器要有如下特点：

　　（1）输出功率大。电压放大器强调电压放大，而输出电流不一定大（如一般集成运算放大电路输出电流仅为20 mA左右），而功率放大器输出电压幅度与电流幅度均比较大。

　　放大器的负载能力：$P=IU$

　　放大器输出功率：$P = I^2R = \dfrac{U^2}{R}$

　　（2）效率高。大功率电路要求放大器的能量转换效率高，否则能量损失为热量消耗，晶体管的放大作用得不到充分的体现。

（3）非线性失真小。由于输出电压与电流幅度值均比较大，晶体管必然会或多或少的产生非线性失真，但设计时必须把非线性失真限制在负载允许的范围之类。

功率放大电路大多采用互补式对称电路结构，以解决失真与效率之间的矛盾。互补对称功率放大器主要分为乙类互补对称电路、甲乙类互补对称电路及单电源互补对称电路等。

3．实验内容

1）乙类互补对称功率放大电路

（1）调用NPN与PNP三极管及相应元器件构成图6.104所示实验电路。

（2）设置输入信号为5 V、1 kHz正弦信号，观察输出端信号波形的交越失真。交越失真的参考波形如图6.105所示。

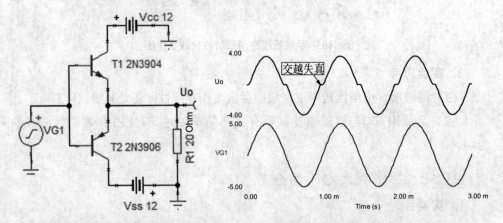

图6.104　乙类互补对称功率放大电路　　　图6.105　交越失真输出波形

（3）设置VG1在-2~+2 V之间变化，分析DC传输特性曲线，求出Uo交越失真期间对应的输入电压范围；参考曲线如图6.106所示。

【注】此图的含义就是输入端电压在 "-685.19~694.44mV" 这一范围时，输出端的波形发生了交越失真。

2）甲乙类互补对称功率放大电路

（1）在图6.104所示电路基础上，接入二极管D1、D2等，构成甲乙类互补对称功率放大电路如图6.107所示，信号源设置参考实验一）中参数；

（2）观察输出端U_o的波形是否失真，逐步增大输入信号电压值，求出不失真最大输出电压值；

（3）应用直流扫描分析，得出VG1在-10~+10 V之间变化的DC传输特性曲线，从该曲线分析得出最大不失真输出电压范围；

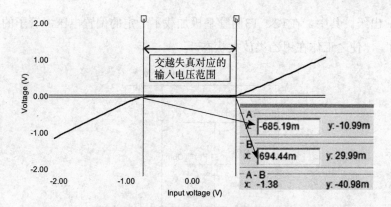

图6.106　交越失真对应输入电压VG1范围

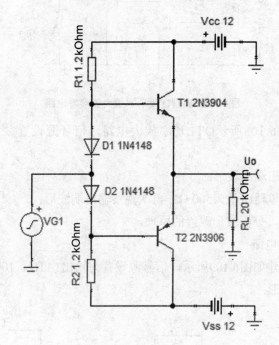

图6.107　甲乙类互补对称功放电路

【注】U_o不失真期间DC传输特性曲线应该是一条斜率一定的直线。

（4）在波形最大不失真时接入功率计测量放大器实际输出功率大小（功率计使用方法见本书第4章相关内容）。

3）OTL功率放大电路

由于传统功率放大器常采用变压器耦合、双管推挽输出电路结构，不便于集成，已很少使用。现在应用较为广泛的是无输出变压器的功率放大电路，通常称为OTL功率放大电路。图6.108所示为OTL功率放大器的典型电路，其通常包含推

动级与输出级。其中，在T2、T3两管基极加载了一定的偏置电压，管子的导通角
大于180°，使之工作在甲乙类放大状态。

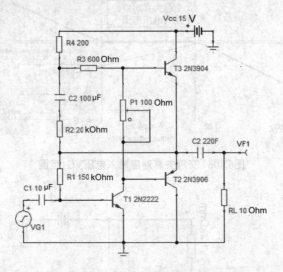

图6.108 典型OTL功率放大器参考电路

（1）构建图6.108所示OTL功率放大电路，信号源设置参考实验一中的参
数；

（2）观察输出端U_o波形；

（3）改变电位器P1值为500 Ω，再次观察输出端波形；

（4）调整P1，分析波形改善的原理。

4）BTL功放电路

（1）电路构建如图6.109所示，信号源设置为输出1 kHz、100 mV信号，观察
图中RL两端的波形；

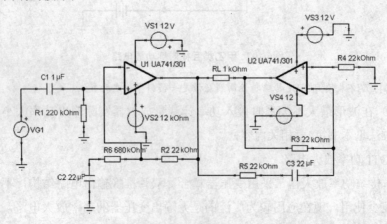

图6.109 BTL功放电路

（2）测量RL两端的电压，代入公式：

$$P = \frac{U_L^2}{R_L}$$

计算输出功率。

4. 实验思考

（1）有人说"功率放大电路输出功率最大时，功放管的功耗也最大"，你认为对么？甲乙类对称式功率放大器中，管耗最大发生在什么工作情况下？

（2）交越失真是由于什么原因引起的？其与电压放大电路中的非线性失真有什么区别？

※ **实验八　稳压电源**

1. 实验目的

学习三端稳压电源的使用方法。

2. 实验内容及步骤

（1）按图6.110所示连接电路，切换开关，观察输出电压的变化。

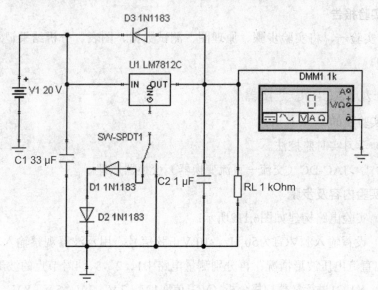

图6.110　三端稳压源

（2）将开关置于接地，对V1进行参数扫描分析（V1值取12 V，13 V，15 V，18 V，20 V，25 V），分析输出电压的变化，并记录于实验报告中。

（3）改变RL的取值，看看输出电压有何变化。

（4）按图6.111所示连接电路，调整P1，观察输出电压的变化范围，并记录于实验报告中。

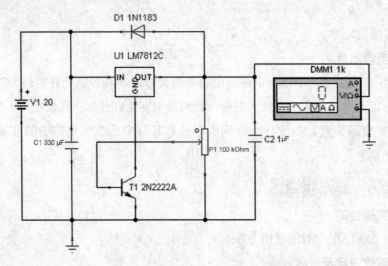

图6.111　输出电压可调的稳压电源

3．实验报告

参看实验一，将实验步骤、原理图、测试数据、图表、分析结果记录于你的文件夹中。

※ 实验九　AC-DC变换器

1．实验目的

（1）学习实时监控法。

（2）学习AC-DC（交流－直流变换器）变换器原理。

2．实验内容及步骤

（1）实验电路构建如图6.112所示；

（2）设置输入源VG1为50 Hz、10 V正弦信号。用示波器观察输入功率源波形和输出直流电压波形情况；再分别测量电路中1、2、3、4号节点的波形；

（3）对VG1进行参数扫描分析（VG1值取1 V、2 V、3 V、5 V、8 V、10 V），分析输出电压的变化，并记录于实验报告中；

（4）接入1 kΩ的负载RL，测试其输出电压；

（5）改变R_L的取值（100 Ω～5 kΩ），再观察输出电压、电流的变化。

3．实验报告

参看实验一，将实验步骤、原理图、测试数据、图表、分析结果记录于你的文件夹中。

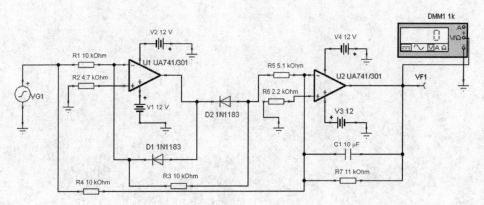

图6.112 AC-DC变换器

7 数字电子技术基础与实验

本章主要介绍TINA在数字电子技术分析中的应用，分两部分内容，第一部分为仿真实例，学习TINA在数子电子技术中各种分析方法及仪表操作方法；第二部分为配套实验，通过这些实验巩固所学的TINA分析方法。另外，这些内容可作为"数字电子技术基础"配套实验。

🔘 7.1　　仿真实例

※ 例一　逻辑门电路功能测试

逻辑门电路是构成其他逻辑单元的基础，熟悉和验证它们的功能是合理应用的基础。TINA在Gates（门）元件栏提供了常用的逻辑门模型，可直接调用。

1. 实验目的

（1）掌握基本逻辑门电路的功能及应用；

（2）熟练TINA在数字电子技术基础中的应用。

2. 实验电路的构建与仿真分析

1）"非"逻辑验证

（1）构建电路。调用元件栏"Gates"（门）库中的▷◦（反相器）；在"Switches"（开关）元件栏中调用开关 SW-HL1（高低开关）；在"Meters"（仪表）栏调用 L1（逻辑指示器）。构建电路如图7.1所示。

（2）电路仿真。单击工具栏交互模式按钮 的下拉箭头或单击菜单"Interactive"（交互式），选择"Digital"（数字）选项。单击交互式模式开关 按钮（或执行"Interactive/Start"（交互式/开始））运行仿真，移动光标至高低开关处（光标变成向上的箭头），单击鼠标可以改变开关信号的输入状态，观察输出端状态变化。

当开关连接到H时，输入端导线与元器件连接点变成红色（高电平），输出端连接点为蓝色，指示器不亮（低电平）；当连接到L时，输入端变成蓝色（低电平），输出端变成红色，指示器亮（高电平；其默认变成红色，可以双击之，在其属性对话框中的Color（颜色）栏修改颜色）。

（3）逻辑验证。设"反相器"输入为A，输出为Y，将测试结果与"反相器"的功能表比较，如表7.1所列。测试结果与理论分析是一致的。

【注】本实例符号系统采用美式标准，若要调整为欧洲标准，执行主菜单View（视图）下拉菜单中的Options...（选项），在弹出的窗口中选择 European (DIN)（欧制符号系统）即可。

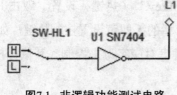

图7.1 非逻辑功能测试电路

表7.1 非逻辑功能表

输 入	输 出
A	Y
0	1
1	0

2）"与"逻辑验证

（1）构建电路。调用"Gates"（门）库中的 ⊐Ð （与2门），以及其他相关器件构建如图7.2所示"与"逻辑功能测试电路。

（2）运行仿真。设置交互模式为"Digital"（数字）模式后，单击交互模式开关运行仿真，改变输入端开关逻辑状态，观察输出端指示器的状态，与"与"逻辑功能表对比，如表7.2所列。输入为A、B，输出为Y，测试结果与理论分析是一致的。

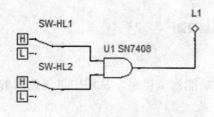

图7.2 "与"逻辑功能测试电路

表7.2 "与"逻辑功能表

输 入		输出
A	B	Y
0	0	0
0	1	0
1	0	0
1	1	1

值得补充的是，在TINA元件库中调用的逻辑门或其他元件，一般默认为TTL标准模型，若要改变为其他模型（比如说CMOS模型），需双击该元件图标，在弹出的属性窗口中选中"Catalog"（目录）并单击 打开"Catalog Editor"（目录编辑器）窗口，然后在"Model"（模式）下拉框中选择所需分析的模型后，单击"OK"按钮确定，如图7.3所示。

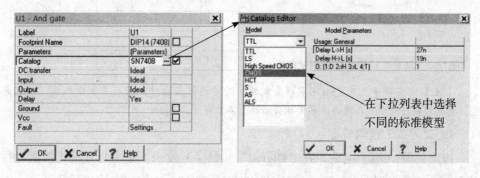

图7.3 元件模型标准的选择

同时，TINA提供的各种开关均支持"Hotkey"（热键）设置。双击开关图标，在其属性窗口中单击"Hotkey"（热键）栏的 ⬇ 即可设置控制热键，如图7.4所示。设置保存后，电路中的开关将可以由键盘对应字母来控制（其鼠标控制方式仍然有效）。

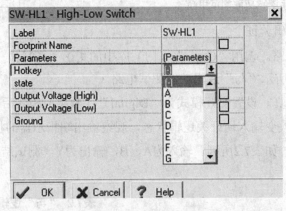

图7.4　开关控制热键设置

3）"与非"逻辑验证

（1）构建如图7.5所示"与非"门逻辑功能测试电路。从图中可见选用的"与非"门被调整为CMOS模型了。

（2）验证仿真分析。在"Digital"（数字）模式下单击交互模式开关运行仿真，改变输入端两个开关的状态，观察输出端状态，与表7.3所列功能表进行比较。观察得知"与非"逻辑与功能表描述一致。

表7.3　"与非"门逻辑功能表

输　入		输出
A	B	Y
0	0	1
0	1	1
1	0	1
1	1	0

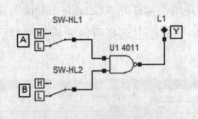

图7.5　"与非"门逻辑功能测试电路

【注】在实战中应用CMOS系列集成数字芯片进行实验时，若有多余输入端，不能悬空，要进行相应处理。处理办法参考相关书籍，不作详述。

4）"异或"逻辑验证

构建如图7.6所示电路，在"Digital"（数字）模式下单击交互模式按钮运行仿真，改变输入端A、B状态，观察输出端Y的状态，与表7.4对比进行验证。

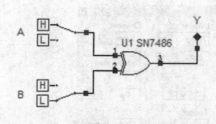

图7.6 "异或"门逻辑功能测试电路

表7.4 "异或"门功能表

输 入		输出
A	B	Y
0	0	0
0	1	1
1	0	1
1	1	0

5）观察连续信号作用下门电路的状态变化

（1）构建如图7.7所示电路。从Sources（发生源）栏调用 ⌁⌁⌁ ，其他器件的调用不再详述。

（2）脉冲设置。输入端A、B分别设置为1 MHz和500 kHz的时钟信号。双击时钟源，弹出窗口如图7.8所示，在"Frequency"（频率）一栏输入时钟频率，在"Stop Time"（停止时间）栏设置合适的信号终止时间（本例默认），在"Start state"（初态）、"Stop state"（Stop 状态）两栏设置好信号初始电平与终止电平（本例默认），其余参数一般默认即可。

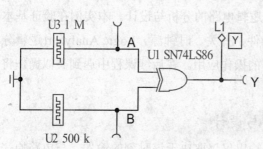

图7.7 输入时钟信号的"异或"门电路

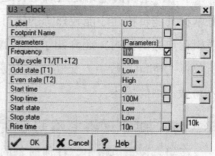

图7.8 时钟信号Clock的设置

（3）调用逻辑分析仪。调用逻辑分析仪观察输出端Y的波形。运行"T & M/ Logic Analyzer"（T & M/逻辑分析仪）命令，弹出如图7.9所示窗口，若电路中已经设置有电压测量器件（如图7.7中的电压引脚A，B，Y），则波形窗口会自动添加这些信号的波形显示区域（必须要在电路中添加相关信号测量器件，否则无法进行分析）。

单击"Run"（运行）按钮，波形窗口即显示波形。由于仿真波形持续时间设置通常为100 ms，所以仿真时间结束自动停止仿真。这时可调整逻辑分析仪"Period"（周期）栏数值（本例设置为50 ns），让窗口显示合适观察的信号波形，如图7.9所示。

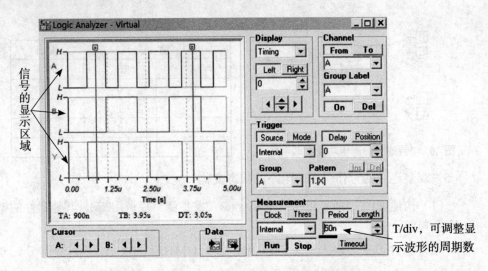

信号的显示区域

T/div，可调整显示波形的周期数

图7.9　Logic Analyzer波形显示与相关参数设置

移动波形视窗测量光标，可观测到输入信号A、B状态不同时输出信号Y为高电平，输入信号A、B状态相同时输出信号Y为低电平，符合"异或"门逻辑功能。

小结：逻辑门电路是组成组合逻辑电路及时序逻辑电路的基本单元，必须熟练掌握其逻辑特性才能较熟练的进行逻辑电路的分析与设计。本实例在验证基本逻辑门电路的同时，还介绍了指示器件、开关、时钟源、**Logic Analyzer**(逻辑分析仪)、**Digital**（数字）交互式分析等的操作应用。在后续课程中遇到类似操作将不再做详细的描述。

※ 例二　组合逻辑电路的分析与设计

在组合逻辑电路中，任何时刻的输出仅仅取决于该时刻的输入，与电路原来的状态无关。

1．实验目的

（1）学习组合逻辑电路的逻辑功能。

（2）学习TINA分析组合逻辑电路的基本方法。

（3）掌握Logic Design工具、数据发生器的使用方法。

2．实验电路与分析

1）译码器逻辑功能分析

译码器是组合逻辑电路中常用的电路单元，常用于寻址与显示驱动。

（1）3-8译码器74138

① 电路构建。在"Logic ICs-MCUs"（逻辑ICs）元器件栏单击 ![icon]（解码器/

多路分解器）按钮，在弹出的窗口中选择74138，构成如图7.10所示逻辑功能测试电路。74138的逻辑功能表如表7.5所列。

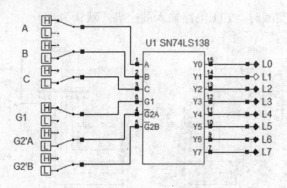

图7.10 74138译码器功能测试电路

表7.5 74138功能表

输 入			输 出							
C	B	A	Y0	Y1	Y2	Y3	Y4	Y5	Y6	Y7
0	0	0	0	1	1	1	1	1	1	1
0	0	1	1	0	1	1	1	1	1	1
0	1	0	1	1	0	1	1	1	1	1
0	1	1	1	1	1	0	1	1	1	1
1	0	0	1	1	1	1	0	1	1	1
1	0	1	1	1	1	1	1	0	1	1
1	1	0	1	1	1	1	1	1	0	1
1	1	1	1	1	1	1	1	1	1	0

② 仿真分析。单击交互式按钮（做Digital（数字）分析），按表7.5所列改变输入端开关A、B、C的状态，观察输入信号和对应输出信号的变化（假若图中CBA状态为001，则对应的输出Y0～Y7状态为10111111）。同时可改变控制端的作用，体会控制端对电路功能的控制。

从验证中得知，在74138正常译码时，把不同的输入状态组合分别转换成唯一对应的输出状态组合，实现了译码的功能。

（2）显示译码器7447

① 构建电路。在"Logic ICs-MCUs"（逻辑ICs）栏中调用7段BCD码译码器7447，从"Meters"（仪表）栏调用数码管，从"Sources"（发生源）栏调用及![](4-bit数据发生器），调用H/L开关等构成有译码器、显示的应用电路，如图7.11所示。图中U1为高电平输出，U2为4 bit数据发生器，U3

为7段显示器，7447为7段共阳数码管译码驱动器，故U3数码管COM端与小数点驱动端接高电平U1（小数点不亮）；其功能控制端为低电平有效，故在需正常译码时接高电平（实战时，TTL电路输入端空脚，默认为高）。

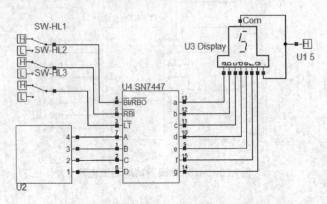

图7.11　显示译码器7447功能演示电路

② 有关设置。双击U2图标，弹出的"Data Generator 4-bit"（4-bit数据发生器）对话框如图7.12所示，可以对数据发生器各项参数进行修改。本例修改数据发生器的组合模式，单击"Pattern"（模式）栏的 ⋯ 按钮，弹出如图7.13所示的"Data Generator"（数据发生器）对话框。

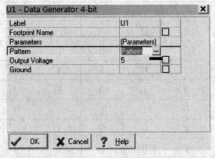

图7.12　数据发生器设置窗口

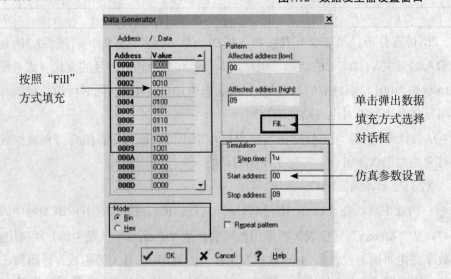

按照"Fill"方式填充

单击弹出数据填充方式选择对话框

仿真参数设置

图7.13　Data Generator对话框

该对话框主要分为3个区域。"Pattern"（模式）组合区域，该区域设置实现子序列的快速填充；"Simulation"（模拟）区域用来设置起始仿真地址与终止仿真地址以及数据步进时间；"Address/Data"（地址/数据）区用来显示或设置地址对应的数据内容。

首先设置"Pattern"（模式）区域，在图7.13右侧子序列涉及地址范围一栏输入需要赋值的地址（此处可设为00～09，地址为十六进制）；然后单击下方填充按钮"Fill"（填充），弹出的数据填充方法对话框如图7.14所示，此处选择"Count up"（正计时）计数递增模式，初始值"Initial value"（初始值）设为0000；也可不采用填充按钮，而手动在"Address/Data"（地址/数据）区域涉及地址

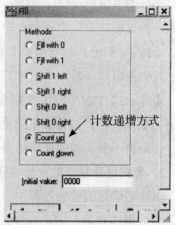

计数递增方式

图7.14 数据填充方式及起始值设置

范围的数据栏中输入所需要的数值；超过有效地址范围外的赋值是无实际意义的。设置完毕将在对话框的"Address/Data"（地址/数据）区域地址及数据栏中看到所设置的数值。

将数据发生器的数据模式"Mode"（模式）设为二进制"Bin"（数据格式默认为"Bin"，"Hex"为十六进制）；"Simulation"（模拟）区域设置"Step Time"（单步时间），仿真"Start address"（起始地址）和"Stop address"（终止地址），本例设为数据有效地址范围00～09，步进时间默认，超过这一地址范围的赋值将不进行仿真。

确定上述设置后，4-bit数据发生器将会依次递增的输出二进制数0000～1001（BCD码）至译码器的输入端，仿真运行一次（若想循环多次，勾选仿真栏下方"Repeat pattern"重复组合）。

③ 运行"Digital"（数字）交互分析。观察输出端数码管显示的数字，可见译码器将数据发生器输出的数据翻译成了相应的二进制代码，去驱动数码管以显示相应的数字（0～9）。

④ 观察译码器控制端的功能。改变控制端电平开关的状态，观察译码器输出的变化。

7447译码器带有测试、遮没等功能：

（a）$\overline{LT}$为测试端，当其为低电平有效时，译码器输出全为0；

（b）$\overline{RBI}$为纹波遮没控制端，即当其为低电平，数据段"DCBA"输入为"0000"时，其输出端"abcdefg"为"1111111"，7段数码管完全空白（不亮），当"DCBA"不为"0000"时，译码器正常工作；

（c）$\overline{B/RBO}$为遮没控制端，当其为低电平有效时，其余控制端不管处于何种状态，输入端的变化都不会被译码显示（7段数码管不亮）。

【提示1】仿真与实战是有区别的，在实际应用时数码管的每一段都必须加上一只限流电阻（常用电阻排），以免大电流损坏数码管。

【提示2】TINA 提供的4-bit数据发生器输出数据时4脚输出为数据低位，1脚输出为数据高位，故连接电路的时候一定要注意与译码器数据输入端的高低位相符，否则得不到正确的译码结果。

2）数据选择器功能分析与应用

在数字信号的传输过程中，实现从一组数据中选出某个数据功能的逻辑电路称之为数据选择器，它不仅作为多路数据选择使用，还被广泛用于构成各种组合逻辑。

（1）4选1数据选择器74153功能测试

① 构建电路。从元器件库"Logic ICs-MCUs"（逻辑ICs）栏的 ▦（Data selectors/multiplexers，数据选择器/多路器）中选用74153构成如图7.15所示的4选1数据选择器逻辑功能测试电路。其逻辑功能如表7.6所列。

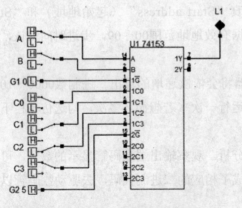

图7.15 数据选择器功能测试电路

表7.6 74153功能表

控制端	地址端		输出
G1	B	A	Y
0	0	0	C0
0	0	1	C1
0	1	0	C2
0	1	1	C3
1	X	X	0

②仿真分析。74153为双4选1数据选择器（即内部包含两个功能一致的4选1数据选择器）。在只使用一个数据选择器的情况下，另一个数据选择器不能任凭其悬空，而应做出相应处理，否则Digital（数字）分析时将提示出错。本例中将另一个数据选择器的控制端2$\overline{G}$接高电平，屏蔽其逻辑功能，如图7.15所示。

运行Digital（数据）交互分析，改变数据输入端与地址输入端的状态，观察输出端逻辑指示器状态的变化，与功能表进行对比。输出端Y的信号将由地址端"BA"选定（选择C3～C0中的一路输出），例如图中地址端状态为"11"，这时将输出C3端口的数据。

（2）数据选择器应用

数据选择器常被用来构建组合逻辑函数。此处利用4选1数据选择器74153构成一个多数表决逻辑的函数$F=\bar{A}BC+A\bar{B}C+AB\bar{C}+ABC$，并运用TINA进行逻辑验证。

① 逻辑抽象与映射。首先根据数据选择器74153的逻辑功能写出其输出逻辑函数表达式

$$F=\bar{A}\bar{B}C_0+A\bar{B}C_1+\bar{A}BC_2+ABC_3$$
目标函数$F=\bar{A}BC+A\bar{B}C+AB\bar{C}+ABC$

两者比较，将74153地址输入端A、B及数据端C_0~C_3与目标函数中的变量A、B、C作如下映射（等号左边为74153变量，右边为需实现函数变量）：

$A=A$，$B=B$，$C_0=0$，$C_1=C_2=C$，$C_3=C+\bar{C}=1$

② 电路构建。将上述等价关系体现在电路中，可得如图7.16所示电路，其中H/L开关A、B、C分别代表函数的3个变量A、B、C，改变开关状态则代表函数自变量的不同状态，函数输出则用74153输出端Y（即F=Y）来表征。

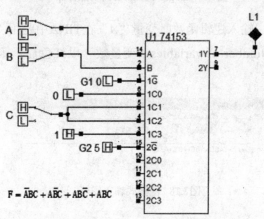

图7.16 数据选择器74153实现逻辑函数

③功能验证。运行"Digital"（数字）交互仿真，改变输入端开关状态，观察输出端Y，可验证该设计电路实现了3位多数表决逻辑函数。

3）Logic Design（逻辑设计）功能应用

为增强其组合逻辑设计功能，在TINA v7.0后的版本中增加了Logic Design（逻辑设计）这一虚拟功能，可以将逻辑函数表达式或功能表，转换为电路（最小项/最大项表达式、电路图、卡诺图以及奎因-麦克拉斯基表等）。

下面以"$F=\overline{A}BC+\overline{A}B\overline{C}+AB\overline{C}+ABC$"转换成电路为例，介绍Logic Design（逻辑设计）的一般方法。

（1）运行"Tools/Logic Design..."（工具/逻辑设计）命令，弹出的Logic Design（逻辑设计）窗口如图7.17所示。在"Input"（输入）区完成对逻辑函数表达式的输入，并显示函数包含的变量个数；在"Operation"（操作）区域完成对逻辑函数的各种转换操作。

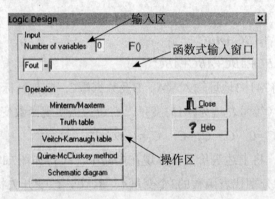

图7.17 Logic Design窗口功能分布

（2）函数输入。输入逻辑函数时变量"$\overline{A}$"在TINA中是用"'A"来表示的，输入完毕后其上方Number of variables（变量数）以红色显示函数式中变量的个数，如图7.18所示。

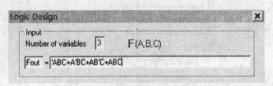

图7.18 函数式输入完毕

（3）转换操作。

单击 Schematic diagram （原理图）功能按钮，将弹出如图7.19所视窗口。窗口中TINA提供了4种不同电路表达方式，分别为"Minterm"（小项）、"PLA minterm"（PLA小项）、"Maxterm"（大项）、"PLA maxterm"（PLA大项）。其下方还有简化电路功能，若勾选其复选框，则将以最简表达式构建电路。目前，TINA只提供阵列形式的电路进行保存，本例选择"PLA minterm"（PLA小项）。

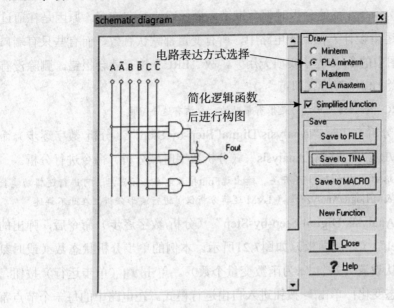

图7.19　电路图视窗

单击"Save to FILE"（保存到文件）按钮，将以".TLC"为后缀保存文件；单击"Save to TINA"（保存到TINA），TINA将在电路设计窗口中显示如图7.20所示电路；单击"Save to MACRO"（保存到宏）按钮，将保存为宏单元电路。

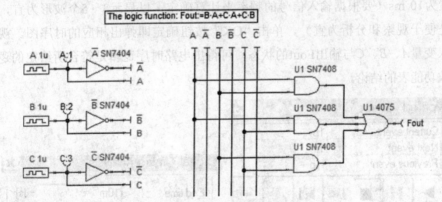

图7.20　用Logic design实现Fout逻辑函数电路图

图7.20所示电路中默认采用"Jumper"（跨接线）连接方式（相同标号的跨接线有电气连接关系，这种连线方式简化了电路，使得电路看起来更为简洁、直观），同时可发现，系统默认为电路输入端提供了时钟信号以作输入激励，供时

序分析所需。

（4）运行"ERC"（电气规则检查）。本例运行"Analysis/ERC..."（分析/电气规则检查）命令或其他分析时都会报错，提示连线没有连接。原因是在通过Logic design（逻辑设计）得到的电路中，所有变量都默认有效，而有些只有端口却没有接入（图中的$\overline{A}$、$\overline{B}$等，实质无用），故"ERC"检查就会报错。删除没有用的连线，再做"ERC"检查即可。

【注】"ERC"检验对电路设计是很有帮助的，应该有这个习惯。

（5）仿真分析。运行"Analysis/Digital Step-by-Step"（分析/数字逐步）命令或"Analysis/Digital Timing Analysis"（分析数字时域分析）命令进行分析。

【注】把电路中时钟源换成H/L开关，输出端Fout接入电平指示器后，可进行逻辑功能验证；还可调用"T&M/Logic Analyzer"（T&M/逻辑分析仪）进行波形分析，在此不详述。

① 运行"Analysis/Digital Step-by-Step"（分析/数字逐步）命令后，弹出的"Control panel"（控制面板）如图7.21所示。本例的单步分析状态数（或时刻数）被系统默认设置为2^n个（n为函数变量个数）。单击 ▶| （单步运行）按钮，可查看电路状态变化；单击 ▶ 按钮进入自由运行模式。在电路中的每一个节点都有小方框显示逻辑电平，根据其颜色的不同反应电路运行的状态。在自由运行模式下，还可以单击"+"或"-"按钮来加快或减慢运行的速度。

② 若运行"Analysis/Digital Timing Analysis"（分析数字时域分析）命令，则弹出如图7.22所示窗口，这一窗口中仅有一个"End time"（终止时间）设置，设置为10 ms（要根据输入信号的频率来计算确定，以显示3～5个波形为宜，也就是便于观察和分析为宜），单击"OK"按钮确定即弹出相应的时序图。观察输入变量A、B、C与输出Fout的状态，可得出电路时序逻辑是符合所给定的逻辑函数功能表的结论。

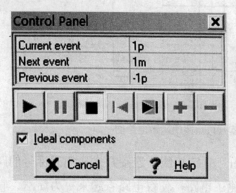

图7.21 单步分析控制面板

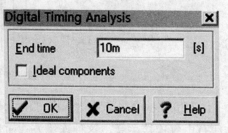

图7.22 数字时序分析设置

【注】时钟的设置参看图7.8所示，不再重复。可以查看时钟的属性，如图7.23所示，在"Set Moments ＆Levels"（设置时刻和级别）窗口的"Usage"（用法）栏看到系统默认有23个状态（"Moments#"（瞬时#）为时刻号，"Level#"（级别#）为电平状态序号），"Values"（值）一栏则对应有不同的值。注意，TINA会记忆上次的设置。

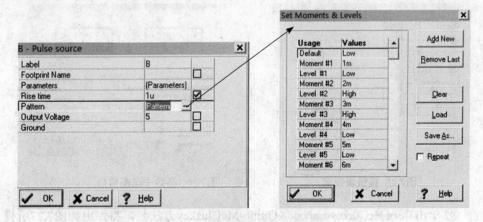

图7.23　时钟源属性及其设置窗口

（6）Logic design（逻辑设计）的其他几个转换

① 单击 Minterm/Maxterm（小项/大项）功能按钮，将获得如图7.24所示的逻辑化简结果。

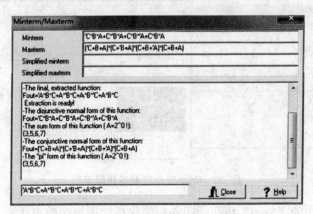

图7.24　小项/大项化简方程

② 单击操作区功能表 Truth table（真值表）功能按钮，将弹出如图7.25所示功能表窗口。在此窗口中可以修改功能表中"Fout"（输出值）的赋值，单击"Update"（升级）按钮将功能表的逻辑反馈回逻辑函数表达式（本例只需获得输入逻辑式的功能表，故单击"Close"关闭返回"Logic Design"（逻辑设计））。

③ 单击 Veitch-Karnaugh table（卡诺图），弹出窗口如图7.26所示（默认卡诺图、最小项表达式及简化后逻辑函数）。在"Options"（选项）区域选项中可以对卡诺图进行相关调整。适用于较少变量的函数化简。

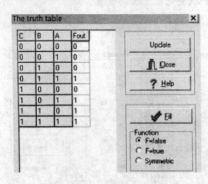

图7.25 真值表视窗

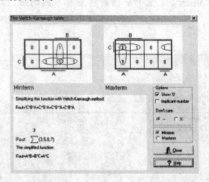

图7.26 函数卡诺图窗口

④ 单击 Quine-McCluskey method（Quine-McCluskey方法），将弹出如图7.27所视窗口。这也是一种图形化简逻辑函数的方法，它适用于多变量逻辑函数的化简，已被广泛用于编制数字电路的计算机辅助分析程序。其基本原理仍然是通过合并相邻最小项的方法进行逻辑函数的化简。

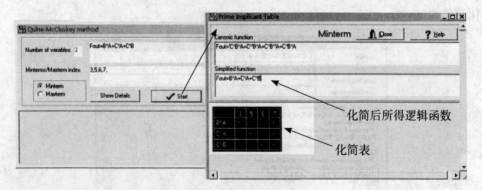

图7.27 奎因-麦克拉斯基化简函数

单击窗口中的"Start"按钮，即获得简化后的逻辑函数表达式、奎因-麦克拉斯基表（如图7.27右图所示）。

小结：本实例详细介绍了TINA Pro验证组合逻辑函数最典型的译码器和数据选择器逻辑功能的方法，并举例说明了如何利用数据选择器实现逻辑函数，以及利用Logic Design工具进行逻辑函数设计的操作方法。由于其他组合逻辑电路的分析与设计方法与本实例所用方法类似，故不再详细介绍其他组合逻辑电路的设计与分析，读者可自行选择其他组合电路进行分析仿真。

※ 例三 触发器的分析与应用

1. 实验目的

（1）学习触发器基本工作原理。

（2）掌握TINA时钟源的设置方法。

（3）进一步学习利用TINA设计电路的方法。

2. 基本原理

数字电路中，能接收、保存和输出二进制数字信号（二值逻辑信号）的单元电路称之为触发器。触发器具有两个稳定的状态（"0"和"1"）。触发器在接收输入信号之前的状态称之为现态（用Q^n表示），触发器接收输入信号之后的状态称之为次态（用Q^{n+1}表示）。

下面以几种常用触发器的逻辑功能分析为例，学习TINA对触发器的分析方法。

3. 电路仿真分析

1）RS触发器

（1）电路及其原理。如图7.28所示电路是由两个"与非门"交叉耦合构成的基本RS触发器。RS触发器有置"0"、置"1"和"保持"共3种功能。通常称$\overline{S}$为置1端，$\overline{R}$为置0端，当$\overline{S}=\overline{R}=1$时状态保持；$\overline{S}=\overline{R}=0$时，触发器状态不定，应避免此种情况发生。

（2）仿真分析与验证。表7.7为基本RS触发器的功能表。改变输入端$\overline{R}$、$\overline{S}$的H/L开关状态，测试其逻辑功能，与其功能表进行比较，体会RS触发器状态的变化以及保持、状态不定等概念的含义。

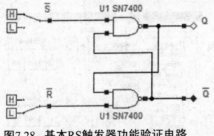

图7.28 基本RS触发器功能验证电路

表7.7 基本RS触发器功能表

输 入		输 出	
$\overline{S}$	$\overline{R}$	Q^{n+1}	$\overline{Q}^{n+1}$
0	1	1	0
1	0	0	1
1	1	Q^n	$\overline{Q}^n$
0	0	d	d

（3）分析结论。测试电路可知：$\overline{S}=L$，$\overline{R}=H$时触发器被置"1"，输出端Q点亮；当$\overline{R}=L$，$\overline{S}=H$时触发器被置"0"，输出端$\overline{Q}$被点亮；当$\overline{S}=\overline{R}=H$时，输出端保持现态；当$\overline{S}=\overline{R}=L$时，可能出现$Q=\overline{Q}=1$的错误状态，当输入端低电平状态同时消失时，输出端状态将无法确定。电路测试功能与功能表描述是一致的。

2）D触发器功能验证

（1）基本原理。D触发器的状态方程为：

$$Q^{n+1}=D$$

在有效边沿（边沿触发器）到来时刻，触发器状态将变成D端状态。本实例采用集成D触发器7474进行功能验证。

D触发器7474为带异步控制端的边沿触发器，其输出状态的更新发生在 CP 脉冲的上升沿，故又称之为上升沿触发的D触发器；由于其异步置位端与复位端是低电平有效，所以通常约束两异步控制端不能同时有效（即不能同时为低电平），否则触发器将出现 $Q = \overline{Q}=1$ 的错误状态。

（2）构建电路。构造实验电路如图7.29所示，测试其逻辑功能，将测试结果与D触发器功能表进行比较，如表7.8所列，验证其逻辑功能。

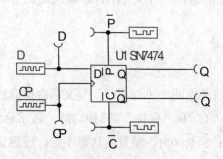

图7.29 D触发器功能测试

表7.8 D触发器功能表

输 入				输 出	
$\overline{P}$	$\overline{C}$	CP	D	Q^{n+1}	$\overline{Q}^{n+1}$
0	1	×	×	1	0
1	0	×	×	0	1
1	1	↑	1	1	0
1	1	↑	0	0	1
1	1	↓	×	Q^n	$\overline{Q}^n$

（3）仪表设置。设置时钟源D频率为7 Hz、CP频率为4 Hz，而P和C时钟源设置如图7.30、图7.31所示（可以直接接成高电平）。在需要观察时序波形的节点处接入电压指示器件。

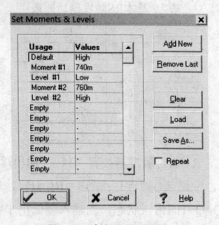

图7.30 时钟源P的设置

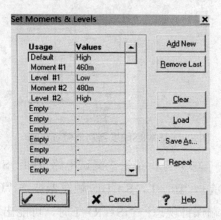

图7.31 时钟源C的设置

（4）运行仿真。运行"Analysis /Digital Timing Analysis"（分析/数字时序分析）命令，设置其"End Time"（终止时间）为"1 s"，单击"OK"按钮确定，得到时序波形如图7.32所示。

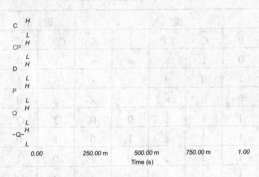

图7.32　7474的逻辑时序图

（5）波形分析。从图中Q端状态的变化可以看出，在异步控制端C和P为高电平期间，触发器状态的改变发生在L→H的上升沿时刻，因此集成D触发器7474是上升沿触发；当异步置位端$\overline{P}$为低电平时Q被强制置位"1"、异步复位端$\overline{C}$为低电平时Q被强制复位"0"（不管CP上升沿是否来临，也不管触发器初态为何种状态），因它与触发器时钟CP的控制是不同步的，即为异步控制。通过时序图分析得知，功能与7474的功能表吻合。

3）JK触发器功能验证

（1）基本原理。JK触发器的状态方程为：

$$Q^{n+1}=J\overline{Q^n}+\overline{K}Q^n$$

其逻辑功能有置"0"，置"1"，保持和翻转。

74112是带有异步置位和复位控制端的集成边沿JK触发器，其输出状态的更新发生在 CP 脉冲的下降沿，故又称为下降沿触发的边沿JK触发器，异步置位端和复位端低电平有效（不能同时为低电平，否则将出现Q = $\overline{Q}$=1的错误状态，且当两控制端低电平状态同时消失时，触发器状态将无法确定）。JK触发器功能表如表7.9所列。

（2）构建电路。构造如图7.33所示电路。

（3）信号设置。时钟源1P、1C设置如图7.34、图7.35所示，时钟J设为3 Hz，K设为1 Hz，CP设为5 Hz即可。

（4）运行 "Analysis /Digital Timing Analysis"（分析/数字时序分析）命令，74112的时序图如图7.36所示。图中Q端状态改变发生在CP脉冲的H→L（下降沿）时刻，且J和K为不同状态时触发器的逻辑功能、异步置位、复位功能等，与功能表描述一致。

表7.9　JK触发器功能表

输　入					输　出	
$\overline{P}$	$\overline{C}$	CP	J	K	Q^{n+1}	$\overline{Q}^{n+1}$
0	1	×	×	×	1	0
1	0	×	×	×	0	1
0	0	×	×	×	d	d
1	1	↓	0	0	Q^n	$\overline{Q}^n$
1	1	↓	1	0	1	0
1	1	↓	0	1	0	1
1	1	↓	1	1	$\overline{Q}^n$	Q^n
1	1	↑	×	×	Q^n	$\overline{Q}^n$

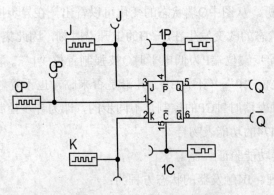

图7.33　74112功能测试电路

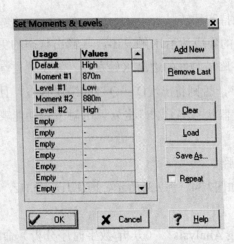

图7.34　时钟源1P的设置

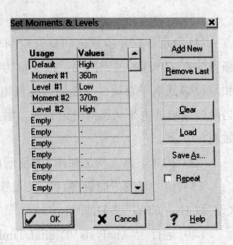

图7.35　时钟源1C的设置

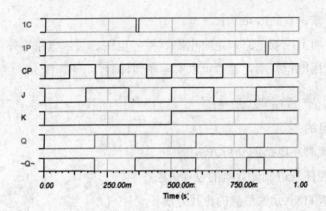

图7.36　JK触发器74112时序图

4）D触发器的应用分析

D触发器应用十分广泛，比如计数、分频电路、单脉冲产生电路等，下面用D触发器构成抢答器，原理电路如图7.37所示。

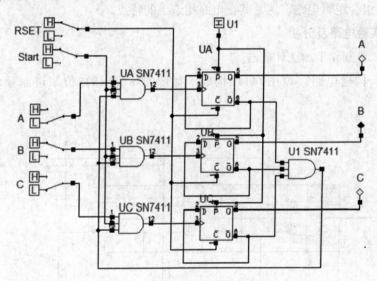

图7.37　抢答器

图中共5路输入信号，其Reset端为系统复位（低电平有效）；Start端为抢答许可信号（高电平有效）；A、B、C是3路抢答信号（高电平有效）。当许可抢答信号Start为高电平后，任何一路输入率先为高电平，将使对应"与门"输出由低电平跳变为高电平，从而有效触发对应D触发器翻转，使其Q端状态为高电平，驱动逻辑指示灯点亮；同时该触发器的$\overline{Q}$端转为低电平将 U1 （与门）锁定为L，这个L信号反馈回输入端将所有端口锁定为"无效"，此时第一抢答信号被鉴别并保存下来，直到Reset为L。

这个电路加上控制电路、定时电路、报号电路、显示电路等外围电路后，即可成为一款实用的抢答器，读者可以实际制作体验。

※ 例四 时序电路的分析

1．实验目的

（1）掌握时序电路的分析方法；

（2）掌握任意进制计数器的设计方法；

（3）掌握TINA元件信息的查找方法。

2．基本原理

任何时刻电路的稳态输出不仅与该时刻电路输入有关，而且还取决于电路原来状态，这样的电路称之为时序逻辑电路，简称时序电路。时序电路的状态是由存储电路来记忆与表示的，所以电路中一定包含有作为存储单元的触发器，却不一定包含组合逻辑电路，这是其在电路构造上的特点。

3．实验电路及分析

1）二进制异步加法计数器

（1）构建电路。调用74112构成了如图7.38所示的3位二进制异步加法计数器。

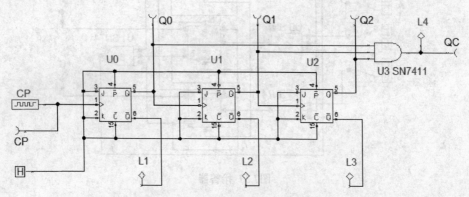

图7.38 3位二进制异步加法计数器

（2）电路分析。如图7.38所示的二进制异步加法计数器的输出方程：

$$Q_C = Q_2^n Q_1^n Q_0^n,$$

状态图：

$$000 \rightarrow 001 \rightarrow 010 \rightarrow 011 \rightarrow 100 \rightarrow 101 \rightarrow 110 \rightarrow 111$$

（3）仿真分析。运行"Analysis /Digital Timing Analysis"（分析/数字时序分析）命令，获得如图7.39所示时序图（其中CP频率设为8 Hz）。

图7.39　3位异步加法计数器时序图

时序图中当第一个CP下降沿来临后，计数器输出$Q_2Q_1Q_0$为001，第2个CP下降沿来临后，计数器输出$Q_2Q_1Q_0$为010、…，分析与状态图、输出方程进行比较，逻辑一致。

【注】TINA分析时，会提示电气连接错误，为此在如图7.38所示电路中将各触发器$\bar{Q}$端接逻辑电平指示器（在实际电路测试过程中，可悬空处理）。

2）十进制计数器74192功能测试

（1）逻辑功能描述。74192是同步十进制可逆计数器，具有双时钟输入，并具有清除和置数等功能。其引脚排列如图7.40所示。

【注】为获取元件引脚信息及功能说明，可使用元件帮助信息查找。使用方法见前面章节所述。

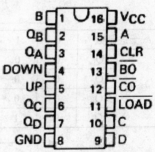

图7.40　74192的IC图

① 74192的引脚功能：

$\overline{\text{LOAD}}$：置数端　　　　　　CLR：清除端

UP：加计数脉冲端　　　　DOWN：减计数脉冲端

$\overline{\text{CO}}$：非同步进位输出端　　$\overline{\text{BO}}$：非同步借位输出端

A、B、C、D：计数器输入端

Q_A、Q_B、Q_C、Q_D：数据输出端

② 74192的功能表如表7.10所列：

③ 控制功能说明：

（a）当CLR为高电平"1"时，计数器清零；

（b）当CLR为低电平，置数端$\overline{LOAD}$也为低电平时，数据"DCBA"直接置入计数器。

表7.10 74192的功能表

输　入								输　出			
CLR	$\overline{LOAD}$	UP	DOWN	D	C	B	A	Q_D	Q_C	Q_B	Q_A
1	×	×	×	×	×	×	×	0	0	0	0
0	0	×	×	d	c	b	a	d	c	b	a
0	1	↑	1	×	×	×	×	加　计　数			
0	0	1	↑	×	×	×	×	减　计　数			

④ 计数功能：

（a）当CLR为低电平，$\overline{LOAD}$为高电平时，执行加减计数功能；

（b）减计数端DOWN接高电平，计数脉冲由UP端输入（上升沿有效），进行8421码的"加法"计数；

（c）加计数端UP接高电平，计数脉冲由DOWN端输入（上升沿有效）；进行8421码"减法"计数；

（d）十进制加、减计数器的状态表，如表7.10所列。

表7.11 加、减计数器的状态表

加计数 →

十进制数		0	1	2	3	4	5	6	7	8	9
输出	Q_D	0	0	0	0	0	0	0	0	1	1
	Q_C	0	0	0	0	1	1	1	1	0	0
	Q_B	0	0	1	1	0	0	1	1	0	0
	Q_A	0	1	0	1	0	1	0	1	0	1

← 减计数

（2）电路构建。构建如图7.41所示功能测试电路。分别用H/L开关控制各控制端状态，选用"Hex Key Pad"（十六进制键盘）做数据输入，为便于测试逻辑功能，脉冲端输入用切换开关在脉冲与高电平之间进行切换；用逻辑指示器显示"进位"输出Lc和"借位"输出Ld，用"Hex Display"（十六进制显示）显示输出数据。

（3）仿真测试。当脉冲输入端UP、DOWN均为高电平，清零端CLR为低电平，置数端$\overline{LOAD}$为低电平时，如果输入数据"6"（按小键盘上的"6"键，即计数器数据输入端DCBA为"0110"），则计数器$Q_DQ_CQ_BQ_A$被置数为"0110"，输出显示数字"6"。改变其余控制端状态，可验证其余功能。

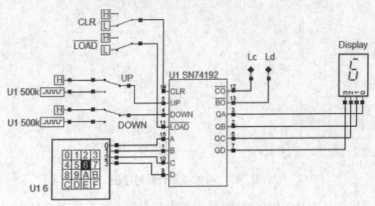

图7.41 74192的功能测试电路

为观察动态计数过程，可将各控制端置为无效状态，脉冲端切换开关先一致接高电平端，运行"Digital"（数字）仿真，移动光标至切换开关UP，将其切换至脉冲输入，DOWN仍置高电平。此时将在显示器上看到0~9的数字循环递加，同时当计数输出为"9"→"0"跳变时，进位显示逻辑指示器Lc变为0（不亮），输出显示为"0"后又点亮。相同操作方法可观察递减计数过程。

【注】500 K时钟（U1）用于仿真的时钟输入是没有问题的，但在实战时是绝对不行的。因为人眼的视觉惰性，20 Hz以上信号根本不可能看到数码管显示的变化，一定要注意理论设计与硬件设计的联系与差别。仿真通过，说明原理正确，方案可行，具体功能的实现还需要实践验证。

（4）波形仿真分析。为获取时序波形，可将开关、键盘等移除，控制端置为无效，在DOWN脉冲端输入10Hz频率的时钟，UP脉冲端接高电平，然后在DOWN脉冲端、数据输出端接入Voltage Pin（电压指针），如图7.42所示电路。运行"Analysis /Digital Timing Analysis"（分析/数字时序分析）命令，将"End Time"（终止时间）设置为1 s，即获得如图7.43所示减法计数时序图。

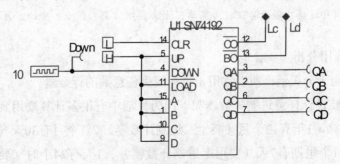

图7.42 简化时序分析电路

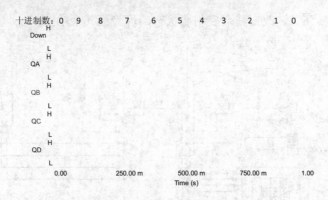

图7.43　74192减法计数时序图

观察时序图，在DOWN脉冲的每一个上升沿来临后，计数器输出端十进制数都被减1，与表7.11所述逻辑功能一致。

3）集成计数器7490功能及应用

（1）逻辑功能描述

7490是二-五进制异步计数器，其引脚排列如下图7.44所示，具有置位、复位、二进制计数、五进制计数等功能，基本应用如下所述：

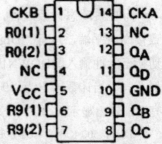

图7.44　7490引脚分布

①控制端R0(1)、R0(2)为高电平时，计数器被复位为"0"；R9(1)、R9(2)为高电平时，计数器被置"9"；要进行正常计数，其控制端均应置无效状态（接地）。

②从CKA输入脉冲、Q_A输出为二进制计数。

③从CKB输入脉冲，Q_D、Q_C、Q_B输出为五进制计数。

④十进制计数，连线方式为：

（a）CKB端与Q_A端相连，从CKA端输入脉冲；

（b）CKA端与Q_D端相连，从CKB端输入脉冲。

【注】7490逻辑功能的验证较为简单，方法参照前面的例子，请读者自行验证，不再详述。

（2）应用分析

7490应用十分灵活，所以常用于设计模为任意数的计数器。

为什么要设计任意进制计数器呢？因为生活中有很多计算要用到计数器，比如时间的计算，1年有12个月（要十二进制计数器）、1个月有30天（要三十进制计数器）、1个星期有7天（要用七进制计数器）、1天有24小时（要用二十四进制计数器），1小时有60分钟（需要六十进制计数器）等。同理还有很多。下面通过实例简单阐述其运用方法。

（a）六进制计数器设计

"6"的BCD码是"0110"，但六进制是在"0～5"之间取值，没有"6"，于是利用"0110"的两个"1"去清零，即计数器从"5"→"6"的瞬间，BCD码从"0101"→"0110"，利用Q_B位变"1"的时刻清零（让第6个脉冲到来时清零）即可完成六进制。构建电路如图7.45所示。

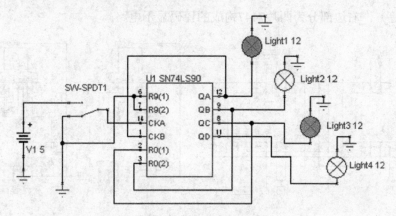

图7.45 六进制计数器

（b）七进制计数器设计

"7"的BCD码是"0111"，则用这3个"1"去清零，构建电路如图7.46所示。

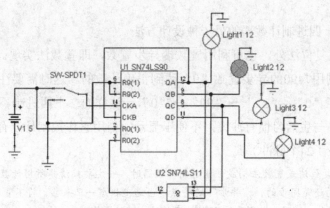

图7.46 七进制计数器

（c）二十四进制计数器的设计

因为24>10，所以一片7490不能完成设计要求。采用两片7490进行级联扩展，其最多可设计出模为10×10的计数器，24<100，在其范围之内，因此选用两

片7490来完成二十四进制计数器。

那两片7490如何级联构成模为24的计数器呢？每一片7490都可以构成模小于10的计数器，其十进制计数器可以用二进制计数器和五进制计数器串接形成（2×5=10），二十四进制同理设计即可。二十四进制的电路有2×10+4=24、4×6=24、3×8=24几种组合。电路如图7.47所示，图中左边两片7490构成二十四进制计数器电路（采用2×10+4=24组态，按生活习惯及这种方式便于译码显示"23"等），右边部分为两片7447构成的译码显示电路。

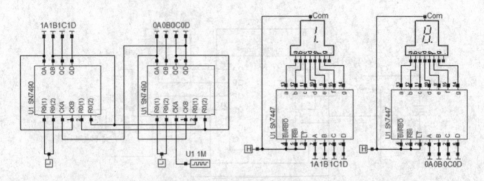

图7.47 二十四进制计数器

连接好电路后，单击交互式按钮💡，运行"Digital"仿真，电路动态运行即可观察到数码管按0~23→0的状态变化。

【注】为使电路较为简洁，采用了跳线连接，方法是从**Special**（特殊）栏选择█做电路跨接。

（d）二十四进制计数器的另一种设计方法

除了上述复位法外，也可利用置数端异步置数，即置数法实现。如图7.48所示计数器即利用7490的异步置数"9"达到正确计数的。这时需要注意的是：计数规律变成了"0"~"22"→"99"→"0"。这样的二十四进制不再是BCD码的计数规律（与生活习惯有冲突，不便于显示，但用它作控制是没有问题的，因其操作仍记录了24个脉冲）。

【注】用复位法或置数法构成任意进制计数器时，一定要搞清楚所用计数器的复位端或置数端是异步的还是同步的，"异步"的特点是当选定状态一旦来临，将不管时钟CP是否有效，都将进行操作；"同步"则要等CP时钟有效时才进行操作。

4）集成计数器74161功能与应用

（1）功能简介：单片4位二进制同步加法计数器74161，它带有异步复位和同步置数功能，单片最大计数长度为16（0000~1111）。进行设计时，置位方式既能选用同步方式，也能选用异步方式，较为灵活。

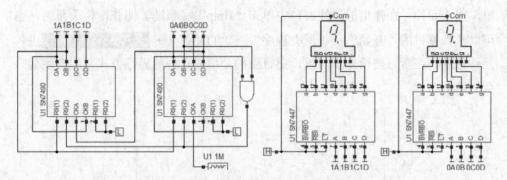

图7.48 置数法设计二十四进制计数器

（2）十进制计数器设计：十进制计数器电路如图7.49所示。将QD、QA的状态通过与非门反馈回置数端。当QD、QA的状态同时为1时，与非门输出低电平触发同步置数端等待同步CP来临后置数。

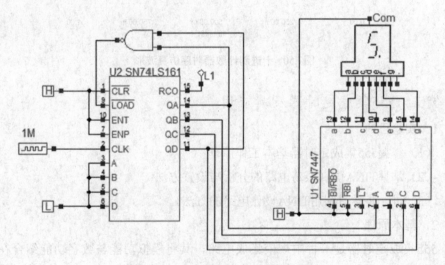

图7.49 同步置数法构成十进制计数器

（3）仿真分析。在QD~QA端分别接入Voltage Pin（电压指针），运行"Analysis /Digital Timing Analysis"（分析/数字时序分析）命令，即获得如图7.50所示的时序图。分析时序可知电路实现了十进制计数（计数器状态从0000→1001共10个有效脉冲）功能。

小结：时序电路功能的多样性决定了其应用的多样性，读者可利用TINA验证自己的设计。同时，面对大量的数字IC，靠个人知识的累积是不可能都弄明白的。学会查找集成电路相关功能信息和应用资料的方法十分重要，否则只会看着一堆不熟悉的元件发呆。TINA提供了在线查询元器件资料的途径，方法很简单，双击元件，在弹出的属性窗口中单击"Help"（帮助）即获得相关帮助，也可以从计算机的"开始"→"所有程序"→"TINA"→ 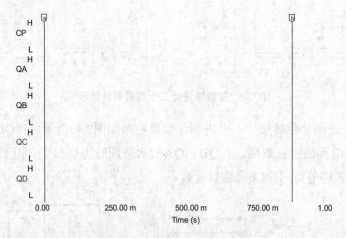 进入元件帮助。在学习理论知识同时，更重要的是培养良好的思维方式，生搬硬套只会更迷茫。

图7.50 十进制计数器时序仿真波形

※ 例五 555集成定时器及其应用

1．实验目的

（1）掌握555集成定时器基本工作原理；

（2）掌握TINA仿真振荡电路的分析与设置方法；

（3）进一步学习利用TINA设计电路的方法。

2．基本原理

555集成定时器是一种中规模集成电路，其将模拟功能与数字功能结合在一起，通过外接电阻、电容后，可方便地构成单稳态触发器、多谐振荡器和施密特触发器等，在工业控制、定时、防盗报警、电子乐器、波形变换方面应用十分广泛。

（1）555定时器的电路结构

如图7.51所示为555定时器的内部结构图。它由两个电压比较器U1和U2，一个R-S触发器等元件组成。该器件有8只引脚，分别标注于框图中。555定时器的功能主要由两个比较器决定，比较器的参考电压$\frac{1}{3}Ec$（Ec为电源电压）、$\frac{2}{3}Ec$由串联在Ec与地之间的3个精密电阻分压提供。控制端5脚外加电压时，可改变两个比较器的参考电压，对触发电压和阀值电压的要求也随之改变，从而改变了电路的定时作用。当阀值端6脚电压$U_6 \geq \frac{2}{3}Ec$时，上比较器输出为高电平，使触发器置"0"，经过输出级反向，从3脚输出低电平；若触发端2脚的输入电压$U_2 \leq \frac{1}{3}Ec$时，下比较器输出高电平，使触发器置"1"，经过输出级反向，从3脚输出高电平；当复位端4脚为低电平时，则不管两比较器的输出状态如何，都使触发器强制复位，555的3脚输出低电平；若不用复位时，应将4端接Ec；放电管T1的输出端7脚可作集电极开路输出（$I_{CM} \leq 50mA$），当Q低电平，$\overline{Q}$为高电平时，T1导通，外接定时电容经T1放电。

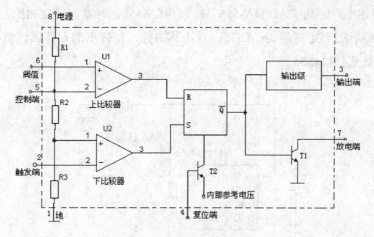

图7.51　555电路的原理图

根据上述讨论，可归纳出各输入端对输出端的影响，如表7.12所列。

表7.12　555各输入端对输出端的影响

复位端④	触发端②	阀值端⑥	输出端③
0	Φ	Φ	0
1	1	0	保持
1	0	0	1
1	1	1	0

（2）IC介绍

555定时器分双极型和CMOS型两种类型，其中双极型定时器具有较大的驱动能力，电源电压为5~16 V；CMOS定时器功耗较低，电源电压范围较宽，为3~18 V。常用555定时器（如LM555、NE555等）逻辑符号如图7.52中U1所示，其引脚功能如下：

V_{CC}：电源端；

GND：接地端；

RESET：复位端，当RESET=0时，OUT输出端为0；

CONT：外接电压控制端，通常接0.01 μF电容后接地；

DISC：放电端；

THRES：高电平触发端，当该端电平高于$2/3V_{CO}$时，输出OUT为低电平；

TRIG：低电平触发端，当该端电平低于$1/3V_{CC}$或$1/2V_{CO}$时，输出OUT为高电平。

3．电路功能分析：

（1）555定时器波形发生电路

① 构建电路。从"AD/DA-555"栏调用LM555定时器，建立如图7.52所示电路。TINA默认555定时器为CA555，双击其图标，在弹出的元件属性框中可重新选择，此处选择LM555。

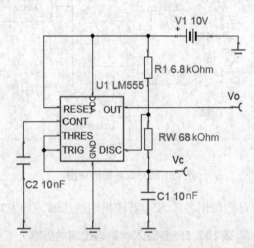

图7.52　LM555构成多谐振荡器电路

该电路构成了自激多谐振荡器，无需外加触发脉冲，就能输出矩形脉冲。由于输出脉冲中含有较多高次谐波，因此称之为多谐振荡器。图中R1与RW为外接定时电阻，C1为外接定时电容。

② 仿真分析。运行"Analysis/Transient..."（分析/瞬时现象）命令进行瞬时分析，在弹出的对话框中设置相关参数，如图7.53所示，单击"OK"按钮确定后即得到如图7.54所示仿真波形。

【注】在振荡电路的仿真分析中，无需DC工作点分析，因此在设置"Analysis /Transient Analysis"（分析/瞬时分析）扫描分析属性时，均应该设置其仿真条件为"Zero initial values"（零初始值）或"Use initial conditions"（使用初始条件），不能用默认设置"Calculate operating point"（计算操作点），否则系统将报错。

图7.53 瞬时分析设置窗口

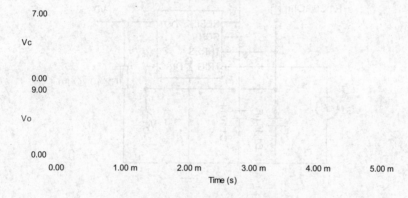

图7.54 电路瞬时分析仿真波形

③ 理论分析。对电路进行理论分析有:

$$T_{WL} = 0.7R_W C_1$$

$$T_{WH} = 0.7(R_1 + R_W)C_1$$

$$T = T_{WL} + T_{WH} = 0.7(R_1 + 2R_W)C_1$$

式中,T_{WL}、T_{WH}分别为电路产生矩形脉冲低电平脉冲宽度与高电平脉冲宽度,T则为振荡周期。带入相关量数值计算可得:

$$T_{WL} = 476\ \mu s, T_{WH} \approx 524\ \mu s, T \approx 1\ ms$$

同时,瞬时分析还观察了电容C1两端电压V_c的变化,图7-1-54中V_c的时间曲线说明了电容的充、放电过程。

④ 分析验证。调用测量光标测量,可得T_{WL}=480.6 μs,T_{WH}≈537.8 μs,T=1.02 ms,与理论值进行比较,仿真结果与理论分析基本一致。

(2)555定时器波形整形电路

257

① 基本原理。555定时器构成单稳态触发器电路如图7.55所示,常用于波形整形、定时与延时。其整形功能实际上是通过外部输入信号的下降沿来触发单稳态触发器,使之由低电平的稳态进入高电平的暂稳态,而暂稳态的维持时间,也称之为脉冲宽度T_w,由RC(图中的R1、C1)确定。实际上,稳态与暂稳态的跳变也就产生了一脉宽确定的矩形脉冲。很显然,何时产生这一脉冲是由外部输入信号的下降沿决定的,而与单稳态触发器无关。

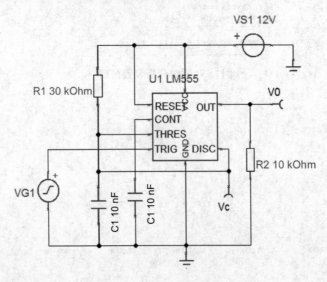

图7.55   555单稳态触发器电路

② 信号源设置。在图7.55所示电路中双击输入端信号源VG1,弹出图7.56所示设置窗口,选中输入信号类型为梯形波,梯形波其他相关设置见图中。

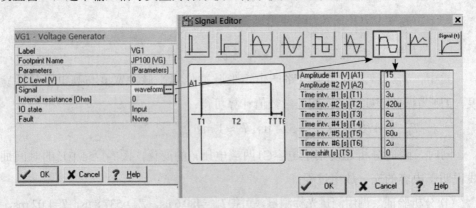

图7.56   信号源VG1梯形脉冲参数设置

③ 仿真分析。运行 "Analysis/Transient..." (分析/瞬时现象)命令,在弹出

的对话框中设置好相关参数，End Display（终止显示）设置为2 ms，其余同上例多谐振荡器设置即可，单击"OK"按钮确定后得到如图7.57所示的仿真波形。

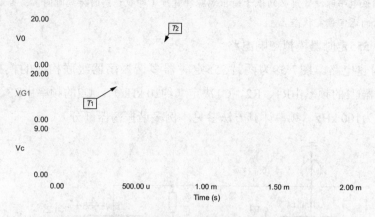

图7.57 单稳态触发器输入、输出及电容充放电波形

④ 波形分析。图中T_1时刻，V_{G1}不规整梯形脉冲的下降沿来临时，V_o由稳态"0"被触发跳变到暂稳态"1"；随后一直保持这一状态，直到T_2时刻电容充电完毕，即$U_c = 2/3V_{cc}$时，触发器自动返回稳态"0"，电容开始放电；其放电时间很短，波形中体现不出来，实际分析时一般也都忽略。然后等待下一个输入端信号的下降沿来触发，电路状态又一次发生改变，依次重复。输出的矩形脉冲是由输入端的不规整梯形脉冲来触发的，这样，不规整的梯形脉冲就被整形为规则的矩形波（输入信号可以选择为正弦波等）。

⑤ 测量验证。调用光标测量得到单稳态触发器输出脉冲宽度T_w=0.33 ms，如图7.58所示，与理论计算值T_w=1.1R_1C_1=(1.1×30×10) μs=0.33 ms比较，结果吻合。

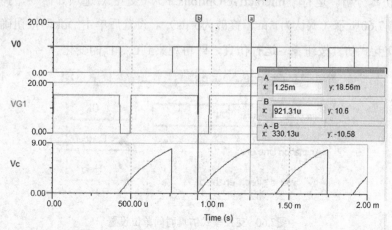

图7.58 测量单稳态触发器输出脉冲宽度

【注】在此电路中，输入信号的周期应大于输出信号暂稳态持续的时间，信号的幅度要足以触发翻转，单稳态电路才能正常工作；同时，为保证电路能顺利从暂稳态返回稳态，这里要求输入端低电平脉冲宽度必须低于输出端脉冲宽度（即暂稳态的持续时间），否则电路将无法按规定时间返回稳定状态。

（3）555定时器模拟声响电路

① 构建电路。图7.59为两片555定时器多谐振荡器级联构成的模拟声响电路。振荡器U1的频率由R1、R2、C1决定（约10 kHz），U2的频率由R3、R4、C2决定（约为100 kHz，频率计算方法参见本例多谐振荡器部分）。

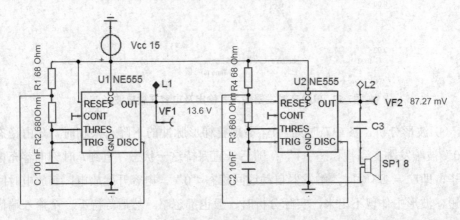

图7.59　模拟声响电路

振荡器U1的输出U_{o1}接入U2的复位端，当U_{o1}为高电平时，U2振荡；U_{o1}为低电平时，U2复位，停止振荡，U_{o2}输出接的扬声器将发出"呜……呜"的间歇报警声响。

② 仿真分析。运行"Interactive/Options..."（交互式/选项）命令，弹出的对话框如图7.60所示（默认为1 μs，修改为5 μs），设置后单击"ok"按钮确定，然后单击交互式仿真按钮 🔋·运行仿真，即可观察到L_1、L_2的变化。

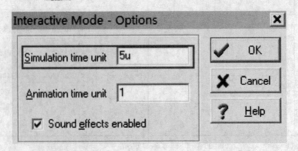

图7.60　交互模式仿真时间单位设置

③ 波形分析。运行"Analysis/Transient..."（分析/瞬时现象）命令进行瞬时

分析，在弹出对话框中设置相关参数(End display终止显示设为0.5 ms)后，得到电路的工作情况如图7.61所示。可见U2在U1为高电平期间振荡。

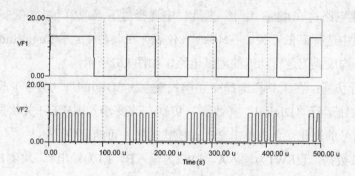

图7.61　模拟声响电路工作波形

虽然TINA提供了扬声器输出模型，但仅用于PCB板制作时封装形式的选择，而不能利用计算机模拟扬声器声响，使电路的输出更生动真实可信，相信在以后的版本中应该会有所改进。

7.2　数字电子技术实验

这部分安排的数字电路实验，供读者学习TINA练习使用，同时也可作为数字电子技术基础课程的配套实验。

※ 实验一　门电路逻辑功能验证与应用

1．实验目的

（1）熟悉TINA的基本操作、瞬时分析功能及示波器的使用；

（2）熟悉利用TINA进行数字电路仿真实验的基本要求；

（3）掌握TINA验证门电路逻辑功能的基本方法。

2．预习要求

（1）预习相关门电路逻辑功能内容；

（2）先学习本章第7.1节相关内容。

3．实验要求

（1）保存电路原理图（后缀为.TSC）于自定义文件夹中；

（2）以文档形式保存所有分析数据、图表；

（3）以Word文档格式提交实验报告。

【注】以后的实验均有这些要求，不再重复。

4. 实验内容

（1）或门逻辑功能验证

① 构建电路：在 Gates（门）工具栏中选择 ⊃ （或2门）、在 Switches（开关）工具栏中选择高低开关、在 Meters（仪表）工具栏中选择Logic Indicator（逻辑指示器）构成或门逻辑功能的测试电路，如图7.62所示。

② 运行仿真：在工具栏选择交互模式 为"Digital"（数字）模式，单击交互模式按钮运行"Digital"（数字）仿真，改变输入端H/L开关状态，观察输入、输出信号的变化。再次单击交互式模式按钮，可结束仿真。

③ 记录数据：设SW1为输入A，SW2为输入B，L1为输出Y，将测试结果填入表7.13中，并求出逻辑表达式（布尔方程）。

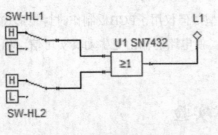

图7.62 或门功能测试

表7.13 或门功能表

输 入		输 出
A	B	Y（L1）
0	0	
0	1	
1	0	
1	1	

④ 保存文件：将所得电路原理图以原理图后缀".Tsc"保存到实验（自己定义）文件夹中。

（2）4输入端与非门7420逻辑功能验证

① 在 Logic ICs-MCUs（逻辑ICs）工具栏中单击 ⊐ （与非4门），在弹出属性窗口中选择7420（4输入与非门），构建如图7.63所示测试电路；

② 运行交互"Digital"（数字）仿真。按表7.14要求改变开关A~D的状态，观察L2状态，完善此表；

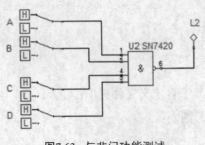

图7.63 与非门功能测试

表7.14 与非门功能表

输 入				输 出
A	B	C	D	Y（L2）
0	0	0	1	
1	0	1	1	
0	1	1		
1	1	1	1	

③ 在工作区双击7420逻辑符号修改其类型，选择更改为74LS20，再次验证其

{}

{}

逻辑功能。

（3）二输入端异或门7486逻辑功能测试

① 调用7486（二输入端异或门）构建如图7.64所示电路；

② 运行交互"Digital"（数字）仿真，按表7.15输入状态改变开关状态，观察Y端状态，完善功能表；

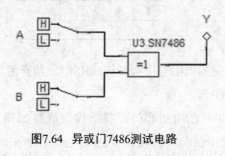

图7.64 异或门7486测试电路

表7.15 异或门功能表

输入		输出
A	B	Y
0	0	
0	1	
1	0	
1	1	

③ 根据功能表写出门电路逻辑函数式，并说明7486实现的逻辑功能；

④ 将图7.64输入端高低开关替换成"Pulse Source"（时钟源）后，参见7.1节例一中相关内容，将其设置为不同频率的时钟输出，观察并保存输出端波形。

（4）组合逻辑电路功能测试

① 调用7400（二输入端与非门）构建如图7.65所示电路；

② 运行"Digital"（数字）仿真，分析电路实现的逻辑关系，并完成如表7.16所列的功能表；

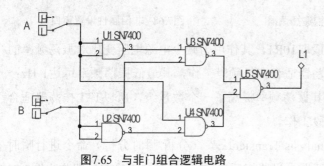

图7.65 与非门组合逻辑电路

表7.16 电路逻辑功能表

输入		输出
A	B	Y（L1）
0	0	
0	1	
1	0	
1	1	

③ 根据功能表写出电路的逻辑表达式并化简，以文本框形式粘贴在电路工作区（参照第1章第4节相关内容）。

（5）组合逻辑RS触发器

① 构建如图7.66所示基本RS触发器电路；

② 改变输入端R端与S端电平状态，观察并记录输出端Q及$\overline{Q}$的变化，完成表7.17；

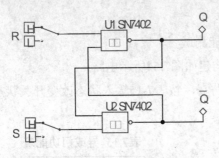

表7.17 RS触发器功能表

输 入		输 出	
S	R	Qn+1	Qn+1
0	1		
1	0		
1	1		
0	0		

图7.66 或非门RS触发器

③ 总结RS触发器的逻辑功能，并简要说明与用7400构成RS触发器有何异同；

（6）CMOS非门构成时钟脉冲发生器

① 构建如图7.67所示电路。4069 （CMOS非门）参数设置属性如图7.68所示，电路中需跳线列出Vcc、GND这一部分（跨接线"Jumper"在"Special"（特殊）库中调用）。

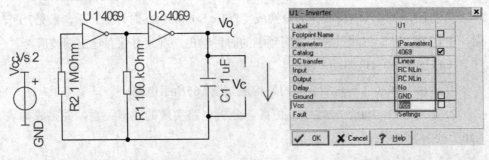

图7.67 门电路构建振荡器　　　　图7.68 非门属性设置窗口

图中R2为补偿电阻，一般取10R1，其作用为减少电源电压变化对振荡频率的影响。CMOS门电路构建振荡器适合在低频段工作，其最低振荡频率可达1 Hz；而选用TTL门构成振荡器，其振荡频率提高了一个数量级，所以TTL振荡器适合在几兆赫到几十兆赫的中频段工作。

② 仿真分析。执行"Analysis/Transient..."（分析/瞬时分析）命令进行瞬时分析，弹出如图7.69所示对话框，设置好后单击"OK"按钮确定，即弹出图7.70所示波形。调用测量光标测量图7.70中Vo端波形，计算其周期。

③ 理论计算。图中电容两端电压值变化：

$$U_{th} = \frac{V_{DD}}{2} = 1\ \text{V}$$

利用电路振荡周期理论计算：

$$T=(1.4\sim2.2)RC$$

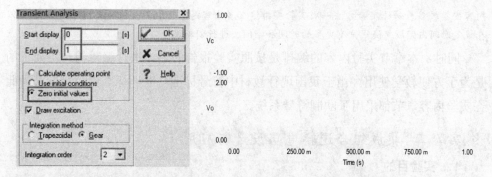

图7.69　瞬时分析对话框设置　　　　图7.70　振荡器输出方波

计算与仿真实测值进行比较，有何结论？

（7）TTL门电路构成振荡器

① 构建电路。如图7.71所示，这种由TTL非门组成的振荡电路称为全对称振荡电路，与CMOS门电路构成的振荡器比较，其工作频率高了一个数量级，可达到几十兆赫兹；

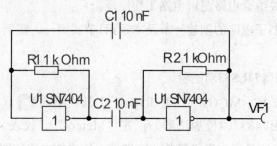

图7.71　TTL非门全对称振荡电路

② 仿真分析。运行命令"Analysis/Transient..."（分析/瞬时分析）进行瞬时分析，调整参数在波形视窗中获取3~5个周期波形，调用光标测量其周期，并粘贴波形于电路工作区（方法参见第1章第4节相关内容）；

③ 调用"T&M/Oscilloscope"（T&M/示波器）示波器，设置示波器参数，运行观察输出端"VF"的波形，停止后单击"导出数据"按钮，在弹出的波形视窗中测量信号周期，并与瞬时分析获取的波形进行比较；

④ 电路中非门修改为74LS04，瞬时分析或调用示波器获取输出端波形，与7404构建电路获取波形进行比较；

⑤ 完成原理图、波形等文件存档，并在实验报告中进行数据处理，计算信号频率，并与理论分析结果比较。

【注】TINA 强大的仿真分析能力及虚拟工具的使用，使实验过程变得十分简单，故实验

内容安排较多。传统实验方法一次实验安排这么多内容是不可取的，但利用TINA却完全可以在规定时间内完成，使用户有更多的时间和空间去进行创新设计。

同时，本章节实验内容的编排是按照实验报告的形式进行编写的，主要目的是为了方便教学使用。由于我国现行教材中符号标准与欧洲标准更为接近，为此在实验内容章节都采用了欧制符号系统。

※ 实验二　集成组合逻辑电路设计与应用

1.　实验目的

（1）熟练TINA的基本操作；

（2）掌握十六进制键盘、示波器、逻辑分析仪、逻辑设计等工具的基本使用；

（3）掌握子电路的创建与插入方法；

（4）掌握TINA验证组合电路逻辑功能的基本方法。

2.　预习要求

（1）预习相关组合电路逻辑电路工作原理；

（2）预习本书子电路的创建一节及本章第1节实例一、实例二相关内容。

3.　实验内容

（1）4位加法器74LS83功能验证

① 在"Logic ICs-MCUs"（逻辑ICs）工具栏单击 ![ALU] （运算电路），在弹出的窗口中调用7483（4位加法器）；在"Meters"（仪表）库中调用"Hex Display"（十六进制显示）以及其他相应器件，构成的电路如图7.72所示。

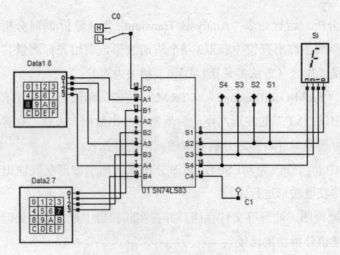

图7.72　全加器逻辑功能验证电路

②根据全加器逻辑功能表7.18改变输入端各端口状态，观察输出端数码管的变化，理解"全加"运算的含义。

表7.18　4位全加器功能表

键盘输入			输出		
C_{i-1}（C0）	Data1（A4～A1）	Data2（B4～B1）	S_i（S4～S1）	C_i(C4)	Si数码管
0	0（0000）	0（0000）	0000	0	"0"
…	…	…	…	…	…
0	7（0111）	7（0111）	1110	0	"E"
0	8（1000）	7（0111）	1111	0	"F"
1	8（1000）	7（0111）	0000	1	"0"
1	8（1000）	7（0111）	0001	1	"1"

③ 根据逻辑功能表写出全加器逻辑函数表达式，并简单概括全加器逻辑功能。

（2）译码器74138实现逻辑函数

① 构建电路如图7.73所示。

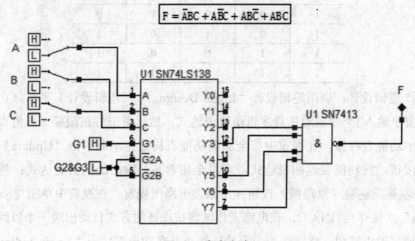

$$F=\bar{A}BC+A\bar{B}C+AB\bar{C}+ABC$$

图7.73　参考电路

② 根据74138逻辑功能（双击74138，在属性窗口中单击"Help"可以查看功能表），实现的逻辑函数是：

$$F=\bar{A}BC+A\bar{B}C+AB\bar{C}+ABC$$

③ 请自行设计实现一些逻辑函数。

（3）逻辑设计"Logic Design..."工具实现逻辑函数

① 调用"Tools/Logic Design..."（工具/逻辑设计）设计一个多数表决逻辑函数

$$F=\bar{A}BC+A\bar{B}C+AB\bar{C}+ABC$$

② 验证该设计所得电路是否符合逻辑要求，并保存该逻辑函数功能表、电路原理图；

③ 请自行设计实现一些逻辑函数。

（4）1位全加器的设计

全加器功能表如表7.19所列，其中A、B为两个二进制数输入，C_{i-1}为来自低位的进位，S_i为全加和端，C_i为进位输出端。由于TINA的"Logic Design..."（逻辑设计）目前只支持单输出端函数的实现，为此全加器的两个输出函数的实现必须分两个部分来完成，但操作方法一样。

表7.19 1位全加器功能表

A	B	$C_i - 1$	S_i	C_i
0	0	0	0	0
0	0	1	1	0
0	1	0	1	0
0	1	1	0	1
1	0	0	1	0
1	0	1	0	1
1	1	0	0	1
1	1	1	1	1

① 逻辑设计：调用逻辑设计"Logic Design..."（逻辑设计）工具，在弹出的视窗中输入3个变量的任意逻辑函数表达式，然后单击 Truth table （真值表）按钮弹出功能表视窗，在视窗中按全加器功能表构建完毕后单击"Updata"（升级）按钮，将功能表返回表达式，可得全加器某一输出的函数表达式；然后单击 Schematic diagram （原理图）按钮弹出原理电路图视窗，在视窗中单击"Save to TINA"（保存到TINA），在电路工作区将按选择的方式自动出现一个以跳线方式连接好的电路图；将跳线改为直接连线，并在输出端接上"Logic Indicator"（逻辑指示器），方便在仿真时观察这一输出的逻辑状态。

② 仿真分析：TINA提供的"Logic Design..."（逻辑设计）工具默认将功能表的输入状态转换成了时钟输入激励，并连接在电路中；直接运行交互"Digital"（数字）仿真观察其输出端逻辑指示器的状态（在此通常需要调整系统仿真单位时间，否则默认单位时间太小，等待时间过长不易观察到变化），调整方法参见本章实例部分。若有逻辑错误，检查函数功能表是否构建正确。

③ 电路整合：由于本设计逻辑有两个输出端，所以须将得到的两个输出逻辑函数电路进行整合连接，即将两电路的公共输入端连接在一起，如图7.74所示

（即是函数Si与Ci整合后的电路）。

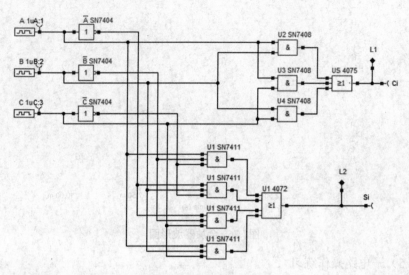

图7.74　全加器参考电路

交互"Digital"（数字）仿真，观察电路实现的逻辑功能，正确后保存该原理图文件于计算机相应文件夹。

④ 简化电路：由于电路有两个输出端，连线较为复杂，采用子电路来简化电路，连线看上去更为简洁；将所得子电路文件（后缀为.TSM）保存在原理图文件夹中，以备调用（子电路的创建方法本书第2章作了较详细的介绍）。如图7.75所示是用子电路Si构建的全加器电路图。

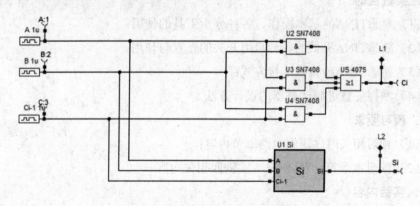

图7.75　子电路Si构成全加器电路

⑤ 电路功能验证：调用"T&M/Logic Analyzer"（T&M/逻辑分析仪）验证电路逻辑功能，参考电路波形图如图7.76所示，分析可见其实现了一位二进制数

的全加运算，设计符合要求。

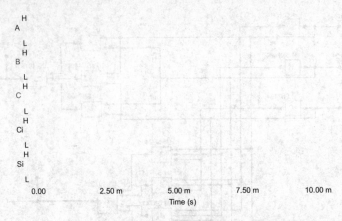

图7.76 全加器波形图

（5）子电路操作练习

① 本节设计全加器中的进位端Ci、和端Si电路分别创建成为子电路"adder-Ci"及"adder-Si"，保存在相应文件夹，备用；

② 调用上一步所得子电路Si与Ci连接构成全加器电路后，再创建为子电路"1bit-adder"保存在相应文件夹，备用；

③ 自行设计一些子电路保存在相应文件夹，备用。

※ 实验三 时序逻辑电路分析与设计（一）

1. 实验目的

（1）熟悉TINA的基本操作、各种分析工具的使用；

（2）熟悉TINA提供的各种常用开关的设置与使用；

（3）熟悉TINA跨接线连接方式；

（4）掌握任意进制计数器的设计方法。

2. 预习要求

（1）预习相关时序逻辑电路章节内容；

（2）预习本章第1节实例三、实例四相关内容。

3. 实验内容

（1）用4D锁存器设计抢答器电路

① 构建电路。从"Logic ICs-MCUs"（逻辑ICs）工具栏单击■（触发器与锁存器）调用14042（或CD4042），构成如图7.77所示抢答器电路，14042功能如表7.20所列描述；

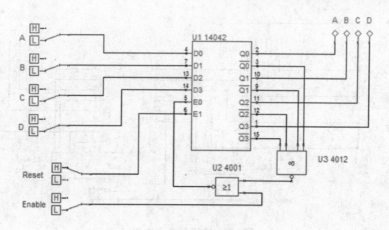

图7.77　抢答器参考电路1

表7.20　14042触发器功能表

控制端		数据输入D	触发器输出Q
E0（时钟）	E1（极性）		
L	L	data1	Q
↑	L	X	输出并锁存data1
H	H	data2	Q
↓	H	X	输出并锁存data2
L/H	H/L	data3	data3

② 控制方式设置。将图中各开关设置成为键盘控制模式，分别由其标号所示字母控制（如"Reset"（复位）开关由键盘上"R"键控制）；

③ 运行仿真。按如下操作步骤运行交互"Digital"（数字）仿真：

（a）首先置开关A~D状态（高电平有效）全为低电平，置"Reset & Enable"（复位/使能端）为"L & L"状态，等待输入信号；

（b）运行交互"Digital"（数字）仿真，此时所有输出逻辑指示器A~B全部不亮，随意按下键盘上A~B中任一个键，对应逻辑指示灯点亮，即该路抢答成功（再按其他键，没有作用）；

（c）系统复位，按"R"键两次，系统又进入等待抢答状态。

【注】将电路中4路输入信号开关换成 按钮开关（按钮开关），并设置为键盘控制后，进行仿真，分析其结果，参考电路如图7.78所示。

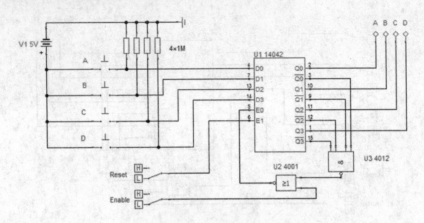

图7.78　抢答器参考电路2

④ 功能分析。结合14042功能表，简单分析抢答器的工作原理，并与D触发器7474构建的抢答器（如图7.37所示）进行比较，分析抢答器不同实现方案的优劣。

【提示】　在构建实际电路时，图7.77所示抢答器必须在系统复位之前，将所有输入端置为低电平，否则系统复位不正常；若采用如图7.78所示参考电路，则不用人为归零，读者在电路构建时请根据设计要求合理选用。

【注】图中电阻必须使用"Gates"（门）库中的"Digital resistor"（数字电阻），否则仿真将提示出错。另外，表7.20描述的锁存器有两种不同模式，实际运用时只需选择一种，如本参考电路设计即采用负脉冲锁存方式。

（2）N进制计数器的设计

计数器在数字电路设计中应用广泛，是构成时序逻辑电路的基本电路，集成计数器常包括二进制（如74161、74163等）、十进制（如74160、74162、74192等）及混合进制（如7490、74196等）。下面学习调用不同集成计数器构建任意进制计数器的设计方法。

① 复位法设计N进制计数器：

（a）电路设计。调用74LS162、译码器7447及相关元件构建七进制计数器，同时使用元件帮助查看74LS162的芯片形状、功能表、典型应用电路等技术资料。

（b）参考电路。图7.79电路为同步复位法设计所得七进制参考电路，当其计数达到"6"时，与非门U3输出为低电平，反馈回同步清零端$\overline{CLR}$，当同步时钟来临时，计数器复位为"0"，重新开始计数。

（c）运行交互"Digital"（数字）仿真。观察输出端数码管字符的变化，领会并简要描述同步复位法设计任意进制计数器的原理。

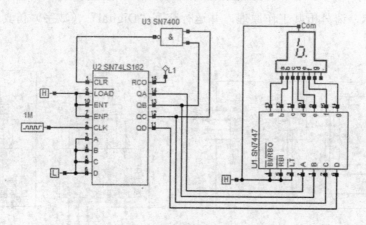

图7.79 七进制计数器参考电路（复位法）

（d）在74162输出端接电压测试脚，运行瞬态分析，分析输出波形。

（e）在此基础上读者任意修改，构成需要的计数器，并弄清楚复位法设计计数器的原理。

② 置数法设计N进制计数器：

运用置数法，调用74LS161及相应元器件构建图7.80所示七进制计数器，当输出为"6"时反馈的置位信号经与非门输出为"0"，计数器置数端"$\overline{LOAD}$"有效，置数A~B（图中设置为0），计数器输出为"0"，进入下一次计数。

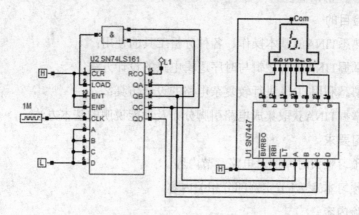

图7.80 七进制计数器参考电路（置数法）

在此基础上读者任意修改，构成需要的计数器，并弄清楚置数法设计计数器的原理。

③ 多级N制计数器设计：

参看图7.47所示电路，调用两片7490级联构建"六十进制计数器"电路，如图7.81所示，请分析其工作原理，并运行交互"Digital"（数字）仿真验证其逻辑功能。

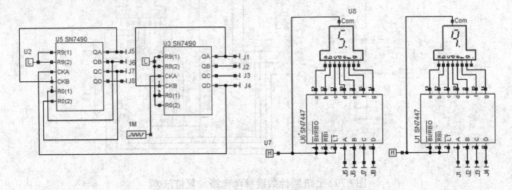

图7.81　7490构成六十进制计数器参考电路

电路中U3为个位计数器（图中集成电路序号没有按顺序，是因为本电路是从其他电路中提取的电路单元），U5为十位计数器，通过个位十进制计数器的QD端下降沿来驱动十位六进制计数器进行计数。图示电路为简化连线，采用了跨接线的方式，J1~J8对应连接了计数器的输出与译码器数据输入端，使较繁琐的连线得到了简化。

※ 实验四　时序逻辑电路分析与设计（二）

1．实验目的

（1）熟悉TINA的基本操作、各种分析工具的使用；

（2）掌握TINA组合逻辑与时序逻辑电路的设计方法；

（3）熟悉利用TINA进行较复杂电路的设计仿真；

（4）掌握TINA获取集成电路引脚分布及功能说明的基本方法。

2．预习要求

（1）预习相关时序逻辑电路章节内容；

（2）预习本章第1节实例部分相关内容。

3．实验内容

（1）可预置数加/减法计数器应用

如图7.82所示电路为预置数加/减法计数器，RSET端为系统复位端，按此按钮系统将复位为预置数状态；COUNT端为计数端，按钮操作一次即计数一次；Enable为使能端，低电平有效；U/D为计数方式选择端，可选择加计数或减计数方式。

调用74190构建如图7.82所示电路（调用Up-Down-Counter.tsc，TINA安装文件夹中的实例文件），并设置开关按钮控制方式为键盘控制，运行交互"Digital"（数字）仿真，改变各按钮开关为不同状态，验证并总结其逻辑功能。注意电路中电阻U1、U2是Gates（门）栏中"Pull up resistor"（上拉电阻）。

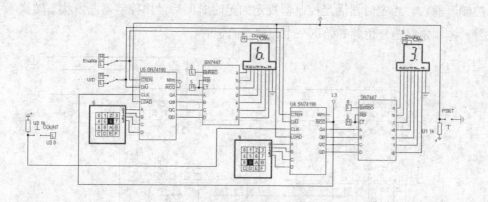

图7.82 可预置数加、减法计数器

（2）简易交通灯电路的设计

如图7.83所示电路是一个简单交通灯控制电路，能基本模拟十字路口交通的控制。电路选用两片二进制计数器（74163）作为定时器，用来定时交通灯时序控制；控制器由数据选择器（74153）及D触发器构成，用来控制定时器与译码器按要求工作；输出端选用了门电路阵列构成译码电路，将控制器的4种状态$Q1\overline{Q1}Q0\overline{Q0}$转变为交通灯信号。

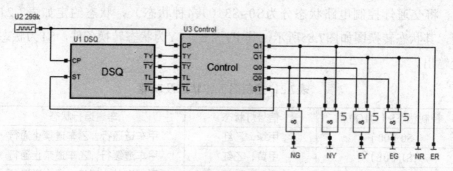

图7.83 交通灯简易控制器

本设计电路采用了子电路形式，电路简洁美观，便于分析。其中DSQ为定时器子电路模块，Control为控制器子电路模块，其内部电路分别如图7.84、图7.86

所示。

① 定时器模块功能分析与设计：

如图7.84所示定时器子电路中CP为两计数器脉冲输入，用于触发计数器；输出TL为甲车道或乙车道绿灯亮的间隔定时（25 t），定时时间到，TL=1，否则，TL=0；TY为黄灯亮的间隔定时（5 t），定时时间到，TY=1，否则，TY=0；ST为控制器输入，当定时器满足控制器规定的定时时间后，由控制器发出状态转换信号，控制定时器复位并开始下个工作状态的定时。

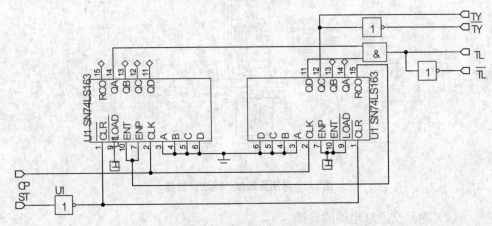

图7.84 子电路DSQ内部电路

（a）构建如图7.84所示电路，运行仿真分析电路逻辑功能，调整电路直至符合设计要求。

（b）将上述电路创建为子电路保存（DSQ.TSM）备用。

② 控制器模块工作原理分析与设计：

将交通灯控制电路状态分为S0~S3（共4种状态），状态约定如表7.21所列，其状态转换图如图7.85所示，其中，TL、TY为状态转换条件，ST为状态转变输出。

表7.21 控制器工作状态及功能

控制状态S（Q1Q0）	信号灯状态	车道运行状态
S0（00）	甲绿，乙红	甲车道通行，乙车道禁止通行
S1（01）	甲黄，乙红	甲车道缓行，乙车道禁止通行
S3（11）	甲红，乙绿	甲车道禁止通行，甲车道通行
S2（10）	甲红，乙黄	甲车道禁止通行，甲车道缓行

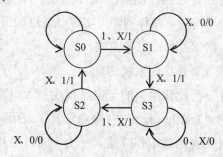

图7.85 控制器状态转换图

根据原理分析过程，此处选用两片双4选1数据选择器（74153）、一片D触发器（7474）可设计得到如图7.86所示控制器（参考电路）。

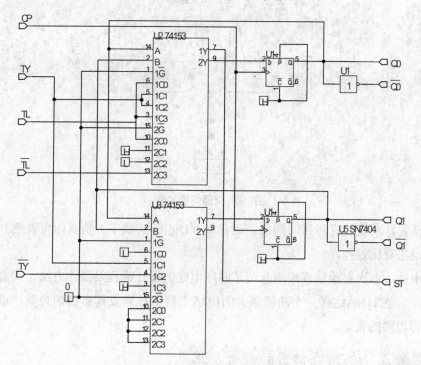

图7.86 子电路Control内部电路

（a）构建如图7.86所示电路，并连接子电路"DSQ"模块，运行仿真，分析电路逻辑功能，调整电路直至符合设计要求；

（b）将上述电路创建为子电路保存（Control.TSM，不包含DSQ部分）备用。

③ 译码器电路分析与设计：

译码器电路的任务是将控制器的4路输出信号翻译成交通灯显示信号。实现方法较为简单，采用与门电路阵列即可实现（还可选用Logic Design（逻辑设计）工具进行设计），请读者自己思考完成。

④ 子电路的插入、连接、系统仿真

将上述各部分分析设计得到的子电路模块插入电路工作区，调用"Meters"（仪表）工具栏的"Traffic Light"（交通灯），采用跨接线连接方式将电路各部分连接起来。同时可在电路工作区插入一十字路口图片（不影响仿真分析），即可得到如图7.87所示逼真生动的交通灯控制模拟场景。

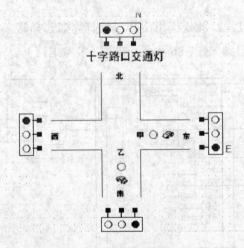

图7.87　交通灯模拟图

设置好系统仿真步进时间后，运行交互Digital（数字）仿真即可观察到交通灯的动态变化过程。

小结：本次实验较详细地介绍了时序电路的设计流程及操作方法，读者可举一反三，在TINA这样一个功能强大的EDA平台上任意发挥自己的想象，进行各种各样电路的设计。

※ 实验五　读/写存储器的分析应用

1. 实验目的

（1）熟悉TINA各种分析工具的综合运用；

（2）熟悉RAM半导体存储器的工作特性；

（3）掌握TINA RAM模块使用方法及其应用。

2. 预习要求

（1）预习相关时序逻辑电路章节内容（含本书）；

（2）应用Tina元件帮助，查看Logic ICs-MCUs/Memory（逻辑ICs/存储器）库中CMOS RAM各模块的功能说明。

3．实验原理及电路

在计算机或其他数字系统中，常用存储器来存放二进制信息，进行各种特定的操作。存储器通常有两种，一种是RAM（随机存储器），另一种是ROM（只读存储器）。

本实验学习RAM的基本使用。RAM的集成电路产品很多，有1位、4位、8位等。例如C850 是64 字×1 位静态随机存储器；存储容量1 KB的2114，是1024×4的静态随机存储器；存储容量为2 k×8 位的静态随机存储器6116等。无论哪一种存储器，其内部结构大致相同，不同的是其内部的存贮单元和地址码。

本实验选用Logic ICs-MCUs/Memory/CMOS RAM（逻辑ICs/存储器/CMOS RAM）模块中的1024*4-bit static cmos ram（静态随机存储器）进行实验，其容量与功能对应于实际集成电路RAM2114，引脚分布如图7.88中U1所示。

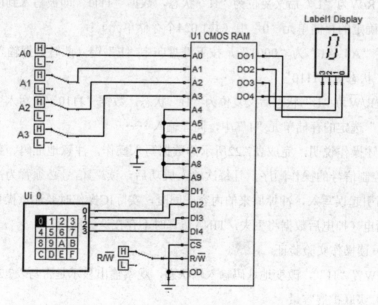

图7.88 1 k×4静态随机存储器功能验证电路图

图中U1的A0～A9 为地址输入端，DI 1 ~ DI 4为数据输入端，$\overline{CS}$为片选端，R/$\overline{W}$为读/写控制端，DO1 ~ DO4为数据输出端。当$\overline{CS}$=0时，RAM被选中，这时数据可以从DI/DO 端输入/输出；R/$\overline{W}$=0则为数据输入（写）存储器，即把数据输入端"DI 4 ~ DI 1"的数据存入由地址"A9~A0"确定的存储单元；若R/$\overline{W}$=1则为从存储器中输出（读出）数据，即把地址端"A9~A0"选定的存储单元中的内容送到数据输出端"DO4 ~ DO1"。OD端为数据开路端,当高电平有效时,输出全为0。

【注】TINA 静态随机存储器1024*4-bit static cmos ram 虽然功能及容量与RAM2114对应,但实际存储器RAM2114把数据输入/输出(I/O)并在一起,由读/写控制端R/W来控制其工作状态。另外,2114没有设置OD端,注意区别。

4. 实验内容

(1)电路构建。构建图7.88所示1k×4静态随机存储器功能验证电路图。

(2)写操作实验。

① 先确保R/$\overline{\text{W}}$状态为高电平"H",即读的状态,后运行交互"Digital"(数字)仿真;

② 置"A4 ~ A1"为"0000",$\overline{\text{CS}}$=0,鼠标选择键盘Ui中的"F"键,此时数据输入端"DI4 ~DI1"的状态为"1111";

③ 置R/$\overline{\text{W}}$为"L"后又复位为"H"状态,数据"1111"即被写入到由地址码"0000"确定的存储单元"0"中(共1 024个存储单元);

④ 置"A4~A1"为"0001",按下键盘Ui中"E"键,此时数据输入端"DI 4 ~ DI 1"状态为"1110";

⑤ 置R/$\overline{\text{W}}$为"L"状态后又复位为"H"状态,数据"1110"即写入了由地址码"0001"选定的存储单元"1"中,同理输入……

按上述操作说明,完成表7.22所示的数据写入操作。注意地址码、数据输入与读/写控制信号的操作顺序,且每次输入成功后,读/写信号必须置为高电平,否则容易引起误写入,冲掉原来的内容。同时,实际IC操作时要注意操作过程尽量避免断电(掉电后数据将丢失,TINA仿真时不存在这一问题)。

(3)读操作实验验证

将R/$\overline{\text{W}}$置"H",改变地址码输入端状态,观察输出显示是否与表7.22一致。

(4)级联扩展容量

RAM2114 的数据输入/输出是4位的,若要获得8位数据的输入/输出,则可用两片2114 扩展而组成1 k×8位的存储器RAM,如图7.89所示。同理组成2 k×4、2 k×8位等存储器扩展。

表7.22　写入RAM内容

CS	A4 ~ A1				DI 4 ~ DI 1			
0	0	0	0	0	1	1	1	1
0	0	0	0	1	1	1	1	0
0	0	0	1	0	1	1	0	1
0	0	0	1	1	1	1	0	0
0	0	1	0	0	1	0	1	1
0	0	1	0	1	1	0	1	0
0	0	1	1	0	1	0	0	1
0	0	1	1	1	1	0	0	0
0	1	0	0	0	0	1	1	1
0	1	0	0	1	0	1	1	0
0	1	0	1	0	0	1	0	1
0	1	0	1	1	0	1	0	0
0	1	1	0	0	0	0	1	1
0	1	1	0	1	0	0	1	0
0	1	1	1	0	0	0	0	1
0	1	1	1	1	0	0	0	0

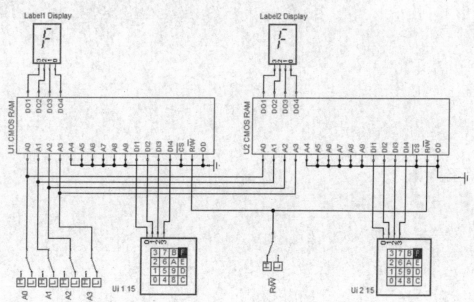

图7.89　两片RAM存储器2114扩展为1 k × 8实验电路

按单片2114实验内容完成上述1 k×8RAM的读写操作仿真。

5．实验思考

（1）静态RAM与动态RAM的工作方式有什么区别？

（2）设计用两片2114构成2 k×8RAM电路并仿真。

8 高频电子线路仿真及实验

8.1 实例分析

※ 例一 三极管的高频特性分析

1. 实验目的

（1）理解晶体管的频率特性参数；

（2）认识低频管和高频管的频响差别。

2. 实验原理

晶体管频率特性主要是指晶体管对不同频率信号的放大能力，表现为：在低频范围内，晶体管的电流放大系数$(\alpha、\beta)$基本上是恒定值，但频率升高到一定数值后，α和β将随频率的升高而下降。

为定量比较晶体管的高频特性，工程上确定了几个频率参数：共基极截止频率f_α（又称α截止频率，是指α降低到其低频值的0.707倍即3 dB时的频率）、共发射极截止频率f_β（又称β截止频率，是指β降低到其低频值的0.707倍时的频率）、特征频率f_T(值β下降到1时所对应的频率)、最高振荡频率f_{max}（功率增益为1时所对应的频率）。

3. 实验电路

实验电路如图8.1所示。设置输入信号为正弦波形，其频率为1 MHz，幅度为1 mV。

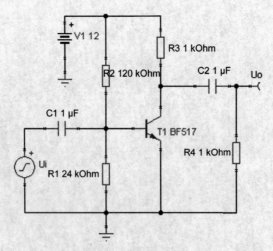

图8.1 三极管高频特性分析电路

4. 实验步骤

（1）f_β和f_T值的测量。

首先观察电路波形是否失真。运行"Analysis/Transient..."（分析/瞬时现象）命令，U_i 和 U_o 的波形如图8.2所示。从输入输出波形幅度可见电路的交流放大倍数（取绝对值）。

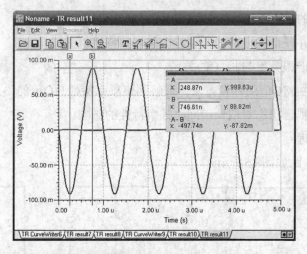

图8.2　电路的输入/输出波形

$$A_v = \left| \frac{U_o}{U_i} \right| = \frac{88\,820}{999.63} \approx 88.65 \text{（倍）}$$

增益为　$20\lg|A_v| = 38.9$ dB。

根据实验原理，运行"Analysis/AC Analysis/AC Transfer Characteristic"（分析/交流分/交流传输特性）命令，弹出的对话框如图8.3所示，参数设置后单击"OK"按钮确认，结果如图8.4所示，单击按钮，移动A，B指针，幅度下降3 dB的点（B指针位置）$x \approx 478.36$ MHz，即 $f_\beta = 478$ MHz。

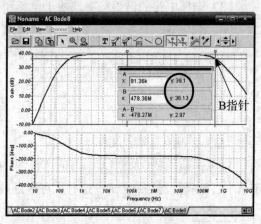

图8.3　AC分析参数设置　　　　　　　图8.4　AC分析结果

【注】以本例与模拟电路部分的单级放大器比较可知，不同的晶体管其频率特性可能存在很大的差异，对放大器的频响特性起关键性的作用。

※ 例二 谐振电路分析仿真实验

1. 实验目的

（1）理解并联谐振电路的幅频特性和相频特性；

（2）掌握谐振频率与L、C的关系；

（3）了解回路Q值的测量方法，理解回路频率特性与Q值的关系；

（4）了解耦合状态对双调谐回路频率特性的影响。

2. 实验原理

并联谐振电路如图8.5所示。

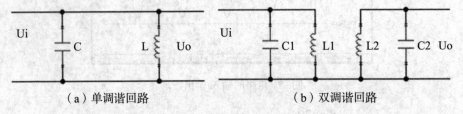

（a）单调谐回路　　　　　　　　　（b）双调谐回路

图8.5　LC并联谐振回路

（1）在高频电子线路中，小信号放大器和功率放大器均以并联谐振电路作为晶体管负载，放大后的输出信号从回路两端取出，因此研究并联回路的频率特性具有重要的实用意义。

（2）并联谐振电路具有选频作用，其频率特性可由幅频特性、相频特性曲线体现。

（3）谐振电路的谐振频率取决于电感和电容的值：

$$f_0 = \frac{1}{2\pi\sqrt{LC}}。$$

（4）品质因数Q的测量可借助公式：

$$Q = \frac{f_0}{B}$$

进行，式中B为频带宽度。

（5）品质因数Q反映LC回路的选择性：Q越大，幅频特性曲线越尖锐，通频带越窄，选择性越好；当R一定时，可通过减小回路(L/C)比值来提高Q值，因为

$$Q = \frac{R}{\sqrt{L/C}}。$$

3．实验步骤

（1）单调谐回路的分析。按图8.6所示给定参数绘制单调谐回路，该谐振回路的谐振频率为：

$$f_0 = \frac{1}{2\pi\sqrt{LC}} \approx 10\ \mathrm{MHz}$$

故加入1 A、10 MHz的激励电流源，R1为负载。观察U_o波形，如图8.7所示。回路处于并联谐振状态，输出信号幅度为500 V，频率为10 MHz。

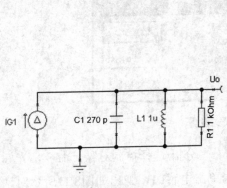

图8.6 单调谐

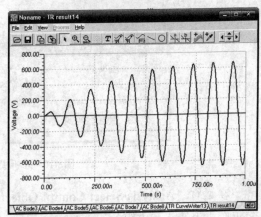

图8.7 单调谐回路的输出波形

（2）频率特性的测试。对电路进行"AC小信号分析"，参数设置如图8.8所示，仿真结果为如图8.9所示的幅频特性曲线。

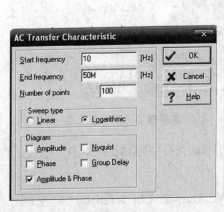

图8.8 AC分析参数设置

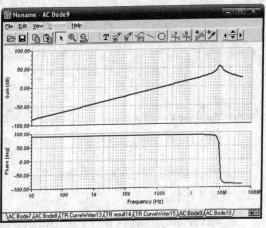

图8.9 AC分析结果

图8.9所示波特图可见，谐振时，输出电压幅值达最大，且与电流源的相位差

为Q，该单调谐回路的谐振频率为9.44 MHz，此外，由幅频特性曲线还可测得通频带约为2 MHz；利用公式：

$$Q = \frac{f_0}{B}$$

可算得$Q \approx 4.7$。

（3）观察电感和电容取值变化对频率特性的影响。

① 运行"Analysis/Mode..."（分析/模式）命令，弹出的对话框如图8.10所示。选择"Parameter stepping"（参数分级）单选项，单击"OK"按钮确认。

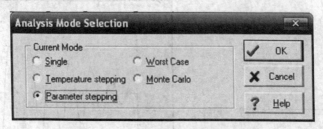

图8.10 分析模式设置

② 运行"Analysis/Select Control Object"（分析/选择控制对象）命令，光标会变换成为箭头和电阻的组合形式，用鼠标单击电感L1，弹出如图8.11所示对话框，单击"Select"（选择）按钮，又显示如图8.12所示对话框。

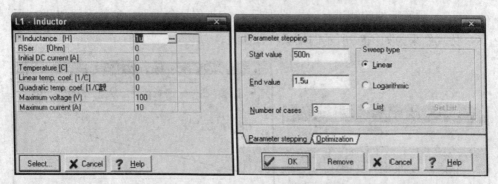

图8.11 选中对象的属性窗口　　图8.12 设置参数变化范围及级数

按照图8.12所示对话框中的数值设置，即电感量取值分别为0.5 μH、1 μH、1.5 μH，单击"OK"按钮。

③ 运行Analysis菜单下的"AC Analysis/AC Transfer Characteristic"（交流分析/交流传输特性）命令，得到幅频特性曲线如图8.13所示。

按照以上方法对电容C1进行参数扫描，取值分别为150 pF、250 pF、350 pF，分析结果如图8.14所示。

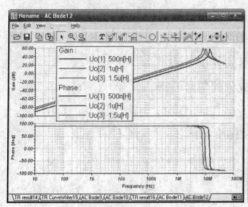
图8.13 对电感L1的参数扫描结果

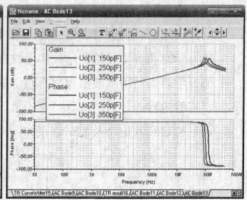
图8.14 对电容C1的参数扫描结果

实验结果表明，电感和电容的取值改变会使幅频特性曲线发生变化，具体变化情况如表8.1所列。

（4）观察负载阻值变化对频率特性的影响。

对电阻进行参数扫描分析，电阻值分别取0.5 k、1 k、1.5 k，得到如图8.15所列的幅频特性曲线。

表8.1 电容电感分析表

	谐振频率	通频带	品质因数Q
电感L减小	升高	影响不大	升高
电感L增大	降低	影响不大	降低
电容C减小	升高	变宽	降低
电容C增大	降低	变窄	提高

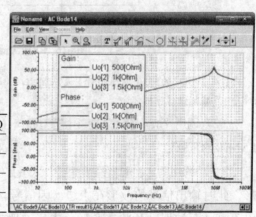
图8.15 对电阻R1的参数扫描分析

从图中可以看到，负载阻值的改变会使幅频特性曲线发生变化，具体表现为，阻值增大时，通频带变窄、Q值变大。阻值较小时，这种变化尤为明显。

【注】双调谐回路本例不作介绍。

※ 例三 RF放大器

1．实验目的

（1）巩固RF(射频、高频)放大器原理的掌握；

（2）学习和巩固波特图示仪和示波器的使用方法；

（3）学习如何用示波器观察有直流成分的信号波形。

2．实验内容

（1）构建实验电路及测试连接如图8.16所示：

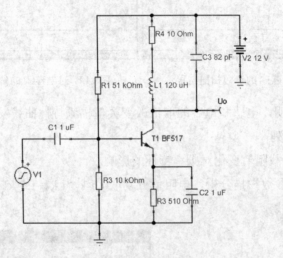

图8.16 RF放大器实验电路

【注】图中的 ─< （电压指针）是从 Meters（仪表）栏中调用的。信号源、示波器参照第1章第4节虚拟仪器应用部分。

（2）调用 "T&M /Function Generator"（T&M /函数发生器），设置信号为1 mV、1.5 MHz的正弦信号。

（3）调用 "T&M /Oscilloscope"（T&M /示波器），运行仿真，观察放大器波形，此时输出信号的波形在上边（因信号含直流成分），如图8.17所示，甚至是看不见（示波器默认状态），单击示波器的 "AC"（交流）按钮，选择测试其AC信号波形。

（4）运行 "Analysis/AC Analysis/AC Transfer Characteristic..."（交流分析/交流传输特性）命令，测试得波特图如图8.18所示，其中心频率为1.6 MHz。

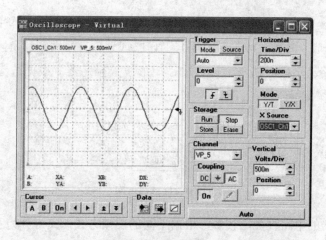

图8.17 分析波形

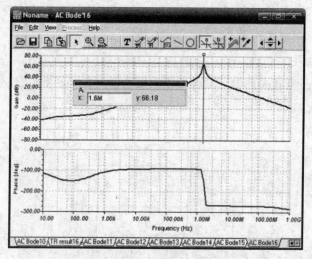

图8.18 RF放大器测试波特图

※ 例四 正弦波振荡器【23，22】

1. 实验目的

（1）理解正弦波振荡器的工作原理及特点；

（2）掌握振荡器的设计方法。

2. 实验原理

在电子线路中，除了要有对各种电信号进行放大的电子线路外，还需要有能在没有激励信号的情况下产生周期性振荡信号的电子电路，这种电路就称为振荡器。在电子技术领域，广泛使用各种各样的振荡器。在广播、电视、通信设备、测控仪器、各种信号源中，振荡器都是必不可少的核心组件。

振荡器是一种能量转换器，由晶体管等有源器件和具有选频作用的无源网络及反馈网络组成，如图8.19所示。根据工作原理划分有反馈型和负阻型振荡器，根据输出波形划分有正弦波、三角波、矩形波等振荡器，根据选频网络划分有LC、RC、晶体振荡器等。

图8.19　振荡器框图

LC振荡器的电路种类比较多，根据不同的反馈方式，又可分为互感反馈振荡器（变压器耦合）、电感反馈三点式振荡器、电容反馈三点式振荡器。其中互感反馈易于起振，但稳定性差，适用于低频，而三点式振荡器稳定性好、输出波形理想、振荡频率可以做得较高。

3．实验内容

（1）电容三点式振荡器（又称考毕兹振荡器），如图8.20所示。

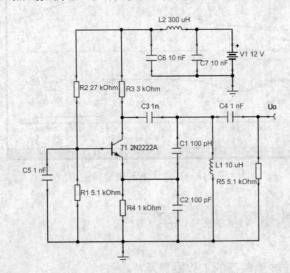

图8.20　考毕兹振荡器

理论计算振荡器的频率为：

$$f \approx \frac{1}{2\pi\sqrt{\dfrac{L1(C_1 C_2)}{C_1 + C_2}}} \approx 7\,\text{MHz}$$

观察到的振荡波形如图8.21所示，从波形看出其振荡极不稳定，测试波形频率为：

$$f \approx \frac{1}{155 \times 10^{-9}} = 6.5\ \text{MHz}$$

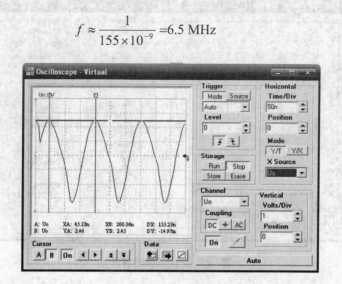

图8.21 考毕兹振荡器输出信号波形

（2）电容三点式改进型"克拉泼振荡器"，如图8.22所示。

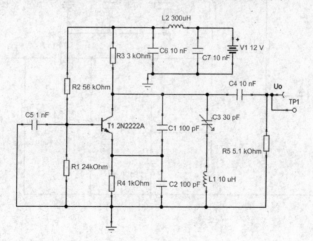

图8.22 克拉泼振荡器

克拉泼振荡器的频率：

$$f = \frac{1}{2\pi\sqrt{L1C_3}} \quad (C1 >> C3,\ C2 >> C3)$$

电路中C3为可变电容，调整之即可在一定范围内调整其振荡频率。输出信号波形如图8.23所示，调整C3观测振荡信号的波形和频率变化。

（3）电容三点式的改进型"西勒振荡器"，如图8.24所示。

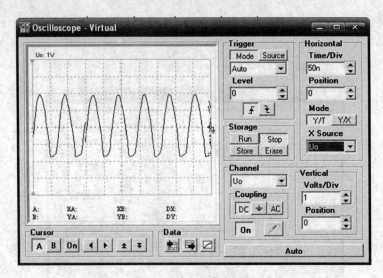

图8.23　克拉泼振荡波形

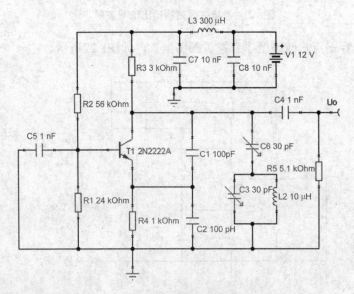

图8.24　西勒振荡器

振荡器的频率：

$$f = \frac{1}{2\pi\sqrt{L_2(C_6 + C_3)}} \quad (C1 >> C6 , C2 >> C6)$$

　　输出信号的幅值、频率等用实时监测法测试（如图8.23所示），信号波形如图8.25所示，调整C6、C3观测振荡信号的波形和频率变化。

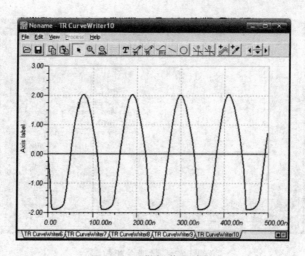

图8.25 西勒振荡器波形

思考：

（1）改变图8.22所示克拉泼振荡器中C1、C2的值，观察信号波形的变化（包括信号波形、频率、信号幅度等参数）；改变振荡器的负载，再次观察信号波形的变化。

（2）改变图8.24所示西勒振荡器中C1、C2的值，观察信号波形的变化（包括信号波形、频率、信号幅度等参数）；改变振荡器的负载，再次观察信号波形的变化；分别调整C3、C6，再次观测波形的变化。

※ 例五　频谱分析仪的使用及傅立叶分析方法

1．实验目的

（1）了解频谱分析仪的基本功能；

（2）学习频谱分析仪的参数测试方法；

（3）了解频谱分析仪在傅立叶分析中的应用；

（4）学习傅立叶分析方法。

2．实验原理

非线性周期信号可以分解成各次谐波，频谱分析仪将它们以谱线形式分离表现出来，方便对信号的特性进行分析。实验中调用频谱分析仪，事实上是调用傅立叶分析，读者可以通过实验熟悉频谱分析仪的使用方法。

3．频谱分析仪的面板功能

单击主菜单上的**T&M**，选择其下拉菜单中的Spectrum　Analysis（频谱分析仪），即可调用频谱分析仪，如图8.26所示，分析窗口中各部分的功能如下：

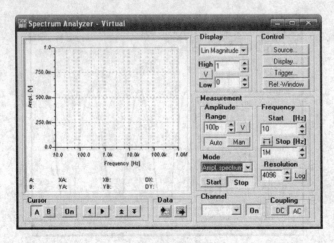

图8.26　频谱分析仪

（1）Control区：控制区，具有4个部分：

① Source：设置输入信号源的属性。

② Display：设置波形的显示方式；

③ Trigger：设置触发方式；

④ Ref.-Window：设置基准电平及视窗波形显示格式。

（2）Frequency区。主要用于设置频率范围。

① Start：开始频率；

② Stop：结束频率。

（3）Amplitude区。选择频谱纵坐标的刻度。

（4）Resolution 区。设置频率的分辨率，所谓频率分辨率就是能够分辨频谱的最小谱线间隔，它表示频谱分析仪区分信号的能力。

频率分辨率的默认状态是最大分辨率，最大分辨率$\Delta f=fend/1\ 024$。一般需要调整其分辨率，才能阅读到的频率点为信号频率的整倍数。

（5）右下方还有两个控制按钮，其功能如下：

① Start：继续频谱分析仪的频谱分析。此按钮常与Stop按钮配合使用，通常在电路仿真过程中停止了频谱分析仪的频谱分析之后，又要启动频谱分析仪时使用。

② Stop：停止频谱分析仪的频谱分析，此时电路的仿真过程仍然继续进行。

(6)左下方还有两个区域：

① Cursor：用于显示或隐藏光标；

② Data：显示输入波形和输出波形。

4．实验内容

（1）按照图8.27所示构建RF放大器，设置的两个信号源都为正弦波形，其中一个信号源的频率为2 MHz，幅度为0.01 V；另一个信号源的频谱为4 MHz，幅度为0.01 V。用示波器观察电路的输出波形（R6上的电压波形）如图8.28所示，调用频谱分析仪仿真，观察该放大器的频谱。事实上就是对放大器进行傅立叶分析，如图8.29所示。

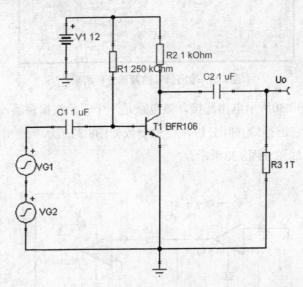

图8.27　RF放大器

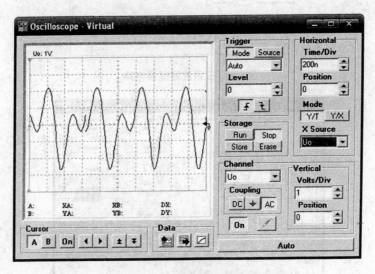

图8.28　放大器的输出波形

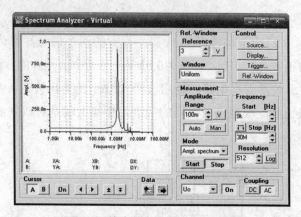

图8.29　输出信号的频谱分析结果

（2）按照图8.30所示电路连接，该电路是一个三角波振荡器，其输出波形如图8.31所示。对它进行傅立叶分析，设置参数如图8.32所示（输出节点为Uo），运行仿真后的谱线图如图8.33所示。

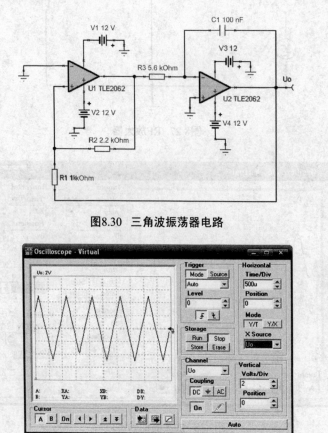

图8.30　三角波振荡器电路

图8.31　输出波形

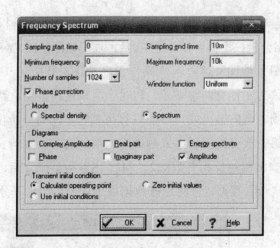

图8.32　傅立叶分析设置

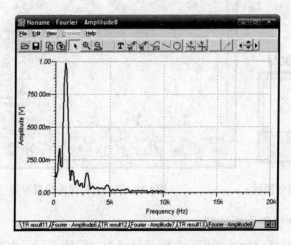

图8.33　傅立叶分析谱线图

※ 例六　网络分析仪应用

1. 实验目的

（1）了解网络析仪的基本功能；

（2）学习网络分析仪的参数测试方法。

2. 实验原理

射频电路的设计方法不同于低频电路的设计，设计者必须关注电路的S参数、输入/输出阻抗、功率增益、噪声指数和稳定性等性能参数。这些参数不能直接从Spice仿真电路中获取，如阻抗匹配需要通过史密斯圆图才能得到，而Spice不能提供史密斯圆图。

网络分析仪是一种测试两端口网络S参数的仪器，常用来分析高频电路。TINA所提供的虚拟网络分析仪不但可以测量S参数，还可以测量H、Y和Z等参数。

网络分析仪图标如图8.34所示，操作界面如图8.35所示（在T&M菜单中调用）。网络分析仪的图标有两组端子，P1端子用来连接被测电路的输入端口，P2端子用来连接被测电路的输出端口。当进行仿真时，网络分析仪自动对电路进行两次交流分析，第一次交流分析用来测量输入端的前项参数S11、S21，第二次交流分析用来测量输出端的反相参数S22、S12。S参数被确定后，就可以利用网络分析仪以多种方式查看数据，并将这些数据用于进一步的仿真分析。

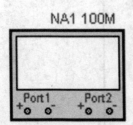

图8.34　网络分析仪的图标　　　　图8.35　网络分析仪的设置界面

3. 网络分析仪的面板功能

图8.35所示网络分析仪面板的左侧是显示窗口，用于显示电路的4种参数、曲线、文本以及相关的电路信息。右侧是参数设置区，有5个，具体功能如下：

（1）Mode区。用于设置仿真分析的模式。

① Transmission Coef.：传输系数，传输电压与入射电平之比。

② Reflection Coef.：反射系数，反射信号功率与入射信号功率之比。

③ Impedance：阻抗。

④ S-Parameter：S-参数，代表了两个射频信号的比值，包含幅值和相位。

⑤ Z-Parameter：Z-参数。

⑥ Y-Parameter：Y-参数。

⑦ H-Parameter：H-参数。

（2）Control区：包含4个部分。

① Source：设置信号源的属性。

② Display：设置输出波形的显示形式。

（3）Frequency区：设置初始频率和结束频率。

（4）Amplitude区：设置输出波形的幅度范围。

（5）Start,Stop：开始仿真和停止仿真按钮。

4. 实验内容

（1）RF放大器测试。

实验电路如图8.36所示，双击网络分析仪图标，在弹出的界面中进行设置，运行仿真，其Z参数分析结果示于图8.37中；H参数分析结果示于图8.38中。

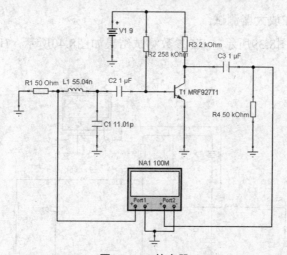

图8.36　RF放大器

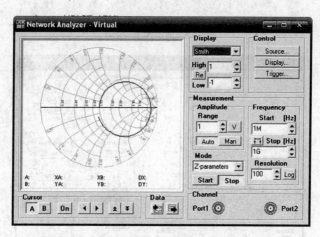

图8.37　Z参数测试结果

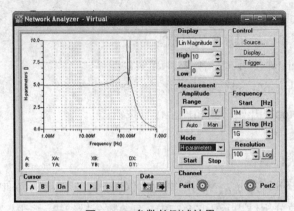

图8.38　H参数的测试结果

（2）宽带RF放大器测试。

实验电路如图8.39所示，其S参数测试结果如图8.40所示，H参数测试结果如图8.41所示。

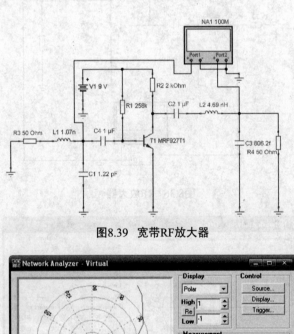

图8.39　宽带RF放大器

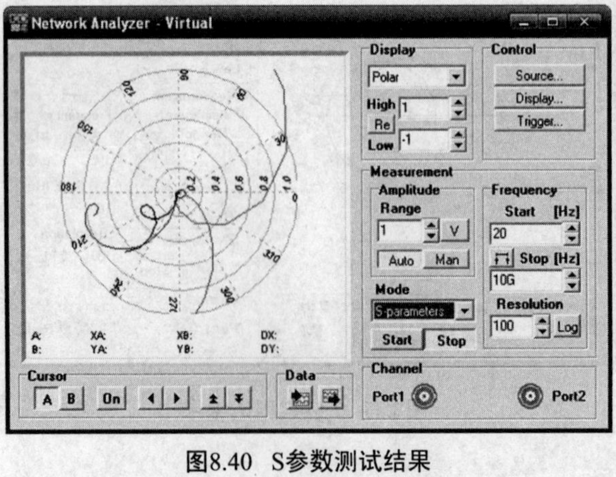

图8.40　S参数测试结果

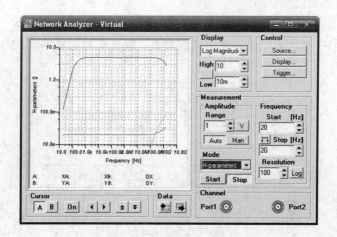

图8.41 H参数测试结果

思考:

（1）试画出RF电感、电容、电阻、三极管、传输线的等效图;

（2）自己一个RF放大器，并测量放大器的电压增益、功率增益、输入输出阻抗。

8.2 高频电路实验

※ 实验一 高频小信号调谐放大器

1. 实验目的

（1）了解调谐放大器的结构和基本功能;

（2）了解调谐放大电路的参数测试方法;

（3）了解结电容对高频调谐放大器的影响;

（4）了解调谐放大器产生相移的主要原因，从而掌握其解决办法。

2. 实验原理

（1）RC或LC回路具有选频作用。

（2）高频小信号调谐放大器通常用作超外差式接收机的高放和中放等电路，对其功能的基本要求是必须兼有放大和选频双重作用，这分别由放大电路和选频网络两部分实现。

调谐放大器的基本组成如图8.42所示。

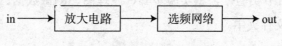

图8.42 调谐放大器的方框图

3. 实验内容

（1）按图8.43所示电路构建调谐放大器，输入信号的频率为1 MHz，幅度为1 MV。

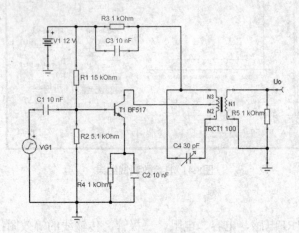

图8.43 调谐放大器

（2）测试放大器各点的直流工作电压（采用DC分析）。

（3）调整C4，观察输出波形，使信号最大放大量输出（注意观察放大器失谐、谐振时的波形情况，认真分析），测试放大器的增益。

（4）测试谐振频率和放大器的频带宽度（采用AC分析）。

（5）更换变压器T1，重复上述实验。

（6）在电路最佳谐振时，改变输入信号VG1的频率,仔细观察放大器的输出情况，并分析。

（7）调整旁路电容C2的值，仔细观察输出信号的变化；

射极旁路电容：按以下设置对C2进行参数扫描分析：起始值设置为5 nF、终止值设置为50 nF、扫描步长设置为5 nF，对其进行瞬态分析，观察实验结果。

（8）结电容的影响。

如对cjc（晶体管c、b极间零偏结电容，参看附录二和本章第1节的实验二）进行 Monte Carlo 分析，设置容差为80%，设置分析5次，观察其瞬态分析实验结果。

4. 实验报告

（1）参看7.1节实验一，将实验步骤、原理图、测试数据、图表、分析结果记录于自定义的文件夹中。

（2）思考：

①发射极旁路电容的数值为何会影响谐振回路(从等效电路考虑)?

②为了使放大电路的移相尽可能小,在电路上应重点考虑什么因素?

※ 实验二 石英晶体振荡器

1．实验目的

（1）了解晶体振荡器的工作原理及特点；

（2）掌握晶体振荡器的设计方法。

2．实验要求

复习晶体振荡的工作原理与频率稳定的原因。

3．实验内容

实验电路如图8.44所示。

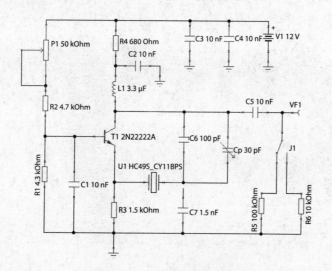

图8.44　石英晶体振荡器电路

（1）调整P1，用万用表测三极管Q1的U_e，计算I_e的范围：

$$I_{eQ} = \frac{U_e}{R_e}$$

（2）测量当工作点在不同值时的振荡频率及输出电压峰-峰值，记录于表8.2中；

表8.2　工作点与输出信号的关系表

U_e						
f						
U_o						

（3）输出电阻为10 k或100 k时（电路中没有设置1 k负载，可自行添加），观察波形变化，结果记录于表8.3中；

表8.3 负载与输出信号的关系表

	1 k	10 k	100 k
幅度值			
相 位			

（4）改变微调电容，观察输出波形变化。

4．实验报告要求

（1）画出实验电路的交流等效电路；

（2）整理实验数据；

（3）写出实验中的波形变化情况。

9 PCB版图设计

任何电子设计的物理实现都必须有PCB（印刷电路板），它是电路系统设计的承载体。在完成了电路设计及仿真步骤之后，用户就需要设计并制作一块PCB来让自己的电路设计转变为设计样机。

在TINA v7及其之后的版本中，都嵌入了PCB设计模块，通常称为TINA套装版（TINA Design Suite），成为一个完整EDA设计环境。

9.1　TINA PCB应用基础

和所有的工具软件一样，应用主菜单可以完成PCB设计的全过程。要准确的应用TINA PCB工具软件，了解其菜单功能是很有必要的。如果读者购买了中文版的TINA PCB，其主菜单中的"帮助"也是中文文件，容易查看和阅读。本节介绍英文版TINA的菜单及快捷工具条的功能。

1. 主菜单及快捷工具条

2. 主菜单中的功能介绍

（1）File（文件）菜单功能如图9.1所示。

File		
New	Ctrl+N	新建文档
Open	Ctrl+O	打开文档
Save	Ctrl+S	保存文档
Save As...		另存为…
PCB Information		PCB信息
Import		导入
Print...	F8	打印
Export gerber file		导出Gerber光绘文件
Export pick and place file		
Export Tina backannotation file		导出TINA逆向注解文件
1　C:\...\PCB\FPGA placed.tpc		
2　C:\...\FPGA all power routed split.tpc		最近处理过的文件
3　C:\...\PCB\FPGA placed split.tpc		
4　C:\...\PCB\FPGA finished.tpc		
Exit		退出TINA PCB

图9.1　File菜单

（2）Edit（编辑）菜单功能如图9.2所示。

Edit		
Undo	Ctrl+Z	撤销上次编辑操作
Redo	Ctrl+Y	恢复
Delete track/comp	Ctrl+Del	删除走线/元件
Delete all tracks		删除所有走线
Select All	Ctrl+A	全部选择
Editor mode	▶	编辑器模式
Track drawing mode	▶	走线绘制模式（直角、45°角等）
Push & Shove mode		推挤模式
Pin swap		交换引脚
Gate swap		交换门电路
Rotate left	Num -	将选中器件左旋
Rotate right	Num +	将选中器件右旋

图9.2　Edit菜单

（3）View（视图）菜单功能如图9.3所示。

View		
Zoom to 100%	Alt+N	缩放至100%
Zoom In	PgDn	放大
Zoom Out	PgUp	缩小
Zoom to Window	Alt+W	缩放至视窗
Zoom All	Alt+L	全屏显示整个电路
3D View	F3	显示3D视图
Redraw	Ctrl+R	重绘电路

图9.3　View菜单

（4）Tools（工具）菜单功能如图9.4所示。

Tools		
Footprint Editor		元件封装模型编辑器
Net Editor	F4	电路网络编辑器
Autoplace components	F6	元件自动布局
Renumber components	F10	元件重新编号
Autoroute board	Ctrl+F5	电路板自动布线
Continue autorouting	F5	继续自动布线
Fan-out routing	Ctrl+Alt+F5	扇出布线
DRC	▶	设计规则检查

图9.4　Tools菜单

（5）Options（选项）菜单功能如图9.5所示。

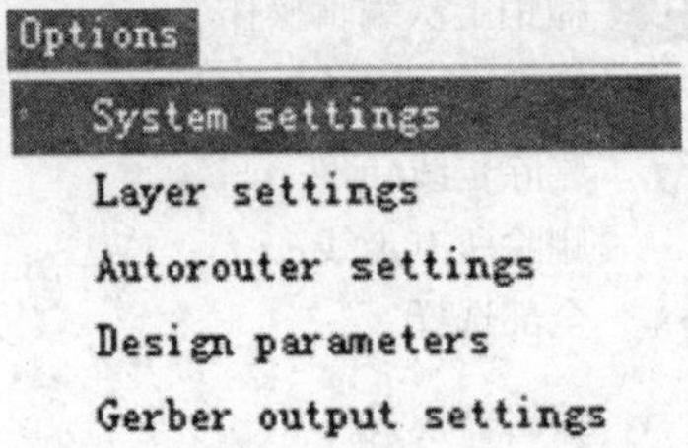

Options	
System settings	系统设置
Layer settings	板层设置
Autorouter settings	自动布线器设置
Design parameters	设计参数选项
Gerber output settings	Gerber光绘机文件输出设置

图9.5　Options菜单

3. 快捷工具条功能介绍

（1）🗋｜🗁｜🖫：这几个按钮与所有的Windows软件一样，作新建文档、打开文档、保存文档。

（2）🡔：让鼠标回到默认状态。

（3）⋈｜：单击选中，可建立新的网络连接。在TINA PCB中放置新的部件，它们的引脚之间是彼此独立的，要将它们按设计要求有机连接，就需要此功能了。

（4）⤙｜：单击选中，可进行手动布线。

（5）▇：单击选中，可在PCB上收缩、放置新的元件封装模型。

（6）**T**：单击选中，可输入、放置说明文本。

（7）▨：单击选中，可做元件的引脚互换。

（8）⚛：单击选中，可做门互换。

（9）▨：单击选中，可规划PCB轮廓。

（10）▨：单击选中，可在选择区域填充铜。

（11）▨：单击选中，在所选区域敷铜，它会自动避开电气走线，也就是说不会让所选区域走线发生短路性问题，这是它与 ▨ 按钮功能的不同之处。

（12）▨：单击选中，可规划一个禁止元件布局区域。

（13）◁：单击选中，可做距离测量，测量结果显示在屏幕的下方（TINA v8有此功能按钮）。

（14）✘｜：删除所选元素（元器件、走线、过孔等）。

（15）↻｜↺：旋转所选部件。

（16）╱ ⌐ ╲ ╱ ⌐：布线模式，模式1让走线方式为直线（45°转折）布线；模式2让走线为135°（90°转折）布线；模式3为走线为135°（45°转折）布线；模式4让走线方式为直线（任意角转折）；模式5为全自动走线，包括自动避让、自动转换板层等。

（17）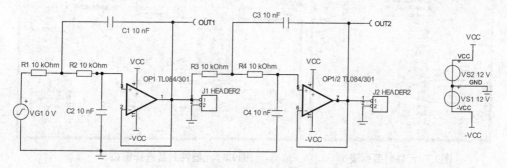：推挤模式，不属于同一网络的布线自动避让一个安全布线距离，或别的布线给新的走线让出一个安全距离。

（18）![Top]：修改板层，将要操作的板层置于当前界面。

（19）`75%`：让PCB以实际尺寸的某一比例显示于屏幕中。PCB版图中，PCB轮廓、元器件的引脚距离、元器件间的距离等与实际的PCB板尺寸是1:1的比例。

（20）：放大屏幕。

（21）：单击这个按钮，可以启动PCB的3D视图，让用户看到PCB的布局、布线以及元器件模型是否符合设计要求。

9.2　　　PCB设计基础

在TINA安装文件夹（作者默认安装，C:\Program Files\DesignSolt\TINA）的Examples\PCB 目录下已经有一些实例文件，如表9.1所列是这些文件的保存格式，以下通过调用这些文件来快速学习PCB板的设计全过程。

表9.1　PCB版图设计实例文件格式

*origin.tsc	原始电路图文件
*.tsc	向后解释的电路文件
*placed.tpc	设计参数设置，元件放置的PCB文件
*routed.tpc	参数属设置和布线的PCB文件
*finished.tpc	可选择的引脚/门交换，布线，设置文件层次的PCB文件

9.2.1　设置和检查元器件封装

打开TINA安装文件夹下"EXAMPLES\PCB"中的"opamp2.tsc"，电路如图9.6所示。

图9.6　实验电路

在PCB设计中，最重要的是电路图中的每一个部件都要有一个准确的物理封装模型。TINA中元件引脚的命名遵循IPC-SM-782A标准(Surface Mount Design and Land Pattern Standard)和 JEDEC的 JESD30C标准 (Descriptive Designation System for Semiconduc-tor-Device Packages)，可以参看网页http://www.jedec.org/download/search/jesd30c.pdf。

TINA中标准器件封装已经默认指定了，这些部件都可以代表实际的元件（在PCB板上安装时所占的面积和平面几何图形）。

注意，一些用于理论测试的元件（比如受控源）不能代表真实的元件，所以不能在PCB板中放置它们。如果设计中包含了这些元件，用户可以修改为实际的元件（或子电路）来代替它们。

一些通用器件和非标准元器件的封装可以重新选择设置，特别是模拟电子元器件（比如，有些设计要求符合特定的功率，其元件体积就发生了变化）。可以用以下的两种方法来查看和设置：

（1）选择Tools菜单中的"Footprint name editor"（封装名称编辑器）命令，将弹出如图9.7所示对话框，用户可以看到所有的元器件和相对应的元器件封装模型名称（以下简称封装名）。

单击封装名，用户可以在其下拉列表中选择所需的封装。在对话框中，没有对应封装的元件呈红色字符，在封装名称区域用"???"来表示，如图9.7中圆圈内所示。

（2）用户可以用鼠标双击某一个部件，并且在元件属性对话框中选中 **Footprint Name** （封装名称），单击 **···** 按钮，弹出如图9.8所示的"PCB information"（PCB信息）对话框，然后在选择合适的元器件封装。

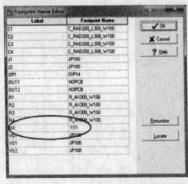

图9.7　元件封装列表

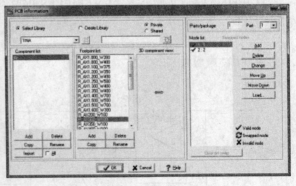

图9.8　元器件封装选择窗口

（3）如果没有找到真实器件所需的封装模型，则在图9.8中单击ADD（添加）按钮来添加。单击其中的"Help"（帮助）按钮可以获取帮助信息。单击工具条中的 ⬚3D/2D视图按钮或按下F6键可以查看3D图形，如图9.9所示。

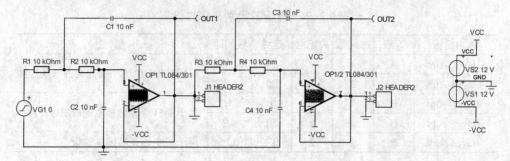

图9.9 电路元器件封装的3D视图

9.2.2 TINA的PCB设计工具

如果所有元件的物理封装都符合要求，就可以继续进行PCB版图设计了。单击TINA工具栏上的 ⬚按钮或运行"Tool/PCB Design"（工具/PCB设计）命令，在PCB Design（PCB设计）对话框中设置相关选项，如图9.10所示，图中：

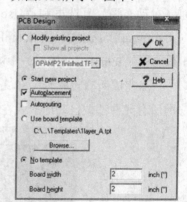

○ Modify existing project：修改现有项目；

☐ Show all project：显示所有项目；

⦿ Start new project：开始新项目；

☑ Autoplacement：自动布局；

☐ Autorouting：自动布线；

⦿ Use board template：使用电路板模板；

Browse...：浏览电路板模板按钮；

○ No template：无模板（自定义）；

Board width：自定义电路板的宽度（单位英寸）；

图9.10 PCB设计选型窗口

Board height：自定义电路板的高度（单位英寸）。

1. 关于PCB设计模板

如果要用样板，用户需要根据设计制作的复杂程度来选择不同标准的模板。根据IPC_2221标准来定义制造技术的3个级别是：

Level A : General Design Complexity（普通复杂程度）；

Level B : Moderate Design Complexity（中等复杂程度）；

Level C : High Design Complexity（严重复杂程度）。

这些样板已经定义了制造级别和属性：系统栅格尺寸、自动布线设置、走线间隔和走线宽度，如表9.2所列。

表9.2 PCB模板的级别及属性设置

PCB模板	等级	布层数	内电层	走线	线间距	备 注
1layer_Atpt	A	1	–	25	12.1/2	在标准的DIP.IC引脚间允许一条走线
2layer_Atpt	A	2	–	25	12.1/2	
2layer_Atpt	B	2	–	8.1/3	8.1/3	用于SMT或混合技术的PCB板
2layer_Atpt	B	2	–	0.1	0.2	
4layer_Atpt	C	2	2	0.1	0.15	用于适中等或高密度的板

用户可以在TINA的View/Option（视图/选项）对话框中修改度量单位，用英寸或毫米来设置PCB板的尺寸，其默认单位是英寸。

2．关于PCB布局布线

1）设计布局

可以根据工艺技术、设计密度等综合因素来选择PCB的样板。本例在9.10所示窗口中选择"Start new project"（开始新项目）单选项，"Autoplacement"（自动布局）复选框和"Use board template"（使用电路板模板）单选项；在"Browse"（浏览）的 Template（模板）中选择2layer_A.tpt文件。如果做双面的PCB板，Template（模板）中的这些文件的设置是合适的。

当完成所有设置后，单击 "OK" 按钮确认就进入PCB版图设计环境，电路的所有元件都被自动地放置在PCB板中，如图9.11所示。

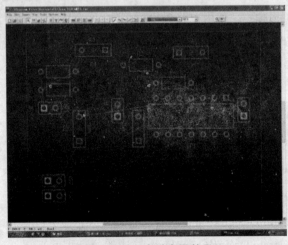

图9.11 PCB自动布局效果

图9.11中是TINA的PCB设计工具自动布局的效果，它和目前所有的PCB设计软件一样，其布局效果不可能完全合乎用户要求，一般都需要做适当调整。

调整元件布局的方法很简单，鼠标移动到需要调整的元件上即变成手指状，这时压住鼠标左键并拉动元件到合适位置即可。如果不能选中该器件，可能是开启了其他功能，可以单击工具条中的 ▶ 按钮，再做移动操作。

调整元件布局的原则是：让走线尽可能少交叉，布局紧凑、美观、电气规则合理。调用TINA安装文件夹中"EXAMPLES\PCB\opamp2 placed.tpc"查看，它已经是调整过的PCB布局效果，如图9.12所示。

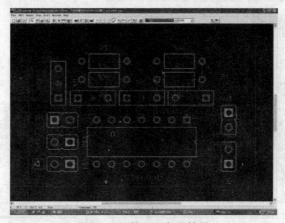

图9.12　调整PCB布局效果

2）设计布线

按键盘上的F4键或选择"Tools/Net Editor"（工具/网表编辑器）命令来调用网络编辑器，以设置各元件引脚间的走线宽度，如图9.13所示（本例已经调整过）。

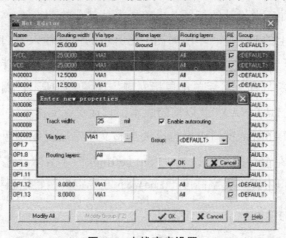

图9.13　走线宽度设置

要对网络自动布线，按键盘上的Ctrl+F5键或者选择"Tools/Autoroute Board"（工具/电路板自动布线）命令，就会看到自动布线的过程，完成后如图9.14所示。

3．设计规则检查

查看清楚如果每个元件的连线准确无误后，按键盘上的F7键或选择"Tools/DRC/Run DRC"（工具/DRC/运行DRC）命令来检查布线是否正确。会显示检查报告，如图9.15所示。

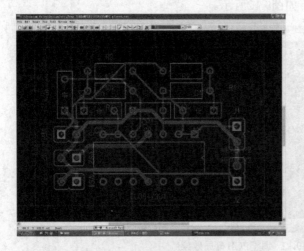

图9.14　PCB布线效果　　　　　　图9.15　电气规则检查报告

4．添加文本

一般有必要在PCB的丝印层或装配图层（Skillscreen/Assembly layer）添加一个说明文本，比如所做设计的标题、电路板上某部分的功能等。

单击工具栏上的T按钮，弹出如图9.16所示的信息输入窗口。如输入Active lowpass filter（低通滤波器），然后单击"OK"按钮，文本会伴随着出现鼠标，移动文本到相应的位置，然后单击鼠标左键，如图9.17所示，圈内是放置的说明文本。需要说明的是TINA V9及以前的版本都只接受英文文本。

可以在如图9.16所示窗口中根据需要调整文字高度及笔画粗细。也可以双击文本再编辑之。在窗口的字体设置"Font settings"（字体设置）栏的 Text height:（文本高度）窗口中调整文字高度，Line width:（线宽）调整笔画粗细。

5．PCB的3D视图

最后，用3D视图来查看PCB设计图。按键盘上的F3键或选择"View/3D

View"（视图/3D视图）命令，也可以单击工具条中的 按钮，经过计算之后，会显示如图9.18所示窗口。

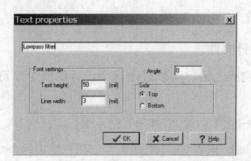

图9.16　文本信息输入窗口

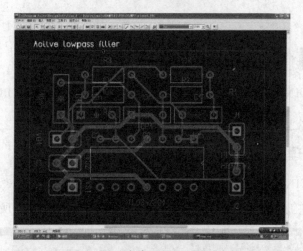

图9.17　放置文本后的PCB设计窗口

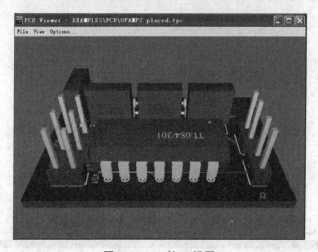

图9.18　PCB的3D视图

用户可以用鼠标来旋转、翻转、放大或缩小这个3D模型，以便观看到不同方位的视觉效果。单击鼠标左键，同时移动鼠标来旋转、翻转3D模型；单击鼠标右键，同时移动鼠标放大、缩小3D模型。

6. 输出PCB设计文件

以上设计步骤完成之后，可以打印这个设计图或为制造商创建一个Gerber文件。

（1）用"File/Print.."（文件/打印）命令来打印。

（2）选择"File/Export Gerber file"（文件/导出gerber光绘文件）来获取Gerber文件（可以通过"Option"选项 菜单中的Gerber输出设置来修改Gerber选项）。

9.3 双面贴装式电路板

为了了解TINA更详细的功能，下面制作一张双面贴装式PCB。这里应用TINA安装文件夹下实例引导读者学习PCB版图设计。

9.3.1 原理图编辑

本例调用TINA安装文件夹下"Examples\PCB"中的"PIC flasher origin.TSC"文件，在工具栏中单击 按钮，观察电路原理图如图9.19所示。

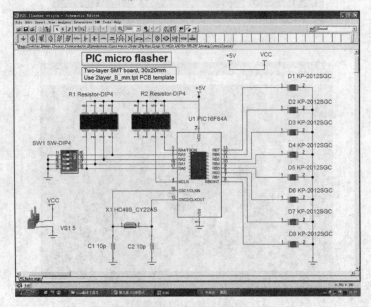

图9.19 PCB实验电路的3D图

9.3.2 检查封装列表

查看电路器件的物理模型（均为SMD，表面贴装器件）符合设计要求后，选择"Tools/Footprint Name Editor..."（工具/封装编辑器）命令检查封装列表，所有的元器件都有一个封装模型名，列表如图9.20所示。

9.3.3 调用PCB设计

1. 调用PCB编辑器

选择Tools/PCB Design...（工具/PCB设计）命令，在弹出式对话框中设置如下选项：

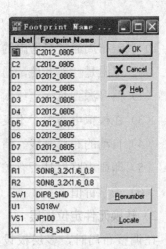

图9.20 查看元件是否都有封装模型

（1）选中"Start new project"（开始新项目）；

"Autoplacement"（自动布局）；

"Use board template"（使用电路板模板）。

（2）单击 Browse... （浏览）按钮，在模板文件中调用模板"2layer_B_mm.tpt"，自动布局结果如图9.21所示。

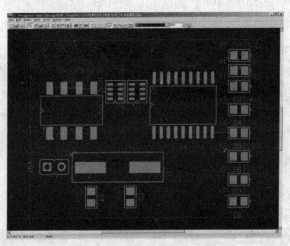

图9.21 自动布局的PCB

2. 调整布局

元器件的放置应该尽量靠近，使得它们之间的连线最短，在电路的拓扑设计原理中也遵循这样的规则。虽然自动布局布线方便、快捷，但往往达不到预期效果，都需要做人工调整，以满足电子，机械和其他特性要求。

1）调整布局通常要考虑的因素

（1）电阻是耗能器件，通常会发热。

（2）信号源到负载走线太长会产生辐射等干扰。

（3）在模拟电路中，不良的布局布线会增加噪声的耦合等。

（4）自动的布局布线、清除容差。

（5）印刷电路板是否有扩展的余量。

（6）美学价值。

2）转换元件定位板层

在调整布局时，多层板设计通常涉及移动器件到PCB的另一层次（在同一板层上移动器件的方法上一节讲过），在此阐述一下如何将器件移到另一层去。

鼠标双击需要转移的器件，弹出的对话框如图9.22所示。在对话框中的"Placement side"（放置面）栏点选后确定即可。即选择Top（顶层），将元件转移到顶层；选择Bottom（底层），将元件转移到底层。如图9.23所示是调整后的结果。

图9.22　器件调整对话框

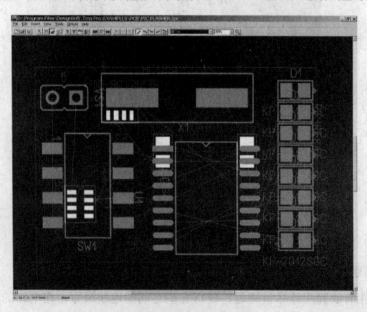

图9.23　PCB布局调整结果

3．调整走线

为了减少路径的长度，可以交换R1的引脚连接到SW1。如果改变引脚后的电路的功能是不变的，那么交换引脚是允许的，比如电阻、电容的引脚等。

先单击工具条上是交换引脚按钮，然后单击R1的1引脚（右上方），再单击R1的4引脚，弹出如图9.24所示的询问对话框，单击Yes确认交换即完成调换。其他操作同理，不再详述。

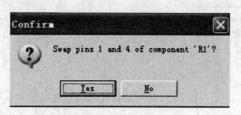

图9.24　引脚交换询问

【注】引脚调换之后，原来的链接方式已经发生了变化，因此必须修改原理图的连接关系，以保证板子上的元器件实体连接与原理图上是电路符号连接保持一致。当完成元件引脚或门交换，以及元器件的重新命名之后，应该要重新运行电路。

4．放置端口

有些"器件"是没有封装的，比如电路的供电电源等，因此布线之前要给它放置一组接线端口或是一个电池夹。放置的端口网络名称一定要修订网络标号，必须与电路中需要连接的节点标号一致（如Vcc、接地等），否则它是个孤立的端口。

5．信号层优先级设置

信号层一般都被设置为优先跟踪（上层或者下层，也可以是其他层），在本例中指的是顶层和底层。要设置这些跟踪，可以通过选择"Options/Autorouter"（选项/自动布线器设计）命令，在其对话框中进行设置，如图9.25所示。在图中Direction [H:1 V:9]（方向：水平1垂直9）栏，可以选择1~9的整数来设置最优化的方向，其中数字1主要强调的是横向，数字9则主要强调的是纵向，数字5则是横向和纵向同等。

选择极值（1或9）通常太过于绝对，因此，对于顶层而言通常使用数字3，而对于底层而言常使用数字7（默认值）。

选中"Force router to use short side SMD pad entry"（强制布线器使用SMD焊盘短边入口）复选框，在其后选择数字来控制贴片元件的引脚及焊盘数目（数字9，表示贴片元件最少为9条引脚，至少有9个焊盘，这个选项对于控制贴片元件引脚之间两条走线的距离以及元件之间的距离是非常重要的。正是因为这样，R1、R2、SW1才能被自由的就近连接。

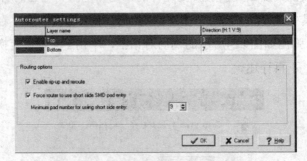

图9.25 信号层优化选项对话框

6. 修改版图尺寸

本节介绍的实验电路，虽然规模比较小，电路也不密集，但也有一些特殊的要求，比如PCB的尺寸等。要注意的是，PCB版图与PCB板是1:1的尺寸比例，其布局布线效果与实际的印制电路板关系极大。如果PCB尺寸设计不合理，会给样机设计带来麻烦。尺寸设计太大，会让设备生产成本增加；选得太小，会让布局布线困难。

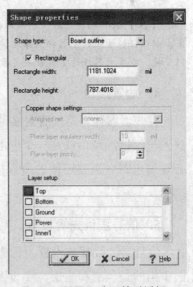

单击工具条中的 ▉ 按钮，然后双击电路板，弹出调整对话框如图9.26所示。在对话框中可以设置PCB板的长宽尺寸（单位mil，1 mil=0.0254 mm）。设置完毕，单击"OK"按钮，板子的尺寸即变为所要求的尺寸。

图9.26 版图尺寸调整对话框

7. 布局3D查看

手动调整布局完成，单击工具条中的 ▉ 按钮来查看实际的物理器件布局，务必保证所有的元器件、安装孔、空白区域等符合要求，使得PCB（板子）的开销最少。此外，在两个元器件之间保证有足够的空隙来走线也是很重要的。

9.3.4 保存文件

调整完毕，PCB版图情况如图9.23所示。保存该文件（本例有PIC flasher.tpc

保存于TINA安装文件夹下Examples\PCB中）。

9.3.5 PCB布线

在完成上述步骤之后，就可以进行布线工作了。调用"Tools/Autoroute board"（工具/电路板自动布线）命令或按下Ctrl+F5键来自动进行PCB板布线，布线结果如图9.27所示。用户可以控制自动布线的连接，比如首先将电源、接地连接等，如果没有特殊要求，程序会自动的根据布线选择协议连接（自动布线）。

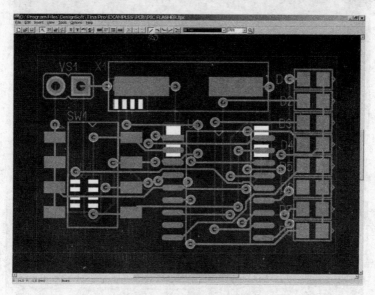

图9.27 自动布线的PCB

9.3.6 电气规则检查

调用"Tools/DRC/Run DRC"（工具/DRC/运行DRC）命令或按下键盘上的F7键运行DRC，对制作的PCB进行设计规则检查。如果布线有问题，将弹出如图9.28所示窗口。如图9.29所示是问题提示内容。

在图9.29所示窗口中双击"Unrouted net N00013"（未布线），会自动放大该部分，并高亮度显示所选择的目标。

9.3.7 手动布线

为了更好的对板子进行布线，可以用手动布线的方法控制连接线。也可以在自动布线的基础上修改，即可以移动、删除、重画某些布线。

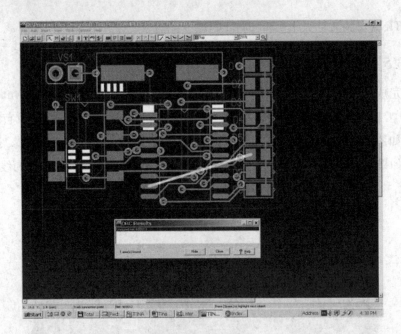

图9.28 布线错误提示

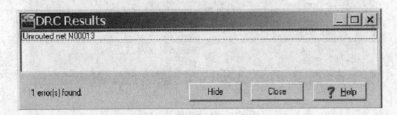

图9.29 DRC检查问题提示窗口

首先单击工具条中的 ![](按钮，保证鼠标脱离其他工作状态，然后可用鼠标去选择、推动走线（压住鼠标左键）；按住Shift键，可用鼠标选择有电气连接关系的所有走线线段；按住Ctrl键，可用鼠标选择没有直接关系的走线线段；在走线线段被选中状态下，再按下Delete键可以移除连线。

走线线段被删除之后，就会出现没有连接的线网。本例删除PIC的9脚与D5之间走线，按下"F4"键可以启用网络编辑器，如图9.30所示，将N00012的"RF"复选框设置为禁用，再次启动自动布线，会看到这一连接是没有布线的（这是预防自动布线程序重新连接线网）。

手动布线很简单，单击工具条中的 ![](按钮，然后单击布线的起点，按照自己的意愿在走线要通过的路径中单击鼠标左键，之后继续，直至该走线的终端（可以单击起点、终点，以自动走线）。

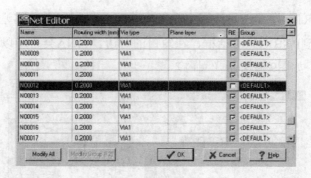

图9.30 网络编辑器

9.3.8 让电路原理图与PCB板一致

PCB应该与电路图一致，它们都是设计实体（设备样机）的技术资料，与设备的生产、维护等密切相关。

让PCB板与电路原理图文件同步，操作步骤如下：

（1）运行"File/Export Tina backannotation file"（文件/导出TINA逆向注解文件）命令，将PCB的输出文件（假设以PIC flasher origin.ban为文件名）保存到某文件夹中（可以保存到TINA的实例文件夹）。

（2）启动TINA，运行"Tools/Backannotate..."（工具/逆向注解）命令，选中刚才保存的文件，单击"OK"按钮，TINA将读出并且更新原始的电路文件。

（3）单击工具条中的 3D/2D视图按钮或按键盘上的F6键，显示3D图如图9.31所示。仔细看一下电阻网络的引脚顺序（与图9.19比较），该顺序反应了引脚调整后的结果。

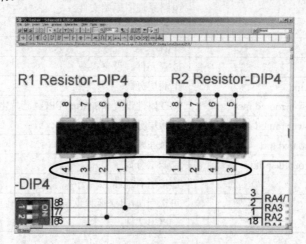

图9.31 与PCB对应的原理图3D图

（4）双击R1，在属性对话框中选择 Footprint Name（封装名称），并单击其后的 … 按钮，得到PCB信息对话框，在窗口的右边，TINA会自动以粗体字显示交换的节点信息，如图9.32所示（圈内）。

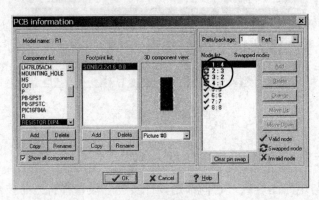

图9.32　引脚交换信息

（5）以PIC flasher.TSC作为文件名保存该文件（是最终的技术资料）。

9.4　制作4层PCB板

本节介绍4层PCB板的设计全过程，从概念、参数的设置、所需要的技术和工具等，强调它与单层或双层PCB设计的不同。在TINA安装文件夹下"Examples\PCB"文件夹中保存了这个例子各个阶段的文件，如表9.3所列。

表9.3　实例各阶段文件

原理图文件	
FPGA origin.tsc	电路原理图原始文件
FPGA.tsc	重新编号后的电路文件
PCB文件	
FPGA placed.tpc	放置元件、设置参数
FPGA placed plit.tpc	电源层分离
FPGA Spartan power routed.tpc	NET属性设置和Spartan FPGA芯片电源路由
FPGA Spartan power routed split.tpc	电源层分离
FPGA all power routed.tpc	电源布线
FPGA all power routed split.tpc	电源层分离
FPGA routed.tpc	连接所有通路
FPGA finished.tpc	可选引脚/门交换和重新编号，路由，丝印调整，定制PCB文件

9.4.1 规划设计

设计电路的方框图如图9.33所示，电路以Xilinx的现场可编程门阵列（FPGA）为核心，使用按钮开关作为FPGA的输入，用发光二极管LED作为输出。该电路板还包含5 V的供电电源和FPGA编程接口以及一些电阻电容，在此不做详细介绍。

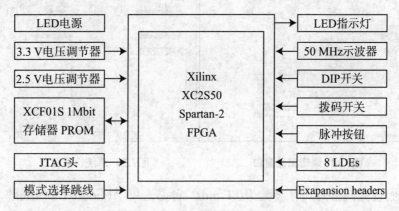

图9.33　设计实例的方框图

9.4.2 原理图设计

本例调用TINA安装文件夹"EXAMPLES\PCB\FPGA"下的FPGA origin.TSC文件，对所有元件的封装进行检查，为下一步布局布线设计做好准备。

9.4.3 PCB设计

运行"Tools/PCB Design"（工具/PCB设计）命令，在设计向导窗口中选择设置"Start new project"（开始新项目）单选项，选择"Autoplacement"（自动布局）复选框，使用电路设计样板4layer_C_mm.tpt（参看图9.10所示对话框），单击"OK"按钮进入PCB设计环境。

1. 关于尺寸单位的修改

尺寸单位用户习惯用公制，因此可以将英制单位改为公制。

（1）运行原理图设计窗口的View/Options...（视图/选项）命令，弹出窗口如图9.34所示，在Measurement Units（量度/单位）栏设置单位制式。该窗口还可以设置电路的符号系统、鼠标功能、器件属性、编辑器底色等，在此不做详述。

（2）运行PCB设计窗口的"Option/System setting"（选项/系统设置）命令，弹出如图9.35所示对话框。在对话框中修改PCB设计中各尺寸单位制式，还可以修改窗口的底色、栅格尺寸、自动保存文件的时间等。

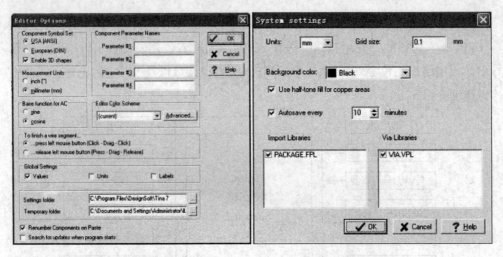

图9.34 编辑属性窗口　　　　　　图9.35 系统设置窗口

本例设置网格的尺寸参数为0.1 mm，务必选中"Import Libraries"（导入库）的PACKAGE.FPL文件、"Via Libraries"（过孔库）中的VIA.VPL文件，其他默认设置，然后单击"OK"按钮。

2．调整布局

1）设置板层

为了使界面干净整洁可以关闭当前显示的一些版层。选择"Option/Layer Settings"（选项/层的设置）命令，弹出的对话框如图9.36所示，单击Uncheck All（取消全部选中）按钮，然后选中Top（顶层）和Bottom（底层）复选框，其他类似，不做详述。

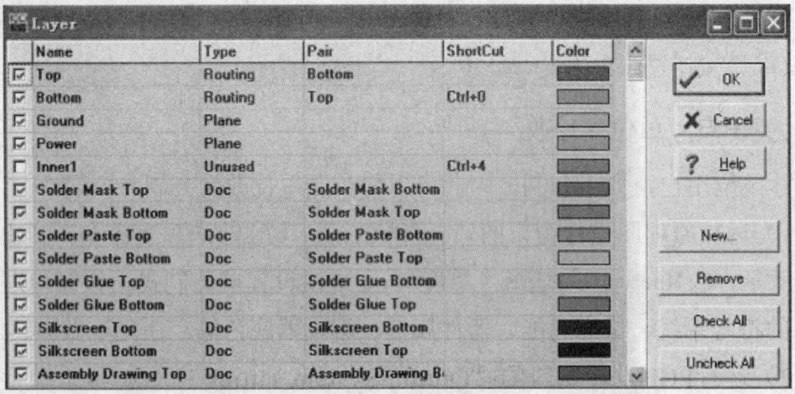

图9.36 板层设置窗口

2）放置部件

在实际的设计系统中，有些非电气元件（如大功率散热器的安装孔、一些器件的橡胶脚等）在原理图中没有图形，但它们却是系统的重要组成部分，从原理图生成网表文件时没有相应的网表，也就没有PCB封装模型放在板子上，这就需要在PCB布局时放置这些部件。

（1）选择"Edit/Editor mode"（编辑/编辑器模式）之下的"Select/Move components/tracks tool"（选择/移动元件/线径）命令，确保被选中。

（2）锁定一些主要器件。如果用户希望把一些器件锁定在PCB上的某个位置，可用鼠标右击之，在弹出的菜单中选择"Component propenties"（元件属性）命令，在弹出的元件属性对话框（鼠标双击之也可以打开）中选中"Lock component"（锁定元件），确认即可，如FPGA芯片就应该锁定。

（3）放置安装孔。运行"Insert/Component"（插入/元件）命令，弹出插入元件选择窗口如图9.37所示，其中MNTHOLE（封装名）即为安装孔。放置的元件默认置于顶层，可以在其属性窗口中修改属性，包括标号、参数、放置板层等（参照图9.22所示执行）。依次放置三端稳压器的散热片，在铜板上应有足够的装配空间；放置FPGA的40pin的扩展端口（BHEAD_100_V_TM2_40插座），其他器件的放置参照执行，不做详述。

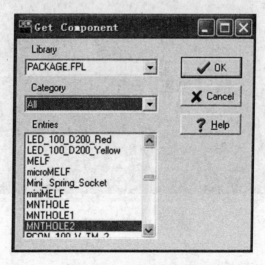

图9.37　插入元件选择窗口

（4）尽量将元器件与周围的其他器件关联起来，新放置的元件如果有端口要与电路中某个端口连接，可以单击工具条中的 ⋈ 按钮，然后用鼠标分别单击两个端口即可。

3）调整布局

将LED、开关放置在板子的底部；放置FPGA的缓存器、滤波电容以及闪存在板子的底部，并且尽量靠近电源的引脚；较小的元件尽量放置在较大的元件周围等，根据需要调整，局部版图如图9.38所示，整体版图如图9.39所示。

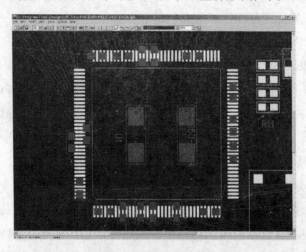

图9.38　PCB布局调整1

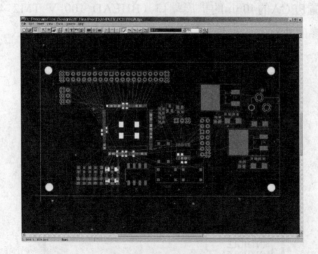

图9.39　PCB布局调整2

9.4.4　对PCB敷铜

铜箔有抑制噪声、屏蔽、散热，以及扩流、降低阻抗等作用。现在为了改善三端稳压器U4、U5的散热条件，在PCB板顶层做一个15 mm×15 mm大小的铜箔，以扩大散热片的面积。

方法是从工具条中选择 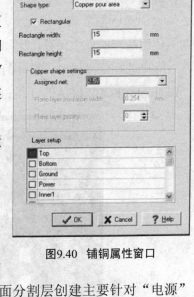（Copper pour area，覆铜区）按钮，并单击敷铜区域的左上角，拖动鼠标到右下角确认即可。然后双击这个区域，弹出的属性窗口如图9.40所示，可以输入相应的参数，注意检查形状和类型，并且选择2.5 V的网络（也就是说这块铜箔和2.5 V电源端口连接）。通常情况下，在PCB上创建铜箔时，除了指定网络外，还可以指定形状、填充方式、放置板层等。

图9.40　铺铜属性窗口

9.4.5　创建平面分割层

1. 关于平面分割层

在PCB设计中，创建平面分割层是很重要的一个环节，特别对多层PCB的设计意义重大。平面分割层创建主要针对"电源"和"地"线，通常针对多电源供电系统。

印刷电路板上是没有真正的"地"的，而通常所说的"地"一般都指的是回流路径或参考平面。对于实际的PCB来说，最好的"地"应该是一个完整的、公共的"地"平面。这种简单的地可以减小PCB上走线之间的串扰，减少电磁干扰。但是当电路上出现ADC/DAC时，地平面就变得很复杂了。模拟器件需要接到"模拟地"，而数字器件需要接到"数字地"。随着数模混合电路的大量运用以及集成度的提高，出现了越来越多的问题，例如：什么情况下需要分割地平面，对于分割的地平面是否需要桥接等。

电源层用来为整个电路提供能量，是电路正常工作的基础。在多电源供电系统中，电源层是一个典型的实心分离铜层。用户分割这些层的时候，可以通过放置覆铜箔来将一层的一部分线网络放置到另一层上。对于整层，可以指派一个主网，因为在TINA中是通过接地和电压源以及第二层覆铜线网进行的。

2. 创建平面分割层

现在看一下如何在TINA PCB中实现平面分割层的创建。打开安装文件夹下"EXAMPLES\PCB\FPGA"中"FPGA placed.tpc"文件，注意电源网络采用的3.3 V电压供电，并且已经被指定到电源层。用户可以分离FPGA的供电电源层（2.5 V），这一部分用从U4引出的网络来代替。

（1）选择电源层是重要的，单击 ▓（绘图/修改外形）图标，再单击 ▣（覆铜区）按钮，光标将变成一个十字形，开始绘制覆铜板的大概框架，其范围必须大于稳压器散热片的大小，通过Xilinx芯片中间的空隙与其相连接（在绘图期间使用适当的放大倍数，比如放大为200%~400%，是很有帮助的）。

用户进行分离层时，设计的界面看起来如图9.41所示（查看TINA安装文件夹"Examples\PCB\FPGA"下的FPGA placed split.tpc文件）。

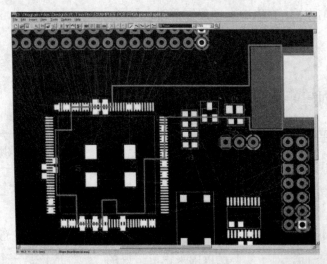

图9.41 创建平面分割层

（2）指定该铜层到2.5 V网络。在图上双击铜层，在弹出的如图9.42所示对话框中选中2.5 V网络，然后单击OK按钮即可。

（3）接地层是电源的负极，其平面分割层的创建过程和设置与之相同，不做详述。

【注】如果用户想在平面层中嵌套其他层重叠于这之上，必须要指定层的优先权，较高优先权的覆铜箔放置在较低优先权的覆铜箔之上，各层之间（含信号层）要用绝缘体保护起来。

如果用户现在建立所有的电源连接，将会得到如图9.43所示的结果（查看TINA安装文件夹 "Examples\PCB\FPGA" 下的"FPGA all power routed split.tpc" 文件）。

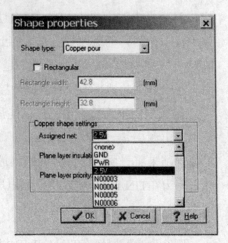

图9.42 为铜层指定网络

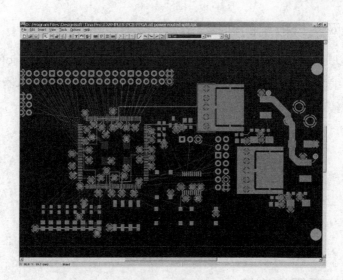

图9.43 电源连接

9.4.6 电源和地线的分配与铺设

在PCB布线之前，最好先铺设电源和地线。在板子上以过孔（板上钻孔，然后金属化孔，让板层之间的电气走线相通）方式让器件的引脚有机的连接起来。

通常，先禁止其他信号布线，再铺设电源和接地走线。在铺设好电源和接地布线后，禁止电源和接地布线，然后进行其他信号的布线。

在布线之前，对PCB编辑器进行设置（参看图9.36所示及方法），让电源和地线布置于内电层上。最简便的方法是在TINA的原理图编辑器中，将板层映射到网表（例如安装文件夹下"EXAMPLES\PCB\FPGA\FPGA.TSC"，在电压调节器的输出端上已经设置了布线板层），方法非常简单，用鼠标双击连线，在弹出的对话框中设置即可，如图9.44所示。

图9.44 布线板层设置窗口

【注】只有接地和电源板层分配有优先权。

9.4.7 网络与板层的连接

用户可以通过PCB编辑器设置网络与某个板层的连接。运行Tools/Net Editor（工具/网络编辑器）命令（快捷键F4），在如图9.45所示网络编辑器中的"Plane Layer"（布线层）栏设置即可。

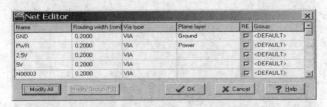

图9.45 网络编辑器

9.4.8 查看网络连接

运行Option/Layer settings（选项/层的设置）命令，在图9.36所示对话框中单击"Uncheck All"（取消全部选中）按钮，再做相应的选择。例如观察地线的网络连接就选中"Ground"层，然后单击"OK"按钮确认，显示效果如图9.46所示，其他类似，不做详述。

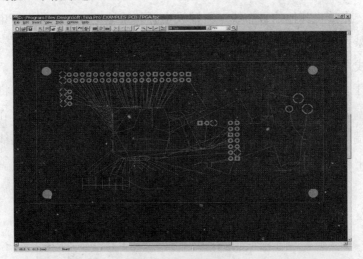

图9.46 网络连接情况

9.4.9 电源层布线

这里仅对电源与过孔之间、接地与过孔之间进行布线。

（1）调用网络编辑器(快捷键F4)，在如图9.47所示窗口中单击左下角的

"Modify All"（全部修改）按钮，即弹出如图9.48所示对话框，取消"Enable autorouting"（启用自动布线）复选框的勾，单击"OK"按钮即可让所有网络脱离选中状态。

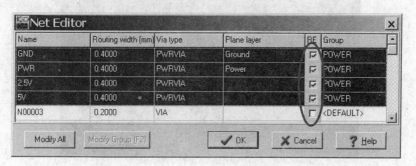

图9.47 选择要布线的网络

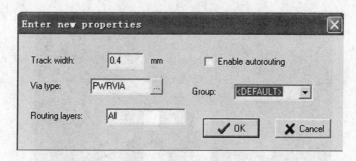

图9.48 布线设置窗口

（2）在网表编辑器中只选GND、PWR、2.5 V、5 V几项（按住Shift选择即可，如图9.47所示），然后在图9.48所示对话框内选中"Enable autorouting"（启用自动布线）复选框，线宽设置为0.4 mm，过孔类型设置为PWRVIA类自动布线程序。

（3）从U4（三段稳压器）到FPGA的底部铺设一条2.5 V供电走线。可以在U4的敷铜区放置几个过孔（在此区域内，单击鼠标右键，在弹出的菜单中选择"Add Via"即可放置过孔），将2.5 V电源引到其他板层。单击工具条中的 🛠 按钮，并且在FPGA底部与2.5 V的电压源之间走线即可，布线效果如图9.49所示，图中放置了一个过孔在走线的末端。

（4）连接FPGA的所有供电电源引脚（双击连线，设置电源支线的线宽为2 mm），以及过滤器和耦合电容，设置线宽为0.4 mm，如图9.50所示。

【注】手动布线方法可以自由控制走线宽度、路径等，但工程量较大，一般都采用自动与手动相结合的方式完成PCB设计，手动调整主要用于电源、接地以及特殊要求的信号走线等。

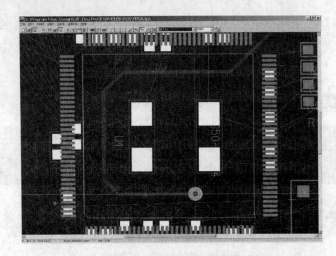

图9.49　走线方法示意图

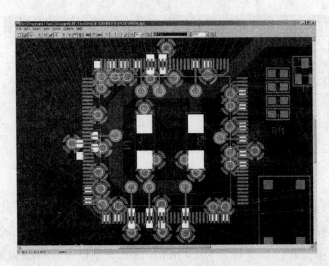

图9.50　FPGA的电源布线

（5）接下来，可以对其他的网络布线，也可以按键盘上的F5键，完成这两层的其余布线。

9.4.10　完成布线和后续处理

（1）按键盘上的F4键，在窗口中禁用电源信号网，启用其他线网，如图9.51所示。

（2）运行"Options/Autorouter"（选项/自动布线器设置）命令，设置自动布线板层优先级，如图9.52所示。

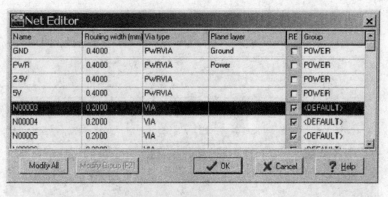

图9.51　网络编辑器

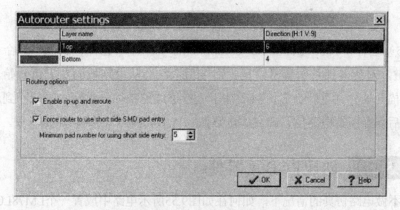

图9.52　自动布线板层管理器

（3）运行"Options/Design Parameters"（选项/设计参数）命令，检查走线宽度、钻孔方式、孔径、走线间距、焊盘大小、焊盘间距等的设置，如图9.53所示。

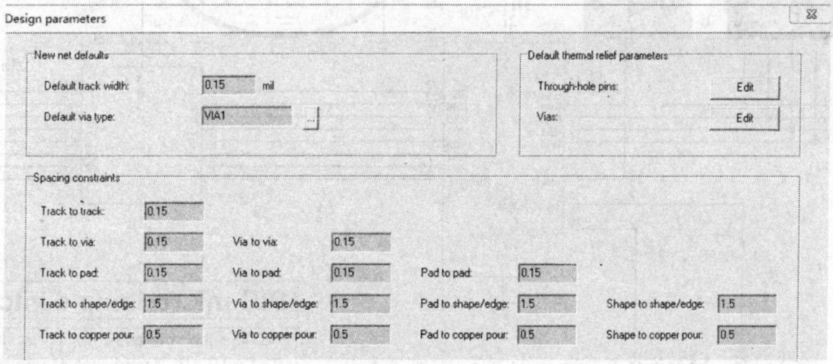

![图9.53设计参数对话框]

图9.53　设计参数检查与调整

（4）按下F5键，自动对整个电路板布线，完成后如图9.54所示。

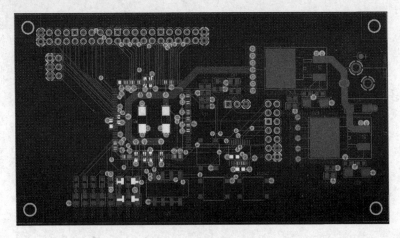

图9.54　PCB完整版图

（5）运行"Tools/Renumber components"（工具/元件重新编号）命令或按键F10键，对元器件重新编号。运行命令后系统会从电路板的左上角开始，自左至右扫描元器件并重新命名，然后往下进行连续的扫描。重新编号后回到注释界面，然后保存新的电路图，即完成电路图与PCB版图的器件编号的统一。

9.5　创建PCB元器件

在不做电路仿真的情况下，如何在如图9.55所示电路中放置一个LM78L05ACM（SO-8塑封，图中圈内的稳压器）。本例通过以下步骤引导读者学习用PCB元件编辑器创建一个PCB元件的方法。

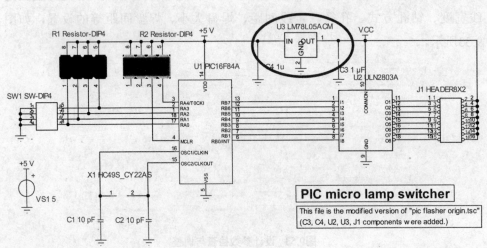

图9.55　实验电路图

9.5.1 PCB元件编辑向导

用"Tools/PCB Component Wizard..."（工具/PCB元件编辑向导）命令可以完成元件的编辑：

（1）运行Tools/PCB Component Wizard...（工具/PCB元件向导）命令，弹出如图9.56所示对话框。在Name（元件名称）栏输入要制作的元件名称。

（2）单击 Shape:（外形）栏后的 **⋯** 按钮，弹出的对话框如图9.57所示，在宏图形名称中输入关键词，比如<VoltageReg>，即找到三端稳压器符号，然后单击"OK"按钮。如果用户没有发现合适的新元件的宏形状，也可以使用原理图符号编辑器进行设计。

（3）单击图9.56窗口 Icon:栏的 **▼** 按钮，弹出的窗口如图9.58所示，从库里选择REG图标。

（4）可以在图9.58中的 **⊙ Select an existing group ...**（选择现存组）栏选择新器件加入哪一个组，也可以在 **○ ... or define a new group**（或定义新的组）栏建立新的组（比如叫PIC flasher，图中窗口信息所示）。

图9.56 PCB元件编辑向导1

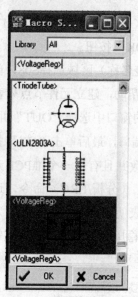
图9.57 PCB元件编辑向导2

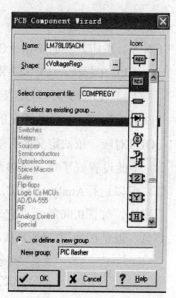
图9.58 PCB元件编辑向导3

（5）单击"OK"按钮保存文件。可以把这个新建的PCB元件保存到宏文件列表文件夹中。

9.5.2 调用新器件

用新的元件取代电路中的Vcc和+5 V之间的短路线（电路如图9.33所示的圈内元件）。输入电路符号的PCB信息。

（1）双击电路符号，在弹出的对话框中选择Footprint Name（封装名称），然后单击其后的 ··· 按钮，弹出的对话框如图9.59所示，以编辑模型封装。

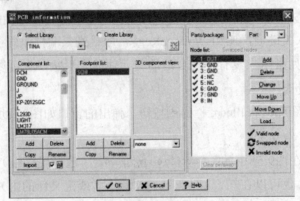

图9.59 引脚定义

（2）选择Component list:（元件列表）区域的LM78L05ACM并单击"ADD"（添加）按钮，然后单击"OK"按钮。

（3）在Footprint list:（封装名称）区域选择S08，单击"ADD"（添加）按钮。

（4）使用元器件数据表帮助，建立元件节点列表。单击窗口右侧的"ADD"（添加）按钮，然后从弹出的窗口中选择"OUT"并单击"OK"按钮，即让1脚与OUT对应，依法定义所有端口，最后单击"OK"按钮确认即可。

至此设置好了每一个参数并且有了一个准PCB元件，为检查这些元件的正确性，可以运行Analysis/ERC...（分析/ERC）命令，进行电气规则检查。检查结果有错误，如图9.60所示，它表明U3的引脚1被定义为输出，并且连接到电压源等信息。但是在知道U2为集成稳压源时，可以忽略该错误。

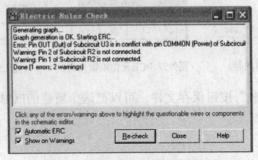

图9.60 电气规则错误检查结果显示

9.6   文件输出

在PCB布局布线等整体设计完成后，通常需要输出相应文件，比如打印当前文档、输出Gerber文件（光绘机文件）等。

9.6.1 导出Gerber文件

在PCB设计完成后，通常需要设计样机、批量产品生产等，这时就需要输出相关的文件，主要是导出Gerber文件，它是工业生产PCB的依据文件，有制版文件、钻孔文件、丝印层文件等多个文件（其后缀不同）。

导出Gerber文件的方法很简单，执行"File/Export Gerber File"（文件/导出gerber光绘文件）命令即可。

9.6.2 打 印

如果用户设计的是多层板，其打印一般作纸质资料保存之用，意义不大；如果设计的是单面板或双面板，可以将当前文档打印在转印纸或其他媒体上，用于设计样机的制作。

打印方法较为简单，执行"File/Print..."（文件/打印）命令即可弹出如图9.61所示窗口，按照设计者的要求打印即可。

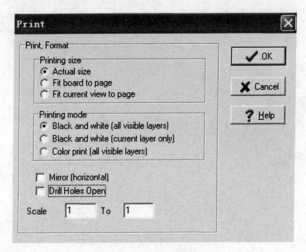

图9.61 打印选项窗口

打印窗口选项如下：

（1）Printing size（打印尺寸）区：

① Actual size：实际尺寸打印；

② Fit board to page：缩放电路板为1页打印；

③ Fit current view to page：缩放当前视图为1页打印。

（2）Printing mode（打印模式）区：

① Black and white (all visible layers)：转换为黑白、全图可见打印；

② Black and white (current layer only)：转换为黑白、仅打印当前页；

③ Color print (all visible layers)：彩色打印。

（3）Mirror (horizontal)：镜像打印，若设计的是双面板，业余制作PCB板时需要将顶层镜像打印，以便复印于印制电路板上（与底层相对应，顶层为元件面、底层为焊接面）。

（4）Drill Holes Open：打印时显示过孔（转印到覆铜板上，在腐蚀或刻蚀加工时，该过孔的铜箔会被蚀去，这在钻孔时便于钻头的定位）。

10 综合电子设计

电子系统设计是以生产实践需求为依据的设计活动，必须有扎实的电路理论功底。任何电子系统都由一个或多个电路单元构成，在单元电路基础上发展和完善以构成符合生产实践要求的新电路系统。

在目前的电子设计理论中，任何电子系统都可以先通过计算机模拟、测试合格后再做硬件验证，这样可以提高系统设计的成功率。通常情况下，要将设计系统"有效划分"为若干电路单元，分别对其设计及仿真，然后联合仿真。电子系统设计是一项复杂的工程，有些系统目前还不能完成整体仿真，原因很多，比如仿真模型是否具备、计算机主频是否满足要求、所用的EDA工具是否支持等。

由于电子系统设计千变万化，不能墨守成规，故本章以几个简单的实例抛砖引玉。电路理论学习时通常分析单元电路，实质是一些经典电路，在实用电路中都可以引入，只是要根据需求有机组合罢了。在电子设计过程中通常要用到一些指示性元器件，比如发光二极管、电平指示灯、扬声器、电动机、继电器、开关等，信号源、仪表等也是不可缺少的工具。TINA给用户提供了这些指示性器件，应用中它们有声、有色、有形，让设计过程变得像在做游戏。

10.1　指示器件

TINA中的指示性器件在单元电路实验中已经有应用，如开关、发光二极管、电平指示器等，这里只是将这些指示性器件集中展示，以方便应用。

10.1.1　开　关

开关的种类很多，用途也不同，它是电子设计不可缺少的组件。如图10.1所示是TINA提供的开关组件。要提示的是有些开关仅作原理仿真应用，实战时必须加以还原，否则会给设计带来麻烦，比如H/L开关、数字键盘等。

图10.1　开关组

 ：单刀单掷开关，普通型，实用型；

 ：单刀双掷开关，普通型，实用型；

 ：H/L（高低）开关，仅用于仿真，实战时必须还原为相应类型（如普通

型单刀双掷开关、拨码器等，需配电阻等），用法参见第7章；

    延时开关（时间控制）；

    压控开关（电压控制）；

    转接开关（双路换相）；

    常开轻触按钮开关，实用型；

    常闭轻触按钮开关，实用型；

    转变按钮（双线常开/常闭型转换开关），实用型；

    数字键盘，仅用于仿真，用法参见第1.4节；

    "+、-、*、/"控制键盘，仅用于仿真；

    继电器，有单组常开、单组常闭、单组常开/常闭、双组常开、双组常开/常闭，实用型；

    继电器原理图控制绘制选择，单击可选择用户喜欢的原理图图标，继电器绕组有Circle、Solenoid、Standard共3种，继电器开关有常开、常闭、常开/常闭共3种；

    连接器，有各种插头、插座等，实用型；

    DIP开关（拨码器），实用型。

10.1.2 仪器仪表

仪器仪表是电子设计中不可缺少的设备，TINA中提供了很多的仪器仪表，如图10.2所示。有些放置于电路中做测试指针（命令分析方法或交互式分析），有些可实时显示相应数据。有一些简单设计或是概念性设计，可以用简单的测量设备或器件来完成，比如数字电路中的高低电平可以用发光二极管、电平指示器等测量。

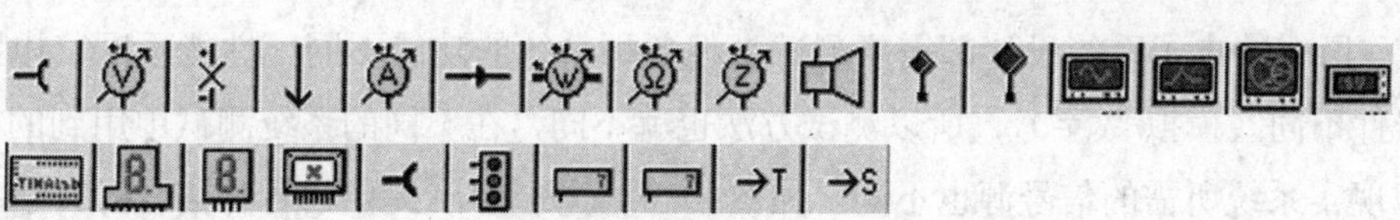

图10.2 仪表、显示器件

    电压指针，放置于电路中，可以直接显示直流电压，也做其他分析时的测试指针（如AC分析、瞬态分析等），用法参见第1.4节；

    伏特表，可以在电路中直接显示电压，可用交互式的去测试电路中任何节点的电压，其他参照执行，不再描述，应用参见第6章；

▒：开路电压测量，可实时显示；

↓：电压箭头，可实时显示；

▒：安培表，可实时显示；

━►：电流箭头，可实时显示；

▒：瓦特计（功率计），可实时显示；

▒：欧姆表，可实时显示；

▒：阻抗表，可实时显示；

▒：喇叭，它可以借助PC的扬声器或声卡外接扬声器发声；

↑│↑：逻辑电平指示器；

▒：示波器；

▒：信号分析仪；

▒：网络分析仪；

▒：万用表；

▒：TinaLabII；

▒│▒：7段数码管（有共阳、共阴两类，实用型）；十六进制译码显示器；

▒：ASCII码显示器；

◄：总线显示；

▒：交通灯；

□│□：显示器、LCD（液晶）显示器；

→T：稳定状态触发信号；

→S：稳定状态传感器。

10.1.3 各种信号源

所有的电子系统设计都需要测试，但各种系统的功能不同、性能不同、电路器件不同（模拟/数字），所以测试方法也就不同，在不同的系统测试中用到的模拟现实系统所需的信号源也不同。如图10.3所示是TINA提供的各种信号源，包括功率源。

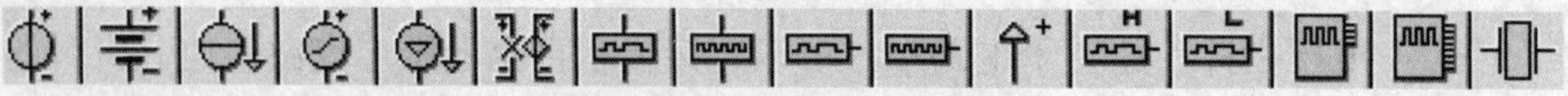

图10.3 各种信号源

▒：电压源、功率源，用于为系统提供能量；

▒：电池组、功率源；

⊖ˡ：电流源；

○̇：电压发生器、函数发生器；

⊙ˡ：电流发生器；

▓：受控源，有4种（VCVS、CCVS、VCCS、CCCS）；

▭▭▭▭：脉冲源、时钟源的两种连接图标，时钟源是占空比50%的脉冲源，应用方法参见第7章；

↑⁺：数字电压源，默认输出电压为+5 V，其值可以修改，用于数字电路之中。很多器件的电源端口未显示，其默认与数字电压源连接；

▭▭：数字高电平源、低电平源（电路图标为 H⊶、 L⊶），应用方法参见第7章；

▦▦：4位数字发生器、8位数字发生器，应用方法参见第7章；

◧：晶体振荡器，因它性能稳定而在电子设计实战中常用作系统内部信号源。

10.1.4 光电子器件

光电子器件应用非常广泛，比如光控路灯、开关电源的隔离等，TINA提供的光电子器件如图10.4所示，

图10.4 光电子器件

▱：光敏电阻，用作光传感器，将光信号转换为电信号；

▸：发光二极管，用作信号指示，将电信号转换为光信号；

▸：光敏二极管，用作光传感器，将光信号转换为电信号；

◣◤：光敏三极管，用作光传感器，将光信号转换为电信号；

◩：光电池，用作光传感器，将光信号转换为电信号，可以储存能量；

▣：光电耦合器，用作电路隔离，比如强电与弱电的隔离等。

10.1.5 其他指示性器件

TINA还提供了步进电机、电动机、小灯泡等指示性器件，在电子设计中也经常用到。

ℨℴ：步进电机，在TINA的Special（特殊）栏查找，是一种电子设计实战中精确控制运转速度、距离等的动力器件。

"Basic"（基本器件）栏中的 ⌀⃝、⊗、⌀⃥、▭ 。

⌀⃝：电动机，是电子设计实战中应用较为普遍的动力器件，相对步进电机来说，控制简单、价格便宜，应用于控制精度不太高的运动场合；

⊗：小灯泡，可用于电平指示器、工作状态指示器、模拟白炽灯等；

⌀⃥：热敏电阻，将温度变化信号转换为电信号，是温度传感器的一种；

▭：保险丝，在电路系统中常用于过流/过压保护。系统运行会受若干因素影响，比如市电升高、系统中某器件性能变坏（或短路性损坏）等，为避免更大的损失，通常设置容限速熔保险丝。

10.2　简单示例

由于电子系统设计的需求不同、标准不同、所用元器件及材料不同等，会造成实现系统五花八门，还有设计者的技术水平有差异、应用的设计工具不相同等也会造成实用产品的差异。本书仅通过一些简单电子系统的设计来阐述系统设计方法。

※ 例一　电动机换向实验

1. 实验目的

（1）了解双线换相开关的应用；

（2）了解电动机的转向及换向方法。

2. 实验原理

电动机的电源换相，其转向也会相反。

普通电动机有单相电机、三相电机等分类，还有直流电机、交流电机、步进电机等分类，理论上电机都可以正转和反转，但是实战时一定要注意产品的使用说明（特别是直流电机），有些电机是不容许反转的，否则会影响其动力及使用寿命。

3. 实验电路及操作

（1）构建电路如图10.5所示，VS1设置为12 V。

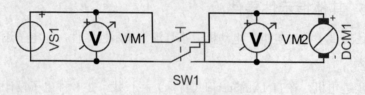

图10.5　电动机换向实验

（2）交互方式设置为直流，开启 🔘 运行仿真，观察电动机（DCM1）的运行情况，同时观察VM1、VM2的显示值。

（3）将鼠标移动到SW1上，待出现"向上箭头"时单击鼠标，会看到开关转向（听到开关转向的声音，实现双线换相功能），同时看到电动机反向运行、VM2的值变成-12 V。

※ 例二 继电器应用实验

1. 实验目的

（1）了解继电器开关原理；

（2）了解测量仪表应用方法。

2. 实验原理

继电器绕组中有电流流过时，继电器衔铁吸合，带动开关闭合/断开。

继电器的种类繁多、性能各异、形状各异，随之用途也各异，但原理是相同的。应用中一定要注意其标定参数，比如触点电流/电压、绕组电流/电压等。如绕组上所加的电压/电流不够会造成吸合不安全或不能吸合等；加到触点上的电压/电流超限，会造成触点打火影响使用寿命或烧坏触点等问题。应用时还要注意继电器的形状、体积、触点数量，是常开控制、常闭控制还是常开/常闭控制等。

3. 实验电路及操作

（1）构建电路如图10.6所示，VG1设置为DC5 V、VS1设置为10 V。

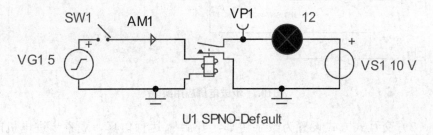

图10.6 继电器应用实验

（2）交互式方式设置为直流，单击 🔘 运行仿真，观察继电器（U1常开继电器）的运行情况，同时观察小灯泡的显示情况。

（3）鼠标操作SW1，同时观察继电器的动作、小灯泡的亮暗、AM1（电流箭头）和VP1（电压指针）的显示情况等。

※ 例三 步进电机应用实验

1. 实验目的

（1）理解步进电机的工作原理；

（2）掌握步进电机的运行控制方法。

2. 实验原理

步进电机的驱动绕组结构比普通电机复杂，控制步进电机驱动线圈不同绕组中的电流，可以控制转速、转角、转动方向等，便于数字控制。

步进电机是一种精确控制部件，在机器人的关节运行、机床控制等控制系统设计中应用广泛。

3. 实验电路及操作

（1）构建电路如图10.7所示，其右边是电机4位控制端的状态表，X表示高阻。

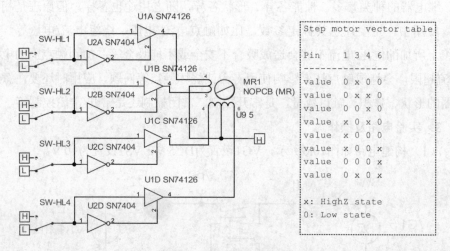

图10.7 步进电机应用实验

（2）交互式方式设置为数字仿真，开启 🔲 运行仿真，观察步进电机的运行情况，同时观察4位控制端输入端及驱动电路中各节点的电平显示情况（仿真时，各节点上会显示一个电平指示框）。

（3）注意观察4位控制端的状态表与电机的运行及反向运行情况，掌握步进电机的运行控制方法。

电路中的 ⌁ 在实战时必须还原。方法很多，它可以是系统单元的输出，也可以是开关输入电路等。如图10.8所示电路即可实现此功能。

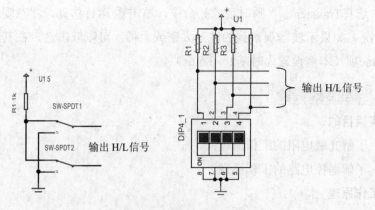

图10.8 还原H/L开关信号

※ 例四 交互式示波器应用实验

1. 实验目的

（1）了解交互式示波器的应用方法；

（2）了解交互式示波器与瞬态分析、T&M菜单下的示波器应用的区别与联系。

2. 实验电路及操作

交互式示波器与瞬态分析、T&M菜单下的示波器应用实质是一样的，只需注意一下操作方法就可以了。

（1）构建电路如图10.9所示，交互式示波器可以连接于电路中。

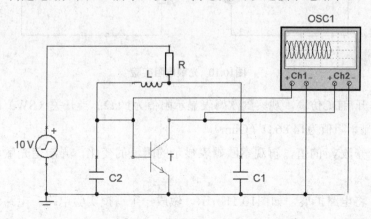

图10.9 交互式示波器应用

（2）电路中R=1 kΩ、L=1 μH、C1=C2=10 nF、T选择2N1893，信号源设置┗┍（阶跃信号），幅度为10 V。

（3）选择Transient...（瞬时现象）命令，单击 🔛 运行仿真，注意观察示波器的显示情况。如果示波器观察到的波形太密或太稀，可以双击之，在其属性窗口中修改Time项（本例设置为时基2～3.5 μs）。

※ 例五 遥控器实验

1. 实验目的

（1）了解光敏电阻的工作原理；

（2）了解遥控电路的工作原理。

2. 工作原理

光敏电阻是一种光传感器，将光信号转换为电信号。当光敏电阻受到光照时，阻值下降，光照越强，阻值下降越多（在变化范围内）。

光敏电阻依据光敏材料的不同，以及配方不同，其对不同波长的光的敏感程度也不同。

【注】光敏二极管、三极管、光电耦合器等的工作原理类似，不再描述。

3. 实验电路及操作

实验电路如图10.10所示。

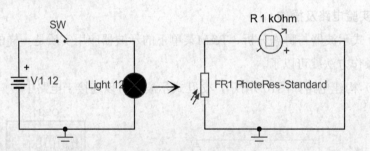

图10.10　光敏电阻实验

（1）开启DC仿真，观察到欧姆表显示阻值为1 kΩ；当开关（SW）闭合时看到欧姆表显示阻值为14.86 Ω（Ohm）。

（2）修改V1的值，再观察欧姆表显示的阻值的变化，弄清楚光敏电阻的工作原理。

（3）将电路扩展，如图10.11所示，做成一个遥控实验电路。电路中VG1设置为6 V、1 Hz方波，其他元器件的参数设置示于图中。开启仿真，操作SW1，观察VF1显示数据的变化。

【注】将图10.11中的"发射器"做成特定频率的编码发射器，"接收器"做成接收解码电路（输出配接解码器），它就有实用价值了，比如电视机的遥控器大多用这个原理。

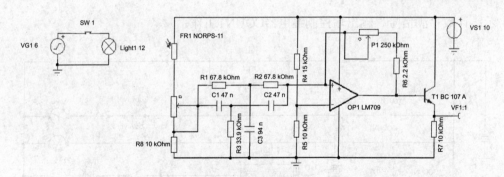

图10.11　简单遥控电路

※ 例六　生产线控制器设计

1．实验目的

（1）了解继电器的应用方法；

（2）了解简单生产线控制器设计方法。

2．设计目标

假设传送带运行由一个电机控制，将空容器移动到装载设备处；另一个电机控制往容器中注入货物（如牛奶、啤酒、煤炭等）。空容器定时送到装载设备，货物装载也用定时控制（时间到，也可用货物装满检测来控制）。

3．设计电路

设计电路如图10.12所示，图中Start按钮控制系统启动，Stop控制系统停止；MacroName1是7段数码管的译码驱动器；MacroName2是可逆计数器；TD1是续流继电器，OTD1是TD1的常开触点"开关"，且TD1的一组常开触点开关并联于Start按钮上（续流），另一组控制电机M1运行，还有一组常开触点开关控制MacroName2的CLK端；Delay是延时控制器；COUNT是计数控制继电器，COUNT的一组常闭触点开关控制M1运行，另一组常闭触点开关控制Delay复位，COUNT的一组常开触点开关控制M2的运行，另一组常开触点开关控制继电器COUNT2，还有一组常开触点开关控制MacroName2的$\overline{\text{ENP}}$端；继电器COUNT2控制Delay工作；延时控制继电器TIME的一组常闭触点开关控制M2运行，另一组常开触点开关控制继电器COUNT工作。

4．工作原理

（1）电路图10.12中的MacroName2是可预置数的可逆十进制计数器（宏单元），预置数从DCBA端口输入，由使能端和数据加载端口控制，U/D控制计数/倒计数；MacroName1将可逆计数器输出的数据（BCD码）译码并驱动数码管显示；计数"满信号"输出端控制继电器COUNT工作。

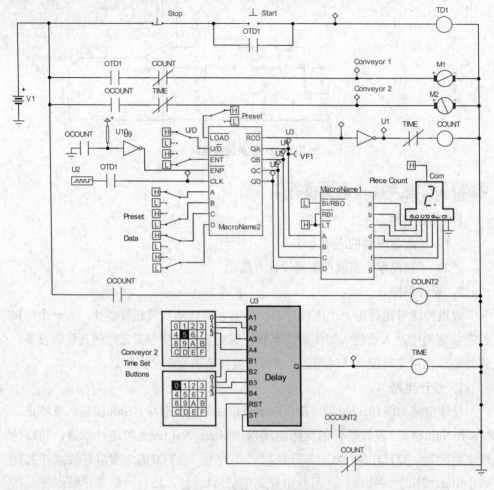

图10.12　简单生产线控制器

（2）继电器COUNT动作，让MacroName2的$\overline{\text{ENP}}$由低电平变高电平而停止计数；让M1停止工作、M2开始运行；让延时控制器Delay的RST由低电平变高电平；让继电器COUNT2工作，COUNT2动作使得延时控制器Delay的ST变为低电平，Delay工作。

（3）延时控制器Delay是可预置时间的倒计时电路，其数据预置端口B为高4位、A为低4位（共8位）；当其工作时，首先将数预置于计数器，然后做减1运算，减到0时Q端输出高电平，继电器TIM工作；TIM的动作使M2停止运行，同时切断继电器COUNT的绕组电流，致使其释放。

（4）继电器COUNT释放，M1开始运行，MacroName2工作；同时致使继电器COUNT2释放，Delay停止工作。之后进入下一次循环。

5. 注意事项

（1）该电路设计仅是原理性设计，要实战应用还需要进行一系列的加工。比如H/L开关信号、数字输入键盘、继电器等都必须还原，实战中是没有这类现成的器件的。如图10.8所示就可以实现H/L信号输入的功能。

（2）键盘输出信号实质也是8位二进制数，数字键盘可以用开关矩阵+单片机等做成还原电路，在按动键盘上数字的时候，其电路将数字转换为二进制码输入Delay中，以实现真正的"数字"键入控制。

（3）还有Delay是一个宏，并不是一个标准IC，实战时也需要还原电路，或移植到FPGA中处理。

（4）电路中的电动机、继电器、传送带、开关等，这类器件实体很多、形状各异，实战时是一个系列工程，要根据实际需求选用，如图10.13、图10.14、图10.15、图10.16、图10.17所示为部分市场产品图片，读者会发现电子设计是一项非常有意思的工作。

图10.13　部分种类电机

图10.14　步进电机及驱动模块

图10.15　部分普通继电器

图10.16 部分固态继电器

图10.17 部分种类开关

※ 例七 用MCU设计计算器

1. 实验目的

（1）了解MCU的应用方法；

（2）了解TINA的MCU中运行源代码的编辑与调试。

2. 设计目标

设计具有加、减、乘、除功能的计算器。

3．设计方案

（1）用标准IC实现计算器功能。这种方法可行，但涉及的IC很多，电路连接复杂，调试困难。

（2）用MCU配备键盘、显示器等实现。这种方法可行，但必须有单片机应用基础，要有汇编语言或C语言编程技术，以及程序烧录技术。

（3）用FPGA实现计算器功能。这种方法可行，但必须有FPGA应用基础，要有VHDL、Verilog HDL或其他硬件描述语言的编程能力等。

本例选择用AT89S51（通用单片机）来设计完成该计数器功能。

4．硬件设计

在TINA中提供了数字键盘、计算符号键盘等，这些输入设备硬件连接暂不考虑，在逻辑IC栏选择AT89S51，在仪表栏选择Display（显示器），在开关栏选择数字键盘和运算键盘，电路连接如图10.18所示。

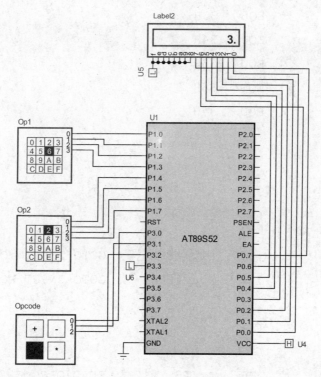

图10.18　计数器设计

5．软件设计

用单片机、FPGA等设计电路系统时，硬件电路设计通常较为简单，重在软件的编程技术及应用能力。

（1）软件设计：

```
; HARDWARE SETUP
;
;       P3(0..3)   opcode
;       P1(0..3)   first decimal input(BCD)
;       PB4..PB7   second decimal input(BCD)
;       PC0..PC7   decimal output(BCD)
;       +: 1   -: 2   /: 3   *: 4


OPCODE        EQU    30H
INPUT1        EQU    31H
INPUT2        EQU    32H
OUTPUT        EQU    33H
CYCLE         EQU    34H
OP1           EQU    35H
TEMP2         EQU    36H
TEMP          EQU    37H


org 00H


START:
        NOP
                ;MOV  P1, #FFH   ; GOTO INPUT MODE
                ;MOV  P3, #FFH   ; GOTO INPUT MODE
NEWDATA:
                CLR   C
                CLR   C
                MOV   A, P3       ; READ OPCODE
                ANL   A, #0FH
                MOV   OPCODE, A
                MOV   A, P1       ; READ FIRST OPERAND
```

```
                MOV    R0, A
                ANL    A, #0FH
                MOV    INPUT1, A  ; STORE FIRST OPERAND
                MOV    A, R0
                ANL    A, #0F0H
                SWAP   A
                MOV    INPUT2, A  ; STORE SECOND OPERAND
                CLR    C


                MOV    A, OPCODE


                CJNE   A, #1, NOT_ADDING
                SJMP   ADDING
NOT_ADDING:
                CJNE   A, #2, NOT_SUBTR
                SJMP   SUBTR
NOT_SUBTR:
                CJNE   A, #3, NOT_DIV
                SJMP   DIVIDE
NOT_DIV:
                CJNE   A, #4, NOOPCODE
MULT:
                MOV    A, INPUT1
                MOV    B, INPUT2
                MUL    AB
                SJMP   ENDOFPRG


SUBTR:
                MOV    A, INPUT1
                MOV    R0, INPUT2
                SUBB   A, R0
```

```
            SJMP    ENDOFPRG

ADDING:

            MOV     A, INPUT1
            MOV     R0, INPUT2
            ADD     A, R0
            SJMP    ENDOFPRG


DIVIDE:

            MOV     A, INPUT1
            MOV     B, INPUT2
            DIV     AB
            SJMP    ENDOFPRG


ENDOFPRG:

            MOV     P0, A
            SJMP    NEWDATA


NOOPCODE:

            SJMP    ENDOFPRG


END
```

（2）程序载入：

鼠标双击单片机，弹出如图10.19所示属性对话框。选中对话框的 MCU-[ASM File Name]（载入MCU文件）行，单击其 ⋯ 按钮，弹出如图10.20所示对话框，然后单击 New ASM... （新建ASM文件）按钮，在弹出的窗口中输入程序，保存程序，在程序保存时，TINA会自动编译该程序。

（3）仿真测试：

由于TINA中MCU等的底层文件是VHDL，故选择VHDL仿真模式。单击工具栏中的 按钮，将弹出如图10.21所示代码调试窗口。在键盘中键入数字，选择运算符，单击图10.21中的 ▶ 或 按钮（运行或单步运行），可以看到程序运行情况及显示器中数据变化，同时可以观察图10.21中下部寄存器和存储器中数据运行情况。

另外，还可以在如图10.21所示窗口中的程序中设置断点，单击 🍎 设置断点，窗口第1.4节相关内容，不再描述。

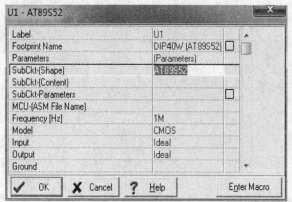

图10.19　MCU属性对话框1

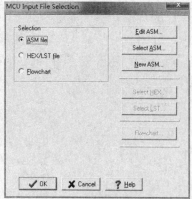

图10.20　MCU属性对话框2

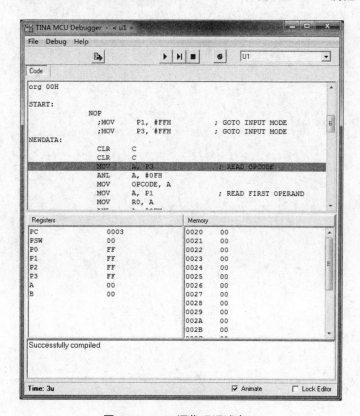

图10.21　MCU源代码调试窗口

1. 打开以下连接下载Tina试用版。
http://www.tina.com/SimplifiedChinese/tina/downlddemo&PrID=tina
2. 在以下页面中输入相关信息，输入姓名、Email、组织名称，选择对应需要下载的软件。在下面的验证码栏输入对应的验证信息，点击确认输入。

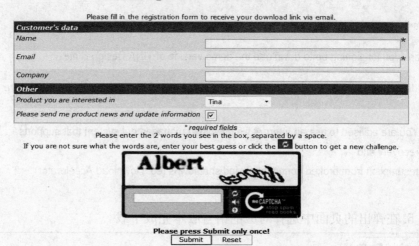

Registration for demo

Please fill in the registration form to receive your download link via email.

Customer's data	
Name	*
Email	*
Company	
Other	
Product you are interested in	Tina
Please send me product news and update information	☑

required fields
Please enter the 2 words you see in the box, separated by a space.
If you are not sure what the words are, enter your best guess or click the 🔄 button to get a new challenge.

Please press Submit only once!
Submit   Reset

3. 对应软件的下载地址将会发送到您填写的邮箱当中，请务必使用正确的Email地址。

Thank you,

You are successfully registered.

Your download link to **Tina** demo(s) has been sent to **lindazhixing@163.com**.

Please check your emails with subject "Demo download link."

IMPORTANT:If you do not receive your "Demo download link" email, please check your spam basket. If you still can't find our email, please contact our Technical support team.

Regards,

DesignSoft team

4.登录您注册的邮箱，打开对应的下载链接。

DesignSoft

PRODUCT DEMOS

Dear wangchongyang,

Thank you for signing up to download the demo version of TINA Design Suite.

To download your FREE trial demo for Windows 9x/ME/2000/NT/XP/Vista/Win7 click here

You are advised to use an Internet file download management system that supports recovery and
resumption from broken connections and shutdowns (eg. Download Accelerator)

5.在弹出的页面中选择对应的语言版本完成下载。

DesignSoft

PRODUCT DEMOS

TINACloud: Cloud based multi-language online version of TINA
Requires Crome, Firefox, IE9, Safari, runs on Windows, Linux, Mac Lion, iOS, Android 2.3 and higher

Click **here** and for free trial

TINA Design Suite v9.3
Requires Windows 98/NT/2000/XP/Vista/7

Download the Demo version(65 MB)

English   German   French   Spanish   Portuguese

Russian   Polish   Czech   Hungarian

Japanese   Simplified Chinese   Traditional Chinese